园林绿化精品培训教材

# 图文精解 花卉生产技术

韩玉林 原海燕 黄苏珍 主编

化学工业出版社
·北京·

《图文精解花卉生产技术》图文并茂，通俗易懂，内容主要包括认识花卉，露地花卉生产技术，盆栽花卉生产技术，切花花卉生产技术，花卉常见病虫害防治，花卉生产经营管理与应用。

本书适合从事风景园林、环境艺术、花卉栽培等工作的人员参考使用，也可作为高级、中级花卉园艺工的考试用书、农村实用技术培训用书等。

**图书在版编目（CIP）数据**

图文精解花卉生产技术/韩玉林，原海燕，黄苏珍主编.
北京：化学工业出版社，2015.7
园林绿化精品培训教材
ISBN 978-7-122-23824-5

Ⅰ.①图… Ⅱ.①韩…②原…③黄… Ⅲ.①花卉-观赏园艺-图解 Ⅳ.①S68-64

中国版本图书馆CIP数据核字（2015）第088277号

责任编辑：袁海燕　　文字编辑：荣世芳
责任校对：王素芹　　装帧设计：刘丽华

出版发行：化学工业出版社（北京市东城区青年湖南街13号　邮政编码100011）
印　　刷：北京永鑫印刷有限责任公司
装　　订：三河市宇新装订厂
787mm×1092mm　1/16　印张$12^1/_2$　字数304千字　2015年7月北京第1版第1次印刷

购书咨询：010-64518888（传真：010-64519686）　售后服务：010-64518899
网　　址：http://www.cip.com.cn
凡购买本书，如有缺损质量问题，本社销售中心负责调换。

定　价：39.00元

# 《图文精解花卉生产技术》
# 编写人员


**主　编**　韩玉林　原海燕　黄苏珍

**参　编**　王　林　白雅君　刘宝山　杨梦乔
姜　琳　贺　楠　赵海涛　钟　琦
徐绍雪　袁　震

# 前言

随着城市与乡镇建设的快速发展，城市生态环境的进一步改善，人们对城市环境的绿化、美化要求越来越高。创建园林城市、花园城市、宜居城市，创建园林式居住区、园林式单位，建设市民广场、公园、景观道路等，举办国际、国内及各省市花卉博览会、花卉展览，进行花卉新品种的引进、生产技术的提高、生产及设施的规模化等，都对花卉生产提出了更高更新的要求。花卉已经成为我国经济活动中最具有活力的产业之一。伴随着花卉市场的繁荣发展，从事花卉生产的专业队伍不断壮大，亟须先进的生产技术。

《图文精解花卉生产技术》主要介绍了露地花卉生产技术、盆栽花卉生产技术、切花花卉生产技术、花卉常见病虫害防治、花卉生产经营管理与应用等专项知识，力求反映最新科技成果和生产的迫切需要。在理论上贴近生产，图文并茂，通俗易懂，使读者既能学到系统的关于花卉生产的知识，又能用于实践。

本书由江西财经大学艺术学院韩玉林教授、江苏省中国科学院植物研究所原海燕博士和黄苏珍研究员主编。本书在编写的过程中参考了有关著作书籍和资料，已统一列在参考文献中，在此向有关作者深表谢意。

本书适合从事风景园林、园林规划设计、环境艺术、园林绿化和花卉等相关工作的人员参考使用，也可作为高级、中级花卉园艺工的考试用书、农村实用技术培训用书等。本书也可用作相关院校培训教材使用。

由于编者水平有限，难免存在疏漏及不妥之处，敬请有关专家、学者和广大读者批评指正。

编者

2015年1月

# 目录

## 3 盆栽花卉生产技术

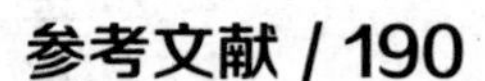

# 1

# 认识花卉

## 1.1 花卉的概述

### 1.1.1 花卉的概念

花的字面含义为种子植物的繁殖器官，卉为草的总称。从观赏性、生态习性和用途等方面来解释，主要应用于园林、园艺上，有广义和狭义之分。

广义上讲，随着人类生产、科学技术及文化水平的不断发展和提高，花卉的范围也随之不断扩大。花卉指具有观赏价值的植物，不仅包括具有观赏价值的草本植物，也包含具有观赏价值的各类木本植物。具体来说，广义的花卉是指具有一定观赏价值，并经人类精心栽培养护，能美化环境、丰富人们文化生活的草本植物和木本植物的统称。它包含了所有具有观赏价值的观花、观叶、观果、观茎、观根等类植物，如各类草花、草坪草与地被植物、花灌木、观花乔木以及树桩盆景等。

狭义上讲，花卉是指具有一定观赏价值的草本植物。包括露地草本花卉和温室草本花卉，多为观花和观叶植物，如一串红、鸡冠花、芍药、郁金香、吊兰、金鱼草等。

### 1.1.2 花卉栽培的意义和作用

#### 1.1.2.1 花卉在生态环境中的作用

（1）绿化、美化、香化环境　花卉是绿化、美化和香化人们的生活环境和工作环境的良好材料，是用来装点城市园林、工矿企业、学校、会场及居室内外等的重要素材，用来构成各式美景，创造怡人、舒适的生活、休憩和工作环境。绿化、美化、香化环境主要体现在以下几个方面。

① 花卉是绿色植物，对环境起到绿化的作用，让人们在绿色中得到放松。

② 花卉具有各种美丽的姿态、色彩和怡人的香气，给人以美的享受。它既能体现自然美，也能反映人类匠心独运的艺术美。它既是大自然色彩的来源，也是季节变化的标志，让人们从中体味到大自然的美好。

③ 花卉具有独特的风韵和生命的动态美及旋律美，从其发芽、展叶、抽茎，一直到开

花、结果各个阶段的生长发育节奏中，让人无不感受到勃勃的生机。

（2）保护和改善生态环境　花卉栽培可以提高环境质量，促进身心健康。花卉保护和改善生态环境的作用主要体现在以下几个方面：

① 改善环境，如调节空气温度和湿度，防风固沙、保持水土等。

② 吸收$CO_2$和有害气体，放出$O_2$，并通过滞尘、分泌杀菌素等净化空气，使空气变得清新宜人，减少病害的发生。

③ 花卉是绿色植物，可以消除视神经疲劳，起到保护视力的作用。

④ 某些花卉对有害气体（如$SO_2$、$Cl_2$、$O_3$、HF等）特别敏感，在低浓度下即可产生受害症状，可以用来监测环境污染。如百日草、波斯菊等可以监测$SO_2$和$Cl_2$；向日葵除可以监测$SO_2$外，还可以监测氮氧化物；矮牵牛、丁香等可以监测$O_3$；唐菖蒲可以监测大气中的氟等。

#### 1.1.2.2 花卉在经济建设中的作用

花卉栽培是潜在的商品化生产，可以获取较高的经济效益。花卉在经济建设中的作用主要体现在以下几个方面：

① 花卉栽培是一项重要的园艺生产，可以出口创汇，增加经济收入，改善人民生活条件。

② 花卉业的发展带动了其他相关产业的发展，如花肥、花药、栽花用的机具、花盆、基质等的生产及鲜花保鲜、包装储运业等，同时对化学工业、塑料工业、玻璃工业、陶瓷工业等也有极大的促进作用。

③ 花卉在国际交往中，可以增进国际友谊，促进国际贸易，增加外汇收入。

④ 花卉除观赏之外，还具有多种用途，如食用、药用、制茶、提取香精等。

#### 1.1.2.3 花卉在文化生活中的作用

① 消除疲劳，促进身心健康。通过养花、赏花，可以丰富人们的业余生活和老年人的晚年生活，增加生活的情趣，消除一天的工作疲劳，增进身心健康，提高工作效率。

② 赋予花卉精神内涵，给予人们以精神激励和享受。从古至今，很多文人墨客在种花赏花的同时，常以花为题材吟诗作画。同时，人们还常将花卉人格化，并寄予深刻的寓意，从花中产生某种境界、联想和情绪，如梅、兰、竹、菊被誉为花中“四君子”，除常用于作画之外，还常将其拟人化，比喻不同的性格和境界。

③ 标志社会文明和精神文明的程度。随着人们文化素养层次的提高，花文化逐渐与社会物质文明和精神文明产生了密切的联系，成为良好文明的标志。纵观中国历代花卉事业的发展，可以看出，每当国泰民安、富强兴旺、科技文化昌盛的时代，人们种花、养花、赏花的兴趣和水平就得到提高，花卉事业就会得到发展，反之，花卉业的发展就会受到摧残与破坏。

近二十几年来，由于科技水平和生活水平的不断提高，花卉的应用更加广泛。人们在庆祝婚典、寿辰、宴会、探亲访友、看望病人、迎送宾客、庆祝节日及国际交往等场合中，把花作为馈赠的礼物，而且逐渐成为时尚，并逐渐进入人们生活的各个角落。

## 1.2 花卉的分类

花卉的种类有很多，范围十分广泛，形态、管理也各有不同。花卉分类的依据是植物形态解剖结构的相似性。分类方法是通过观察植物的外部形态和解剖形态，根据其相似性按分类单位从大到小依次归类。但为了便于栽培管理，在园林、园艺上，园林花卉的分类有别于植物学系统分类，它是根据花卉的生产实践而产生的。

## 1.2.1 按生态习性分类

### 1.2.1.1 草本花卉

草本花卉是指花卉基部为革质茎，枝柔软。按其生长发育周期，又可分为一年生花卉、二年生花卉和多年生花卉。

（1）**一年生花卉** 一年生花卉是指一年内完成生长周期，即春季播种，夏、秋季开花，花后结籽，一般秋后种子成熟，冬季枯死的草本植物，如鸡冠花、凤仙花、百日草、半支莲等。有些二年生或多年生南方花卉，由于在北方不耐寒，常作为一年生草花栽培。

（2）**二年生花卉** 两年内完成生长周期，即秋季播种，次春开花，夏、秋季结实，然后枯死，如蒲包花、金盏菊、三色堇（图1-1）、石竹等。有些多年生草本花卉，如雏菊、石竹等，常作为一、二年生花卉栽培。

图1-1 三色堇

（3）**多年生花卉** 个体寿命超过两年，能多次开花结实。常依据地下部分的形态变化分为宿根花卉和球根花卉。

① 宿根花卉。地下茎或根系发达、形态正常，寒冷地区冬季地上部枯死，根系在土壤中宿存，第二年春季又从根部重新萌发出新的茎叶，生长开花反复多年，如芍药、菊花、荷兰菊、蜀葵等。

② 球根花卉。地下茎或根发生变态，呈球状或块状。入冬地上部分枯死，而地下的茎、根仍保持生命力，可以秋季挖出储藏，第二年栽植，连年发芽、展叶、开花。按形态特征又分为球茎类、鳞茎类、块根类、块茎类和根茎类。球茎类地下茎呈球形或扁球形，外皮革质，内实心坚硬，如仙客来、小苍兰（图1-2）、唐菖蒲等。鳞茎类地下茎呈鳞片状，纸质外皮或无外皮，常见的有水仙、郁金香、百合、风信子、朱顶红等。块根类主根膨大呈块状，外被革皮，如大丽花（图1-3）、毛茛（图1-4）、紫茉莉（图1-5）等。根茎类地下茎肥大呈根状，上有明显的节，有横生分枝，如鸢尾、美人蕉、荷花等。

图1-2 小苍兰

图1-3 大丽花

图1-4 毛茛

图1-5 紫茉莉

#### 1.2.1.2 木本花卉

花卉的茎木质部发达，称为木质茎。具有木质的花卉叫做木本花卉。木本花卉主要包括乔木花卉、灌木花卉和藤本花卉三种类型。

（1）乔木花卉 主干和侧枝有明显的区别，植株高大，多数不适于盆栽，但其中少数花卉也可进行盆栽，如桂花、白兰（图1-6）、柑橘等。

图1-6 白兰

（2）灌木花卉 主干和侧枝没有明显的区别，呈丛生状态，植株低矮，树冠较小，其中多数适于盆栽，如月季花、茉莉花、贴梗海棠、栀子花等。

（3）藤本花卉 枝条一般生长细弱，不能直立，通常为蔓生，叫做藤本花卉，如迎春花（图1-7）、金银花（图1-8）等。在栽培管理过程中，通常设置一定形式的支架，让藤条附着生长。

图1-7 迎春花

图1-8 金银花

#### 1.2.1.3 肉质类花卉

肉质类花卉是指茎或叶具有发达的储水组织，通常变态为肥厚多汁状态的花卉，如仙人掌科植物，另外，在番杏科、大戟科、景天科、菊科、萝藦科、凤梨科、龙舌兰科等科中也有部分多浆花卉。

#### 1.2.1.4 水生类花卉

水生类花卉大多属多年生草本植物，终年生长于水中或在沼泽地。常见的有荷花（图1-9）、睡莲（图1-10）、萍蓬（图1-11）、水葱、菖蒲等。

图1-9 荷花

图1-10 睡莲

图1-11 萍蓬

### 1.2.2 按生物学特性分类

#### 1.2.2.1 喜阳性花卉和耐阴性花卉

（1）喜阳性花卉　如月季、茉莉（图1-12）、石榴（图1-13）等大多数花卉，它们需要充足的阳光照射，这种花卉叫做喜阳性花卉。如果光照不足，就会生长发育不良，开花晚或不能开花，且花色不鲜，香气不浓。

（2）耐阴性花卉　如玉簪花、绣球花、杜鹃花等，只需要较弱的散射光即能良好地生长，叫作耐阴性花卉，如果把它们放在阳光下经常暴晒，反而不能正常地生长发育。

#### 1.2.2.2 耐寒性花卉和喜温性花卉

（1）耐寒性花卉　如月季、金盏花、石竹花、石榴等花卉，一般能耐零下3～5℃的短时间低温影响，冬季它们能在室外越冬。

（2）喜温性花卉　如大丽花、美人蕉、茉莉花、秋海棠等花卉，一般要在15～30℃的温度条件下才能正常生长发育，它们不耐低温，冬季需要在温度较高的室内越冬。

图1-12 茉莉

图1-13 石榴

#### 1.2.2.3 长日照花卉、短日照花卉和中性花卉

（1）长日照花卉 如八仙花、瓜叶菊等，每天需要日照时间在12h以上，称为长日照花卉。如果不能满足这一特定条件的要求，就不会现蕾开花。

（2）短日照花卉 如菊花、一串红等，每天需要12h以内的日照，经过一段时间后，就能现蕾开花。如果日照时间过长，就不会现蕾开花。

（3）中性花卉 如天竺葵（图1-14）、石竹花、四季海棠、月季等，对每天日照的时间长短并不敏感，不论是长日照或短日照情况下，都会正常现蕾开花，称为中性花卉。

图1-14 天竺葵

#### 1.2.2.4 水生花卉、湿生花卉、旱生花卉和中生花卉

（1）水生花卉 如睡莲等，一定要生活在水中，才能正常生长发育，称为水生花卉。

（2）湿生花卉 如黄花鸢尾、水生美人蕉、慈姑（图1-15）等，既可在水中挺水生长，也可在较潮湿的陆地上生长，所以称其为湿生花卉。

（3）旱生花卉 如仙人掌类、景天类等，只需要很少的水分就能正常生长发育，称为旱生花卉。

（4）中生花卉 适宜生长于适当湿润、既不干旱又不渍水的土壤中，大多数花卉都属此类。

图1-15 慈姑

## 1.2.3 按用途和栽培方式分类

在自然条件下能正常生长、开花、结实的花卉常称为露地花卉，而那些原产于热带、亚热带或在南方露地生长的草花，在北方需在温室内栽培才能正常生长、开花、结实的花卉常称为温室花卉。

### 1.2.3.1 露地花卉

（1）开花乔木　以观花为主的乔木，某些种类如山楂、海棠类等，秋、冬兼可赏果或赏叶。

（2）开花灌木　以观花为主的灌木，如榆叶梅、丁香、绣线菊等，有些种类可赏果，如枸子木、火棘等。

（3）花境草花　多年生草本花卉，如芍药、萱草、鸢尾等。

（4）花坛草花　一、二年生草本花卉及少数鳞茎植物，如郁金香等。

（5）地被植物　用以被覆不规则地形或坡度太陡的地面，如细叶美女樱、蔓长春花（图1-16）、络石（图1-17）等。

图1-16　蔓长春花

图1-17　络石

### 1.2.3.2 温室观叶盆栽

（1）热带植物　越冬夜间最低温度为12℃，如喜林芋、凤梨类、橡皮树、变叶木等。

（2）副热带植物　越冬夜间最低温度为5℃，如文竹、吊竹梅（图1-18）、鹅掌柴等。

图1-18　吊竹梅

#### 1.2.3.3 温室盆花

（1）低温温室盆花　保证室内不受冻害，夜间最低温度维持在5℃即可，如栽培报春花、藏报春、仙客来、香雪兰（图1-19）、金鱼草（图1-20）等亚热带花卉。

图1-19　香雪兰

图1-20　金鱼草

（2）暖温室盆花　室内夜间最低温度为10～15℃，日温为20℃以上，如栽培大岩桐、玻璃翠、红鹤芋、扶桑（图1-21）、五星花（图1-22）及一般热带花卉。

图1-21　扶桑

图1-22　五星花

（3）热带温室兰花

① 卡特兰类、文心兰类：日温为22～30℃，夜温为12～18℃（暖温室）。

② 大花惠兰类、兜兰类：日温低于30℃，夜温为10～12℃（暖温室）。

③ 蝴蝶兰类：夜间温度为18～20℃（高温温室）。

④ 石斛类：夜间温度为10℃（暖温室）。

#### 1.2.3.4 切花栽培

① 露地切花栽培。如唐菖蒲、桔梗、各种地栽草花以及南方的桂花、蜡梅等。

② 低温温室切花栽培。如香石竹、香雪兰、月季（图1-23）、香豌豆、非洲菊等（包括温室催花枝条，如丁香、桃花等）。

③ 暖温室切花栽培。如六出花（图1-24）、嘉兰（图1-25）、红鹤芋等。

图1-23 月季

图1-24 六出花

图1-25 嘉兰

### 1.2.3.5 切叶栽培

① 露地切叶栽培。木本植物如胡颓子、桃叶珊瑚等。

② 温室切叶栽培。如文竹、蕨类等。

### 1.2.3.6 干花栽培

一些花瓣为干膜质的草花，如麦秆菊（图1-26）、海香花、千日红以及一些观赏草类等，干燥后作花束用。

图1-26 麦秆菊

### 1.2.4 按观赏部位分类

#### 1.2.4.1 观花类

以观赏花色、花形为主。由于开花时节不同，还可分为以下几种。

① 春季开花型。如迎春、樱花、芍药、牡丹、梅花、春鹃等。

② 夏季开花型。如茉莉、扶桑、丁香、夏鹃等。

③ 秋季开花型。如扶桑、木芙蓉、菊花、桂花等。

④ 冬季开花型。如蜡梅、茶花、一品红、水仙等。

还有许多花可在几个季节开，如月季、扶桑等。也有一些花通过人工光照、低温处理可以在其他季节开花，如三角梅、郁金香、百合等。

#### 1.2.4.2 观叶类

以观赏叶色、叶形为主，如龟背竹、旱伞草（图1-27）、花叶芋（图1-28）、文竹、肾蕨、万年青、朱蕉、五针松、锦松、雪松、真柏、地柏、千头柏、龙柏、杨柳、柽柳、红枫、棕榈、橡皮树、苏铁、龙血树（图1-29）、芭蕉、变叶木、假叶树（图1-30）、彩叶草等。

图1-27 旱伞草

图1-28 花叶芋

图1-29 龙血树

图1-30 假叶树

#### 1.2.4.3 观茎类

以观赏茎枝形状为主，如仙人掌类、光棍树（图1-31）、山影拳（图1-32）、虎刺梅、佛肚、玉树珊瑚等。

图1-31 光棍树

图1-32 山影拳

#### 1.2.4.4 观果类

以观赏果实形状、颜色为主，如佛手、金银茄、冬珊瑚、南天竹、银杏、石榴、金橘、代代花、葡萄、枇杷、枣树、柿、猕猴桃、无花果、火棘、冬珊瑚等。

#### 1.2.4.5 观芽类

以观芽为主，如银芽柳等。

### 1.2.5 按开花季节分类

#### 1.2.5.1 春花类

春季开花的种类，如花菱草、虞美人、梅花、水仙、迎春、桃花、白玉兰、紫玉兰、琼花、贴梗海棠、木瓜海棠、垂丝海棠、西府海棠、牡丹、芍药、丁香、月季、玫瑰、紫荆、锦带花、连翘、云南黄馨（图1-33）、余雀花、仙客来、风信子、郁金香、马蹄莲、长春菊、天竺葵、报春花、瓜叶菊、矮牵牛、虞美人、金鱼草、美女樱等。

图1-33 云南黄馨

#### 1.2.5.2 夏花类

夏季开花的种类，如茉莉、栀子花、金丝桃、白玉花、米兰、九里香、木本夜来香、桂花、广玉兰、扶桑、木芙蓉、木槿、紫薇、夹竹桃、三角花、菠萝花、六月雪、大丽花、五色梅、美人蕉、向日葵、蜀葵、扶郎花、鸡蛋花（图1-34）、萱草、红花葱兰、翠菊、一串红、鸡冠花、凤仙花、半枝莲、雁来红、雏菊、万寿菊、菊花、荷花、睡莲等。

图1-34 鸡蛋花

#### 1.2.5.3 秋花类

秋季开花的种类，如菊花、桂花、大丽花等。

#### 1.2.5.4 冬花类

冬季开花的种类，如蜡梅、一品红、银柳、茶梅、小苍兰等。

### 1.2.6 按经济用途分类

（1）观赏用型　可分为花坛花卉、盆栽花卉、切花花卉和庭园花卉等。

（2）香料用型　花卉在香料工业中占有重要地位，如栀子花、茉莉等。

（3）熏茶用型　如茉莉花、白兰花、代代花等。

（4）医药用型　以花器、花茎、花叶、花根作药，种类很多。

（5）食用型　如百合、黄花菜、菊花脑等。

## 1.3 花卉的生长环境

### 1.3.1 温度

#### 1.3.1.1 花卉生长发育对温度的要求

花卉从种子萌发到种子成熟，对温度的要求是随着生长阶段或发育阶段的变化而变化的。

一般来说，一年生花卉种子的萌发可在较高温度（尤其是土壤温度）下进行。一般耐寒花卉的种子，发芽温度要求在10～15℃或更低；而喜温花卉的种子，发芽温度以25～30℃为宜。幼苗期要求温度较低，以18～20℃为宜。幼苗渐渐长大又要求温度逐渐升高，为22～26℃，这样的温度变化有利于进行同化作用和营养积累。到了开花结实阶段，多数花卉不再要求高温条件，相对低温有利于生殖生长。总结花卉生长发育各阶段的温度要求为：播种期（即种子萌发期）要求温度高；幼苗生长期要求温度较低；旺盛生长期需要较高的温度，否则容易徒长，而且营养物质积累不够，影响开花结实；开花结实期要求相对较低的温度，有利于延长花期和籽实的成熟。

二年生草本花卉幼苗期大多要求经过一个低温阶段，一般为1～5℃，以利于通过春化阶段，否则不能进行花芽分化。二年生花卉相对于一年生花卉而言，播种期要求较低的温度，一般在20℃左右，相对于播种期而言，幼苗生长期需要有一个更低的低温阶段，在13～16℃，以促进春化作用完成，这一时期的温度，在不能超过能忍耐的极限低温的前提下，温度越低，通过春化阶段所需的时间越短。进入旺盛生长期则要求较高的温度环境，为22～26℃，开花结实期同样需要相对较低的温度，以延长观赏时间，并保证种实充实饱满。因此，每种花卉的不同生长发育时期对温度的适应有很大的区别。

研究温度对花卉生长发育的影响时，还要注意土温、气温和花卉体温之间的关系。土温与气温相比是比较稳定的，距离土壤表面越深，温度变化越小，所以花卉根的温度变化也较小，相对而言，根的温度与土壤温度之间的差异不是特别明显。地上部的温度因气温的变化而变化，当阳光直射叶面时，其温度可以比周围的气温高出2～10℃，这就是阳光引起花卉叶片灼伤的原因。此外，温室结构不合理，会造成一定程度的聚光，灼伤植物，此时应采取遮阴措施。到了夜间，叶子表面的温度可以比气温低些。

另外，植物的根一般都不耐寒，但越冬的多年生花卉，往往地上部已受冻害，而根部还可以正常存活。根的生长最适温度比地上部分要低3～5℃，春天大部分花卉根的活动要早于地上器官。一些木本花卉的根开始活动，树液已流动，而地上芽尚未萌发，此时进行嫁接，成活率较高，这是由于土壤温度比气温变化小，冬季的土壤温度比气温高。

### 1.3.1.2 花芽分化对温度的要求

花卉在发育的某一时期，需经低温后才能进行花芽分化而达到开花，这种现象称为春化作用。春化作用是花芽分化的前提，不同的植物对通过春化阶段的温度、时间有差异。如秋播的二年生花卉需0～19℃才能通过春化，而春播的一年生花卉则需较高温度才能通过春化阶段。花卉通过春化阶段后，在适宜的温度下才能分化花芽。春花类花卉如海棠花、杜鹃花、梅花、桃花、樱花、山茶花等，在6～8月间25℃以上时进行花芽分化，花芽形成后，经过冬季的低温越冬，才能在春季开花，否则花芽分化会受到障碍影响开花。球根花卉如唐菖蒲、晚香玉、美人蕉等，在夏季高温生长期进行花芽分化。有些球根花卉则在夏季休眠期进行花芽分化。如郁金香花芽形成最适温度为20℃，水仙需13～14℃。原产于温带和寒带地区的花卉，在春、秋季花芽分化时要求温度偏低，如三色堇、雏菊、矢车菊等。

温度对花卉的色彩也有一定影响。开花期喜高温的种类，温度高时色彩艳丽；而喜低温或中温的种类，温度高时，花色反而较淡。如蓝白复色的矮牵牛（图1-35），蓝色和白色部分的多少受温度的影响，在30～35℃高温条件下，花瓣完全呈蓝色或紫色，而低于15℃时，花瓣呈白色。喜高温的花卉，高温下花朵色彩艳丽，如荷花、半支莲、矮牵牛等；而喜冷凉的花卉，如遇30℃以上的温度，花朵变小，花色黯淡，如虞美人、三色堇、金鱼草等。

图1-35 蓝白复色的矮牵牛

温度对花的芳香性也有一定影响。花卉开花时如遇气温较高、阳光充足的条件，则花香浓郁，不耐高温的花卉遇高温时香味变淡。这是因为参与各种芳香油形成的酶类的活性与温度有关。花期遇气温高于适温时，花朵提早脱落，同时，高温干旱条件下，花朵香味持续的时间也缩短。

### 1.3.1.3 花卉对温度周期变化的适应

花卉所处的环境中温度总是变化着的，有两个周期性的变化，即日周期变化及年周期变化。

（1）*花卉对日周期温度变化的适应* 昼夜温差现象是自然规律，在一天中是白天温度较高，晚上温度较低，昼夜温差大，植物的生活也适应了这种昼热夜凉的环境。白昼的高温有利于光合作用，夜间的低温可抑制呼吸作用，可以减少呼吸作用对能量的消耗，有利于营养生长和生殖生长。因而周期性的温度变化对植物的生长与发育是有利的，许多花卉都要求有这样的变温环境，才能正常生长。如热带花卉的昼夜温差应在3～6℃，温带花卉在5～7℃，而沙漠植物，如仙人掌则要求相差10℃以上，这种现象称为温度周期。适当的温差还能延长开花时间，使果实着色鲜艳等。各种花卉对昼夜温差的需要与原产地日变化幅度有关。属于大陆气候、高原气候的花卉，昼夜温差10～15℃较好；属于海洋性气候的花卉，昼夜温差5～10℃较好。昼夜温差也有一定的范围。如果日温高，而夜温过低，也生长不好。不同花卉的昼、夜最适温度是不同的。有许多要求低温通过春化的植物，仅仅有夜间低温，也可达到与昼夜连续低温相同的作用。

（2）*花卉对年周期温度变化的适应* 我国大部分地区属于温带，四季分明，一般春、秋季气温在10～22℃之间，夏季平均气温在25℃，冬季平均气温在0～10℃。对于原产于温带地区的花卉，如郁金香、香雪兰、唐菖蒲等，一般表现为春季发芽，夏季生长旺盛，秋季生长缓慢，冬季进入休眠。吊钟海棠、天竺葵、仙客来虽不落叶休眠，但高温季节也常常进入半休眠状态。这样的休眠使植物生理在不良环境下代谢平衡，经过休眠后的花卉，在下一阶段生长发育得更好、更健壮。由于温度年周期节律变化，有些花卉在一年中有多次生长的现象，如代代、佛手、桂花、海棠等。在秋季，常由于面临严冬，枝条不充实，不利于花芽分化，应予以控制。春化现象也是花卉对温度周期变化的适应。丁香、碧桃如果没有冬季的低温，则春季的花芽不能开放；牡丹、芍药的种子如进行春播，则不能解除上胚轴的休眠；为了使百合、水仙、郁金香在冬季开花，就必须在夏季进行冷藏处理。

花卉发芽、生长、显蕾、开花、结实、新种实成熟、落叶、休眠等生长发育阶段，均与当时的温度值密切相关。了解地区气温变化的规律，掌握花卉的物候期，对有计划地安排花事活动非常有利。

## 1.3.2 光照

光照是花卉进行光合作用、制造有机物质的能量来源。光是绿色植物生存的必需条件，它促进叶绿素的形成，是光合作用的能源。没有光照，植物就不能进行光合作用，其生长发育也就没有物质来源和物质保障。一般而言，光照充足，光合作用旺盛，形成的碳水化合物多，花卉体内干物质积累就多，花卉生长和发育就健壮，而且，碳氮比高，有利于花芽分化和开花，因此大多数花卉只有在光照充足的条件下才能花繁叶茂。因此，花卉栽培需要适合的光照强度、光照时间和光质。

### 1.3.2.1 光照强度对花卉的影响

光照强度简称光度。光照强度的单位为lx（勒克斯）。一般认为日光度为100000lx，阴天的光度为100～1000lx，白天室内的光度在1000lx左右。在花卉栽培中，花卉在吸收光照时需直射光或漫散射光。光照强度的强弱，对花卉植物体细胞的增大、分裂和生长有密切关系。光强度增加，植株生长速度快，促进植物的器官分化，制约器官的生长和发育速度，植物节间变短、变粗，提高木质化程度，改善根系的生长，形成根冠比，促进花青素的形成，使花色鲜艳。不同种类的花卉对光照强度的要求是不同的，主要与它们的原产地光照条件有关。一般原产于热带和亚热带的花卉因当地阴雨天气较多，空气透明度较低，往往要求较低的光照强度，如果将它们引种到北方地区栽培时通常需要进行遮阴处理。而原产于高海拔地带的花卉，则要求较强的光照条件，而且对光照中的紫外线要求较高。

为便于栽培管理，根据花卉对光照强度的要求不同，可以分阳性花卉、中性花卉、阴性花卉及强阴性花卉4种类型。

一般植物的最适需光量为全日照的50%～70%，多数在50%以下会生长不良。当日光不足时，植株徒长、节间延长、花期延迟、花色不正、花香不足，而且易感染病虫害。有些花卉对光照的要求因季节变化而不同，如仙客来、大岩桐、君子兰、天竺葵、倒挂金钟等夏季需适当遮阴，但在冬季又要求阳光充足。此外，同一种花卉在其生长发育的不同阶段对光照的要求也不一样。一般幼苗繁殖期需光量低一些，有些甚至在播种期需要遮光才能发芽；幼苗生长期至旺盛生长期则需逐渐增加需光量。

花卉与光照强度的关系随着年龄和环境条件的改变会相应地发生变化，有时甚至会有很大变化，并不是固定不变的。光照强度对花色也有影响。紫红色花是由于花青素的存在而形成的，花青素必须在强光下才能产生，而在散光下不易形成，如春季芍药的紫红色嫩芽以及秋季红叶均为花青素的颜色。

#### 1.3.2.2 光照时间对花卉的影响

花卉开花的多少、花朵的大小等除与其本身的遗传特性有关外，光照时间的长短对花卉花芽分化和开花也具有显著的影响。花卉植物的生命周期在经过春化阶段之后即进入光照阶段。光照阶段与于花卉植物的阶段发育关系密切，直接影响着孕育开花。一般在同一植株上，充分接受光照的枝条花芽多，接受光照不足的枝条花芽较少。不同种类的花卉所需光照时间的长短是不同的，根据花卉对光照时间的要求不同，通常将花卉分为长日照花卉、短日照花卉和中日照花卉3类。

了解花卉开花对日照时数长短的适应性，对调节花期具有重要的作用，可以利用这一特性使花卉提早或延迟花期。如采用遮光的方法，可以促使短日照花卉提早开花，反之，用人工加光的方法可以促使长日照花卉提早开花。而如使短日照花卉长期处于长日照的条件下，它只能进行营养生长，不能进行花芽分化，不形成花蕾开花。

#### 1.3.2.3 光质对花卉的影响

光质又称光的组成，是指具有不同波长的太阳光的成分。太阳光主要由红、橙、黄、绿、青、蓝、紫七种光谱成分组成，其次是红外线和紫外线。花卉栽培是在太阳光的全光谱下进行的，但不同的光对光合作用、叶绿素、花青素的形成有不同的效果。不同波长的光对植物生长发育的作用也不尽相同。植物的光合作用主要吸收红光和橙光，其次是蓝光和紫光。植物同化作用吸收最多的是红光，其次为黄光，蓝、紫光的同化效率仅为红光的14%。紫光和紫外线主要为植物色素的形成提供能量，抑制枝条的伸长生长。红光和红外线有促进植物枝条伸长的作用，不仅有利于植物碳水化合物的合成，还能加速长日照植物的发育；短波的蓝、紫光则能加速短日照植物的发育，并能促进蛋白质和有机酸的合成。一般认为短波光可以促进植物的分蘖，抑制植物伸长，促进多发侧枝和芽的分化；长波光可以促进种子萌发和果实成熟，高山地区及赤道附近极短波光较强，促进花青素和其他色素的形成，花色鲜艳，就是这个道理。

花青素是各种花卉的主要色素，它来源于色原素，越是阳光强烈，对花青素的形成越有利。花卉在高原地区栽培，受太阳蓝、紫光及紫外线辐射较多，花卉具有植株矮小、节间较短、花色艳丽等特点。

### 1.3.3 水分

#### 1.3.3.1 花卉生长发育对水分的要求

花卉在栽培中对水分有不同的要求，同一花卉在不同的生长发育时期，对水分的要求也不同。种子萌芽期需要足够的水分，以便透入种皮，有利于胚根的抽出，并供给种胚必要的水分。种子萌发后，由于幼苗期根系较浅，根系吸水力弱，抗旱能力较弱，需要不间断供水，保持土壤湿润状态即可，不能太湿或有积水，需水量相对于萌芽期要少，但应充足。旺盛生长期需要充足的水分供应，以保证旺盛的生理代谢活动的顺利进行，增加细胞的分裂和细胞的伸长以及各个组织器官的形成。生殖生长期需水较少，控制生长速度和顶端优势，有利于花芽分化，空气湿度也不能太高，否则会影响花芽分化、开花数量及质量。孕蕾期和开花期需水偏少，控制水分供给延长观花期。在开花结实阶段，植物对水分的需求量逐渐减少，要求空气干燥，以保证授粉结实。种子成熟期需水量少，要保持环境通风良好，减少空气湿度。

#### 1.3.3.2 水分对花卉的花芽分化及花色也有影响

一般情况下，适当控制对花卉水分的供应有利于花芽的分化，如风信子、水仙、百合等，用30～35℃的高温处理种球，使其脱水可以使花芽提早分化并促进花芽的伸长。此外，在栽培上常用“扣水”的方法来促进花芽分化，控制花期。水分对花色的影响也很大，水分充足才能显示花卉品种色彩的特性，花期也长，水分不足的情况下花色深暗，如蔷薇、菊花表现很明显。

栽培中如果空气湿度过大，往往使花卉的枝叶徒长，容易造成落蕾、落花和落果，同时也降低了抗病、抗虫的能力。观叶植物则需要较高的空气湿度，增加枝叶的亮度和色泽。

### 1.3.4 土壤

#### 1.3.4.1 花卉对土壤质地的要求

露地栽培的花卉由于根系能够自由伸展，对土壤的要求一般不是很严格，只要土层深度合适，通气和排水良好，并具有一定肥力就可利用。而盆栽时，由于根系的伸展受到花盆限制，因此盆栽用土除物理性状上能满足其种植要求外，还必须含有充足的营养物质。所以，盆栽用土的好坏是培养盆栽观赏植物成败的关键因素。

根据土壤中矿物质颗粒的大小，以及它们占有的不同比例，通常将土质划分为沙土类、黏土类和壤土类三种。

不同种类的花卉植物对土壤类型的要求有一定差异。一、二年生草本花卉在露地栽培时，对土壤要求不严，除沙土和极黏重的土壤不宜种植外，其他土壤均可，但以排水性和通气性良好，又能保水保肥的沙质壤土最为理想。在盆栽时，由于盆钵容量有限，花卉根系的伸展受到限制，因此，对盆土质量的要求更高。好的盆土不仅要具有良好的团粒结构，而且要富含各种营养物质，单独使用某一种类型的土壤不能满足上述要求，需要单独配制营养土。

#### 1.3.4.2 花卉对土壤酸碱度的要求

土壤酸碱度与土壤的理化性状、微生物活动及矿质元素的分解利用等紧密相关，直接影响植物根系的生理活动及对矿质营养物的吸收。例如，营养元素在pH值为5.5～7.0的土壤中有效性最高，在pH值为5.5～7.0范围外的土壤中，与钙、铁、铝发生结合，其活性会大大降低。

花卉按酸碱度可分为耐强酸性花卉、酸性花卉、中性花卉和耐碱性花卉4种。就土壤酸碱度而言，虽然一般的花卉对土壤酸碱度要求不严格，在弱碱性或偏酸的土壤中都能生长，但大多数花卉在中性至偏酸性（pH=6.0～7.0）的土壤中生长良好。

土壤酸碱度检测可取少量待测土壤，加入蒸馏水，刚好浸溶土壤即可，稍许搅拌，待澄清后，取pH值试纸蘸土壤溶液，然后与比色板上的标准色谱进行对照，找出相近颜色的色板数值，即是所测土壤的pH值。总之，理想的花卉栽培土不仅要求土质要好，而且酸碱度还要适宜。

### 1.3.5 营养

花卉在整个生长期内所必需的营养元素是碳、氢、氧、氮、磷、钾、钙、镁、硫、铁、锰、锌、铜、钼、硼、氯16种。这16种必需的营养元素又可分为大量营养元素、中量营养元素及微量营养元素。大量营养元素包括碳、氢、氧、氮、磷、钾；中量营养元素有钙、镁、硫；微量营养元素，它们在植物体内含量很少，一般只占干重的十万分之几到千分之几，有铁、锰、锌、铜、钼、硼、氯。每种营养元素都是花卉生长发育必不可少的。有的元素取自空气，有的可从水中获得，大多数来源于土壤。由于成土母质不同，各种元素在土壤中的含量不一，所以对缺少或不足的元素应及时补充。影响肥效的常是土壤中含量不足的那一种元素。如在缺氮的情况下，即使基质中磷、钾含量再高，花卉也无法正常吸收利用，因此施肥应特别注意营养元素的完全与均衡，做到配方施肥。

#### 1.3.5.1 肥料类型

（1）根据施用时期分类

① 基肥。基肥是指定植或播种以前就施入到土壤中的肥料，它能在整个生育期中，给花卉提供完全而均衡的营养。基肥用量大，一般占全生育期用肥总量的70%。充足的基肥既能提供花卉生育所需的营养，又使土壤变得松软，促进土壤团粒体结构的形成，也有利于根系对养分的吸收。

基肥多以有机肥为主，通常每100$m^2$施1$m^3$完全腐熟的厩肥、堆肥或饼肥等。另外，无机肥料最好可与有机肥料配合施用，通常每100$m^2$施10kg左右氮磷钾复合肥或磷酸二铵。

② 追肥。追肥是指定植或出苗后，在花卉生长期间为调节植株营养而施用的肥料。追肥可以采取根际追肥和叶面追肥两种方式。追肥主要以使用速效性化学肥料为主。根据不同生育阶段的需肥特点，选择不同的肥料类型和配合比例。

（2）根据化学性质分类

① 有机肥。有机肥料主要指人、畜、家禽的粪便，水产类的下脚料，以及一些经过沤制的植物性肥料。常用的有机肥包括厩肥、堆肥、骨粉、畜禽粪、人粪尿、饼肥、绿肥、腐殖酸类肥料、生活垃圾等。有机肥料具有种类繁多、来源广泛、营养全面、肥效慢而持久等特点，大多作为基肥使用，偶尔作为追肥。使用时一定要注意，新鲜有机肥必须经过充分的腐熟和灭菌处理后才能使用，否则会引起烧根、虫害等。

② 无机肥。无机肥又称化肥，是指工厂化生产的化学合成肥料。常用的无机肥包括尿素、硝酸铵、过磷酸钙、硫酸钾、氯化钾、磷酸二氢钾等。无机肥肥效相对较快而短，营养元素有效含量较高，使用方便。在花卉生产中主要作追肥使用。常见无机肥料包括尿素、过磷酸钙、碳酸氢铵、硫酸铵、磷酸二氢钾、硝酸钾、硫酸亚铁等。需要注意的是过磷酸钙虽然属于无机肥，但是化学性质稳定，分解较慢，多作基肥使用。目前，无机肥已从单元肥向复合肥、复混肥、专用肥方向发展。

③ 缓释肥。缓释肥是将多种化学肥料按一定配方混匀加工制成颗粒状，在其表面包被一层树脂、塑料等特殊材料制成的壳体。通过壳体配方、壳体厚度和壳体层数等因素的改变，预先设定肥料的释放时期和释放量。在整个使用期内，养分被均匀释放，肥效期可控制。它克服了普通化肥溶解过快、持续时间短、易淋失的缺点，使养分按植物吸收规律释放，从而能提高肥效。

#### 1.3.5.2 施肥量

要确定准确的施肥量，需经田间试验，结合土壤营养分析和植物营养分析，根据养分吸收量和肥料利用率来测算。因花卉种类、品种、土质以及肥料种类不同，目前很难确定统一的施肥量标准。

就植物的生育阶段而言，一般幼苗期吸收量较少，茎叶大量生长至开花前吸收量呈直线上升，一直到开花后才逐渐减少。因此，施肥量和肥料种类要与花卉各个生育阶段的需肥量和需肥特点相适应。在营养生长期应多施氮肥和磷肥，而在孕蕾期、开花期则应多施磷、钾肥，以促进成蕾和延长花期。

除此之外，还应结合植株的大小和生长势等具体情况而定。一般植株高大、生长势旺、生长迅速的花卉可多施，植株矮小、生长势差、生长缓慢的花卉宜少施。喜肥花卉如香石竹、菊花等宜多施，耐贫瘠花卉如肾蕨、补血草等宜少施。种植密度大宜多施，密度小宜少施。缓效有机肥可以适当多施，速效有机肥和化肥应适度使用。通常生长旺盛季节每隔7～10天追施1次肥，要掌握“薄肥勤施”的原则，切忌施浓肥。

**1.3.5.3 施肥方法**

施肥的方式主要有基肥和追肥两种。

（1）基肥　基肥多在整地时，结合土壤耕作翻入土内，并与土壤充分混合，有时在基肥中混入少量化肥，以提高或弥补基肥养分含量的不足。

（2）追肥　追肥的方式分为根际追肥和根外追肥两种。

① 根际追肥。根际追肥是将肥料施入植物根系周围的土壤中，方法有撒施、条施或穴施。也可将追肥与灌溉结合起来进行。露地花卉追肥可随灌水冲入地中，保护地内花卉追肥可以借助滴灌系统施用。

花卉植株封垄后，不能采用撒施的方式追肥，以免肥料落在叶片上，产生灼伤。施肥后为提高肥料利用率，减少棚室内肥料分解产生的有害气体，要注意用土壤覆盖。

② 根外追肥。根外追肥又称叶面追肥，是将低浓度的水溶性肥料溶液喷洒在植物叶片上的一种施肥方法。主要在补充花卉急需的某种营养元素或微量元素时施用最适宜，优点是吸收快，肥料利用率高。根外追肥不能完全代替根际追肥。

根外追施无机肥的适宜浓度一般为0.1%～0.5%，浓度过高时易灼烧叶片。常用的有尿素、磷酸二氢钾、过磷酸钙、硫酸钾、硼砂、钼酸铵、硫酸锌、稀土等；而碳铵、氨水、氯化铵、钙镁磷肥等不宜用作叶面追肥。根外追肥一般在晴天无风的傍晚进行。要做到均匀喷施，叶的正反两面都要喷到，尤其要注意喷洒生长旺盛的上部叶片和叶的背面。根外追肥的次数一般不应少于2次，对于在作物体内移动性小或不移动的养分（铁、硼、钙、磷等），应注意适当增加次数。

**1.3.5.4 合理施肥**

合理施肥要因地制宜，根据花卉种类、生育阶段、生长势和季节，选用适宜的肥料类型，适时、适地、适量地投入。施肥时应注意以下几点。

（1）有机肥与无机肥相结合　有机肥肥效慢，但是营养元素丰富，属于完全性肥料，还可以改善土壤。无机肥一般肥效快，但营养元素单一、养分不完全，长时间使用会使土壤酸化，导致连作障碍。因此这两种性质的肥料应该结合起来使用，取长补短，既注重当前效益，又同时兼顾长远效益。

有机肥施用量因肥源不同，种类间差异大，施用时应灵活掌握。无机肥品种多，应注意配方施肥提高肥效。

（2）施足基肥，合理追肥　花卉整个生育期中所需各种肥料主要依靠基肥提供，有机肥多作基肥使用。一般基肥应占全生育期总肥分的70%以上。追肥要根据花卉生长情况与需求，以速效性无机肥为主。由于追肥一般很难深施，故应严格控制每次施肥量，宁可增加追肥次数以满足花卉对养分的要求，也不可一次施用过多，造成土壤溶液的浓度升高。

（3）科学配比，平衡施肥　施肥应根据土壤条件、切花营养需求和季节气候变化等因素，调整各种养分的配比和用量，保证花卉所需营养的比例平衡供给。

（4）注意各养分间的化学反应和拮抗作用　磷肥中的磷酸根离子很容易与钙离子反应，生成难溶的磷酸钙，造成植物无法吸收，出现缺磷。磷肥不宜与石灰混用，也不宜与硝酸钙等肥料混用。钾离子和钙离子相互拮抗，钾离子过多会影响切花对钙离子的吸收，相反钙离子过多也会影响切花对钾离子的吸收。

（5）禁止和限制使用的肥料　城市生活垃圾、污泥、工业废渣以及未经无害化处理的有机肥料，不符合相应标准的无机肥料等应禁止使用，以免毒害土壤和植物。忌氯植物禁止施用含氯肥料。

#### 1.3.5.5 缺素症状

植物因缺乏某种必需营养元素而出现的生理病症，称为缺素症。缺乏不同的营养元素，会导致植物产生不同的症状。这些症状在不同的植物上常表现出一定的相似性。生产实践中，往往可以通过观察缺素症状，进而对所缺营养元素种类进行简单的判断（表1-1）。

**表1-1　花卉植物缺素症的叶面诊断**

| 缺素种类 | 叶面症状 |
| --- | --- |
| 缺氮 | 先自老叶均匀黄化，后延至叶心，最后全株叶色黄绿、干枯但不脱落。叶片变狭、出叶慢、分枝少 |
| 缺磷 | 自老叶开始，植株呈暗绿色，下部叶的脉间黄化，并常带紫红色，特别是表现在叶柄上，落叶早 |
| 缺钾 | 老叶出现黄、棕、紫等色斑，叶尖焦枯向下卷曲，叶片由边缘向中心变黄，但叶脉仍为绿色。叶缘向下或向上卷曲并渐枯萎，最后下叶和老叶均脱落 |
| 缺镁 | 下部叶黄化，在晚期常快速出现脉间枯斑、紫红色斑块，黄化出现于叶脉间，叶脉仍为绿色，叶缘向上或向下卷曲而成皱缩 |
| 缺铁 | 从新叶开始发生黄白化，但叶脉仍为绿色，间或有完全白化的，一般不枯萎，严重时叶缘及叶尖干枯 |
| 缺钙 | 顶芽易伤，叶尖、叶缘枯死，幼叶的叶尖常呈钩状，根系坏死，严重时全株枯死 |
| 缺锌 | 叶株间出现黄斑，逐渐变为褐色或紫色，再蔓延至新叶，使之黄白化，植株出现小叶，即小叶症现象 |
| 缺锰 | 叶脉间黄化发生在新叶，且分布于全部叶面。极细叶脉仍保持为绿色，形成细网状，花小而花色不良 |
| 缺硫 | 从老叶或新叶发病，因花卉种类而异，常老叶变黄并扩展到新叶，叶细长，植株矮小，开花推迟。老叶少有干枯 |
| 缺硼 | 病症发生于新叶。顶芽通常死亡。嫩叶基部腐败。茎与叶柄极脆，根系死亡，特别是根系的生长部分 |

通常情况下，我们可采取下列农业措施预防缺素症的发生。

① 根据土壤性质安排切花种类。不同种类的切花对土壤酸碱度以及对营养元素组成和含量的要求各异，因而在某种营养元素不足的土壤不宜种植对该元素敏感的切花。

② 合理的轮作，可避免因某种元素需求量大的切花连作、重茬而引起的缺素症。

③ 合理搭配施用化肥和多施有机肥料，以维持土壤养分元素间的平衡。

④ 正确的耕作管理，可改善土壤理化性质，促进根系的纵深发展，防止有毒物质阻碍根系呼吸。

对于缺素症经诊断确认后宜立即追施含有相应元素的肥料进行矫治。

## 1.4 花卉的栽培设施

### 1.4.1 温室

温室是花卉栽培的重要设施，广泛用于集约化花卉生产。

#### 1.4.1.1 温室类型

温室有多种分类方法，如按照温室屋面形状，可将温室分为单屋面温室、双屋面温室、拱圆温室、连栋温室等；按建筑材料，分为土木结构、钢材结构、铝合金结构以及混合结构温室等；按覆盖材料，分为玻璃温室、塑料薄膜温室、塑料中空板（PC板）温室等。

目前国内花卉生产上常用的温室类型有以下几种。

（1）单屋面玻璃温室　单屋面温室过去曾是花卉生产应用的主要类型。它仅有一个向南倾斜的透光屋面，构造简单，建筑造价低。小面积温室多采用此种形式。可充分利用冬季和早春的太阳辐射，温室北墙可以阻挡冬季的西北风，温度容易保持，适宜在北方严寒地区采用。通常跨度为3～6m，北墙高2.0～3.5m，前墙高0.6～0.9m，玻璃屋面倾斜角度较大，白天能充分利用冬季和早春的太阳直射光，因此这种温室光线充足。夜晚多用烟道加热，并加盖草苫保温（图1-36）。

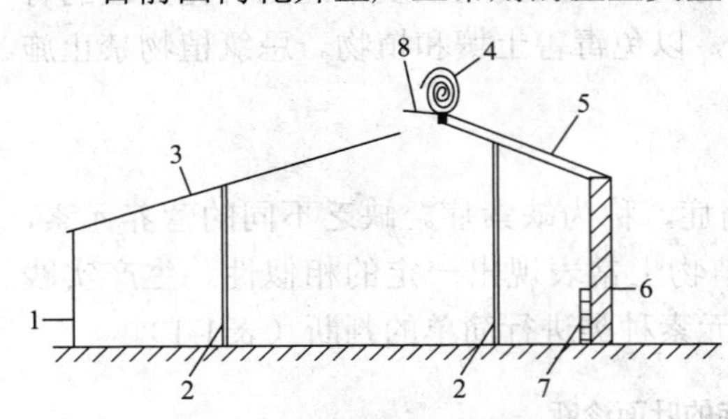


图1-36　单屋面玻璃温室

1—立窗；2—立柱；3—南屋面；4—保温覆盖物；5—后坡；6—后墙；7—加温设备；8—天窗

这种温室南部高度较低，不能栽植较高花卉，用作花卉栽培时空间利用率较低，尤其是温室空间较小，保温能力差，昼夜温差大，也不便于机械化作业。另外，由于光线来自一面，常造成植物向南弯曲，对生长迅速的花卉种类影响较大。

（2）双屋面玻璃温室　这种温室有两个等长的采光屋面，骨架结构多由钢材构成，屋顶和四周都以玻璃覆盖，并设有多个通风窗（图1-37）。采光屋面倾斜角度较单屋面温室小，一般在28°～35°，常见跨度在6～10m，也有跨度达到15m的。这种温室具有很大的容积，因此热容量大，温室内温度、湿度波动幅度较小，有较好的稳定性，室内受光均匀。缺点是高温期通风不良，加之玻璃屋面面积较大，散热较多，保温性能较差，昼夜温差大，冬季栽培必须配有完善的加温设备，同时还要配备遮阳系统、湿帘降温系统等，以保证夏季降温栽培能够顺利实现。

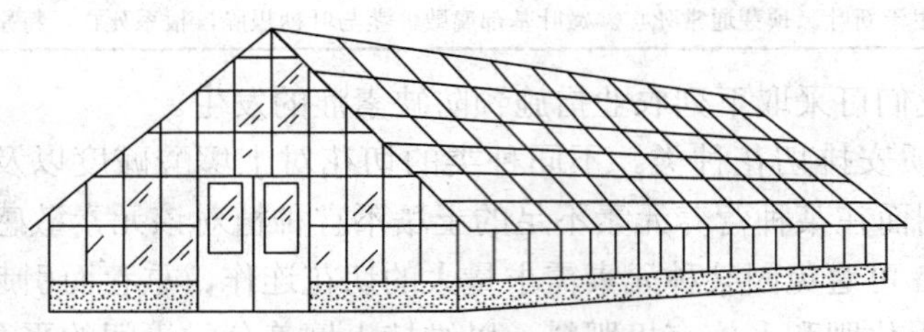

图1-37　双屋面玻璃温室

为利于采光，双屋面单栋温室在高纬度地区宜采用东西延长方向，低纬度地区宜采用南北延长方向。

（3）圆拱双层充气膜温室　这种温室屋面为圆拱形，顶部覆盖采用无滴双层充气膜（配专用充气泵），四周围护采用中空塑料PC板。通过用充气泵给两层薄膜之间充入一定量的空气，使温室内外形成一层空气隔热层，从而使其保温性得以提高。双层充气膜能有效防止热量散失和冷空气侵入，冬季运行成本低，建造费用较为低廉，经济实用，适用范围广，在我国大部分地区都可使用。

（4）日光温室　日光温室为单屋面半圆拱形覆盖塑料薄膜的温室（图1-38），白天充分利用南向采光面收集阳光，夜间利用保温被覆盖保温，主要依靠阳光辐射热进行加温生产。日光温室东、西、北三面为0.8～1.0m厚带有隔热夹心层的墙体，四周开挖有防寒沟。在华北地区冬季不加温的情况下，最低温度可保持在8℃以上。这种温室造价低廉，跨度大，保温效果明显，适合北纬32°以上、冬春光照充足的北方地区的花卉生产。

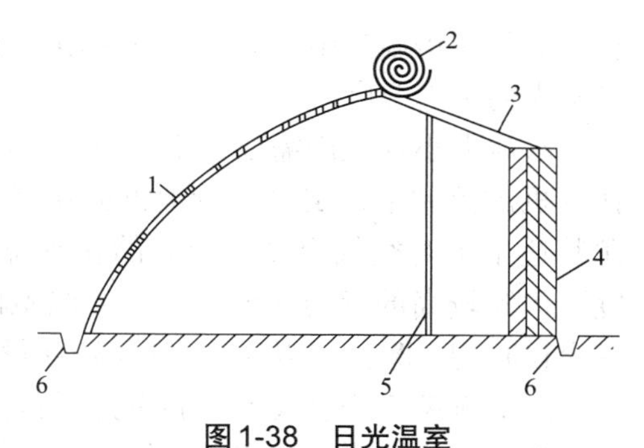


**图1-38 日光温室**

1—南屋面；2—覆盖物；3—后坡；4—后山墙；5—立柱；6—防寒沟

（5）连栋式温室　连栋式温室是多栋温室连接而成的大型钢架温室，屋面形状常见的有双屋面屋脊形或圆拱形两种，其上安装玻璃或覆盖1～1.2mm厚的塑料膜，四周采用透明中空塑料板材围护。占地面积可达几百平方米至上万平方米，温室内部可根据需要进行空间分隔。在冬季北风较强的地区，为提高温室的保温性，温室的北墙可选用保温性能强的不透明材料。

连栋温室的土地利用率高，作业空间大，阳光直射时间长且采光区域大，温度较稳定，昼夜温差较小。一般自动化程度较高，内部配置有完善的加热系统、通风系统、帘幕系统、灌溉系统等，可利用计算机控制系统进行自动化智能管理。

缺点是耗能大、投资和运行成本高；空气流通不畅，降温困难。在冬季多降大雪的地区不宜采用，因为屋面连接处大量积雪容易发生危险，但有条件的情况下可采用融雪设施。

#### 1.4.1.2 温室内的设施

现代温室配置有多种用于环境调控的系统，如降温系统、微灌溉系统、通风系统、帘幕系统、智能控制系统等，用于对温室内部环境的有效调控。涉及切花生产的光照、温度、水分、气体、土壤肥料、生物等环境因子都可在现代温室当中得以有效控制，是实现切花周年生产的重要装备。

（1）花架　花架是放置盆花的台架，有平台和级台两种形式。平台常设于单屋面温室南侧或双屋面温室的两侧，在大型温室中也可设于温室中部。平台一般高80cm，宽80～100cm，若设于温室中部宽可扩大到1.5～2m。在单屋面温室常靠北墙，台面向南；在双屋面温室，常设于温室正中。级台可充分利用温室空间，通风良好，光照充足而均匀，适用于观赏温室，但管理不便，不适于大规模生产。

花架结构有木制、铁架木板及混凝土三种。前两种均由厚3cm、宽6～15cm的木板铺成，两板间留2～3cm的空隙以利于排水，其床面高度通常低于短墙，约为20cm。现代温室大多采用镀锌钢管制成活动的花架，可大大提高温室的有效面积，节省室内道路所占的空间，减轻劳动强度，但投资较大。花架间的道路一般宽70～80cm，观赏温室可略宽些。

（2）栽培床　栽培床是温室内栽培花卉的设施。与温室地面相平的称为地床，高出地面的称为高床。高床四周由砖和混凝土筑成，其中填入培养土（或基质）。栽培床易于保持湿润，土壤不易干燥；土层深厚，花卉生长良好，更适于深根性及多年生花卉生长；设置简单，用材经济，投资少；管理简便；节省人力，但通风不良，日照差，难以严格控制土壤温度。

（3）繁殖床　除繁殖温室外，在一些小规模生产栽培或教学科研栽培中，也常设置繁殖床。有的直接设置在加温管道上，有的采用电热线加温。以南向采光为主的温室，繁殖床多设于北墙，大小视需要而定，一般宽约1m，深40～50cm，其中填入基质即可。

（4）给水排水设备　水分是花卉生长的必需条件，花卉灌溉用水的温度应与室温相近。

在一般的栽培温室中，大多设置水池或水箱，事先将水注入池中，以提高温度，并可以增加温室内的空气湿度。

水池大小视生产需要而定，可设于温室中间或两端。现代化温室多采用滴灌或喷灌，在计算机的控制下，定时定量地供应花卉生长发育所需要的水分，并保持室内的空气湿润度，尤其适用于对空气湿度要求大的花卉温室，这样可增加温室利用面积，提高温室自动化程度，但需较高的智力和财力投入。温室的排水系统，除天沟落水槽外，可设立柱为排水管，室内设暗沟、暗井，以充分利用温室面积，并降低室内温度，减少病害的发生。

（5）通风及降温设备　温室为了蓄热保温，均有良好的密闭条件，但密闭的同时造成高温、低二氧化碳浓度及有害气体的积累。因此，良好的温室应具有通风及降温设备。

① 自然通风。是利用温室内的门窗进行空气自然流通的一种通风形式。在温室设计时，一般能开启的门窗面积不应低于覆盖面积的25%～30%。自然通风可手工操作和机械自动控制，一般适于春秋降温排湿之用。

② 强制通风。用空气循环设备强制把温室内的空气排到室外的一种通风方式。大多应用于现代化温室内，由计算机自动控制。强制通风设备的配置，要根据室内的换气量和换气次数来确定。

③ 降温设备。一般用于现代化温室，除采用通风降温外，还装置喷雾、制冷设备进行降温。喷雾设备通常安装在温室上部，通过雾滴蒸发吸热降温。喷雾设备只适用于耐高空气湿度的花卉。制冷设备投资较高，一般用于人工气候室。

（6）遮光、补光设备　温室大多以自然光作为主要光源。为使不同生态环境的奇花异草集于一地，如短日性花卉在长日照条件下生长，则需要遮光设备，以缩短光照时数，遮光设备需要黑布、遮光幕、暗房和自动控光装置，暗房内最好设有便于移动的盆架；长日性花卉在短日照条件下生长，就需要在温室内设置灯源补光，以增强光照强度和延长光照时数。

（7）加温设备　温室加温的主要方法有烟道、热风和热水等。

① 烟道加温。此方法简单易行，投资较小，燃料消耗少。但供热力小，室内温度不宜调节均匀，空气较干燥，花卉生长不良，多用于较小的温室。

② 热风加温。又称暖风加温，用风机将燃料加热产生的热空气输入温室，达到升温的一种方式。热风加温的设备通常有燃油热风机和燃气热风机。

③ 热水加温。用锅炉加温使水达到一定的温度，然后经输水管道输入温室内的散热管，散发出热量，从而提高温室内的温度。热水加温一般将水加热至80℃左右即可。

### 1.4.2 塑料大棚

塑料大棚是指用塑料薄膜覆盖的没有加温设备的棚状建筑，是花卉栽培及养护的主要设施。利用塑料大棚生产花卉是近代塑料工业发展的一项新成就，在我国北方应用比较广泛。

塑料大棚内的温度源于太阳辐射能。白天，太阳能提高了棚内温度；夜晚，土壤将白天贮存的热能释放出来，由于用塑料薄膜覆盖，散热较慢，从而保持了大棚内的温度。但塑料薄膜夜间长波辐射量大，热量散失较多，常致使棚内温度过低。塑料大棚的保温性与其面积密切相关。面积越小，夜间越易于变冷，日温差越大；面积越大，温度变化缓慢，日温差越小，保温效果越好。

塑料大棚的形式、规格均依需要而定。可在墙壁的南侧搭上单面或弧形的小棚架，也可搭成单拱或多拱连接式的大棚，棚架可为木质，也可用钢材。建造塑料大棚的原则是经济实用、因地制宜、使用方便。

使用塑料大棚生产花卉具有以下几个优点：

① 延长花卉的生长期，如早春的月季、唐菖蒲、晚香玉等，在棚内生长可以比露地提早开花半个月至一个月，耐寒性较强的一二年生草花可提前一个月开花。到秋季月季、唐菖蒲、晚香玉、菊花等，在棚内均可延长一个多月生长期。使用塑料大棚，能使有些花卉在棚内安全越冬。

② 棚内生产能抵御自然灾害，能防霜、防轻冻、防风及防轻度冰雹等。

③ 大棚拆除后，该地仍能继续生产或种植其他花卉，使土地得到充分利用。

④ 棚内的温度、光照、湿度等均比露地更容易调节和控制，使之更适于花卉生长需要。

## 1.4.3 冷床与温床

### 1.4.3.1 冷床

冷床是指不需要人工加热而利用太阳辐射维持一定温度，使植物安全越冬或提早栽培繁殖的栽植床。它是介于温床和露地栽培之间的一种保护地类型，又称“阳畦”。冷床广泛用于冬春季节日光资源丰富而且多风的地区，主要用于二年生花卉的保护越冬、一二年生草花的提前播种、耐寒花卉的促成栽培及温室种苗移栽露地前的炼苗期栽培。

冷床分为抢阳阳畦和改良阳畦两种类型。

（1）*抢阳阳畦* 由风障、畦框及覆盖物三部分组成。风障的篱笆与地面夹角约为70° 向南倾斜，土背底宽50cm，顶宽20cm，高40cm。畦框经过叠垒、夯实、铲削等工序，一般北框高35 ～ 50cm，底宽30 ～ 40cm，顶宽25cm，形成南低北高的结构。畦宽一般为1.6m，长5 ～ 6m。覆盖物常用玻璃、塑料薄膜、蒲席等。白天接受日光照射，提高畦内温度；傍晚，在透光覆盖材料上再加不透明的覆盖物，如蒲席、草苫等保温。

（2）*改良阳畦* 由风障、土墙、棚架、棚顶及覆盖物组成。风障一般直立；土墙高约1m，厚50cm；棚架由木质或钢质柱、柁构成，前柱长1.7m，柁长1.7m；棚顶由棚架和泥顶两部分组成，在棚架上铺芦苇、玉米秸等，上覆10cm左右厚的土，最后以草泥封裹。覆盖物以玻璃、塑料薄膜为主。建成后的改良阳畦前檐高1.5m，前柱距土墙和南窗各为1.33m，玻璃倾角为45° ，后墙高93cm，跨度为2.7m。用塑料薄膜覆盖的改良阳畦不再设棚顶。

### 1.4.3.2 温床

温床除利用太阳辐射外，还需人为加热以维持较高温度，供花卉促成栽培或越冬用，是北方地区常用的保护地类型之一。温床保温性能明显高于冷床，是不耐寒植物越冬、一年生花卉提早播种、花卉促成栽培的简易设施。建造温床时宜选背风向阳、排水良好的场地。

（1）*温床的加温方式* 温床加温可分为发酵热和电热两类。发酵床由于设置复杂，温度不易控制，现已很少采用。电热温床选用外包耐高温的绝缘塑料、耗电少、电阻适中的加热线作为热源，可加热至50 ～ 60℃，在铺设线路前先垫以10 ～ 15cm的煤渣等，再盖以5cm厚的河沙，加热线以15cm的间隔平行铺设，最后覆土。温度可由控温仪来控制。电热温床具有可调温、发热快、可长时间加热及可以随时应用等特点，因而采用较多。目前，电热温床常用于温室或塑料大棚中。

（2）*温床的构造* 温床南北向设置，一般宽1.2 ～ 1.5m，长度可根据用地大小、作业情况而定。周围有围墙，南低北高，墙高视温床用处而定。一般北墙距地面50 ～ 70cm，南墙距地面20 ～ 40cm。为了提高保温性，可将温床做成半地下式，床顶加盖玻璃窗。

### 1.4.4 荫棚

荫棚是花卉生产中的常用设施。它的主要作用就是降低光照强度，常用于夏季花卉栽培的遮阳，使花卉不受强烈阳光灼晒，减少水分蒸发和降低环境温度，并可减少暴雨对花卉植物的危害和对土壤的冲刷。

荫棚的主要使用季节在春末、夏季和早秋这三个高温强光照时期。一部分露地栽培的切花花卉需要在荫棚下栽培才能保证切花品质。夏季扦插和播种也常常需要在荫棚下进行。

根据使用期限可将荫棚分为临时性和永久性两种。

#### 1.4.4.1 临时性荫棚

春季搭建、秋季拆除。一般用木材作立柱，其上用铁丝、木条、竹竿等搭建成网格状，然后覆盖遮阳网，遮阴程度通过选用不同规格的遮阳网即能调整。为了避免阳光从东面或西面照射到荫棚内，在东西两端还要设遮阴帘下垂至距地面0.6m处，以利通风。

一般采用东西向延长，高2.5m，宽6～7m。棚内地面要平整，铺炉渣、沙砾等，以利排水，并减少泥水溅污枝叶。在荫棚中，视跨度大小可沿东西向留1～2条通道。

夏季扦插和播种床所用的临时性荫棚一般比较低矮，高度为50～100cm。用木棍支撑，以竹帘、苇帘或草帘覆盖。在扦插未生根或播种未出芽前可覆盖厚些，当发芽生根后可逐步减少覆盖物，苗齐后可逐步拆除。

临时性荫棚可根据切花地块变更而随时拆迁，对切花轮作栽培非常有利。

#### 1.4.4.2 永久性荫棚

形状与临时性荫棚相同，但棚架多以直径为3～5cm的钢管作为立柱，钢管基部浇注于混凝土块中埋在地下，以稳定整个棚架。

### 1.4.5 地窖

地窖又称冷窖，是不需人为加温的用来储藏植物营养器官或植物防寒越冬的地下设施。地窖具有保温性能较好、建造简便易行的特点。建造时，从地面挖掘至一定深度、大小，而后加顶，即形成完整的地窖。地窖通常用于北方地区储藏不能露地越冬的宿根、球根、水生花卉及一些冬季落叶的半耐寒花木，如石榴、无花果、蜡梅、大丽花块根、风信子鳞茎等。

地窖依其与地表面的相对位置不同，可分为地下式和半地下式两类：地下式的窖顶与地表持平；半地下式窖顶高出地表面。地下式地窖保温良好，但在地下水位较高及过湿地区不宜采用。

不同的植物材料对地窖的深度要求不同。一般用于储藏花木植株的地窖较浅，深度为1m左右；用于储藏营养器官的地窖较深，达2～3m。窖顶结构有人字式、单坡式和平顶式三类。人字式出入方便；单坡式保温性能较好。窖顶建好后，上铺以10～15cm的保温材料，如高粱秆、玉米秸、稻草等，其上再覆30cm厚的土封盖。

地窖在使用过程中，要注意开口通风。有出入口的活窖可打开出入口通气，无出入口的死窖应注意逐渐封口，天气转暖时要及时打开通气口。气温越高，通气次数应越多。另外，植物出入窖时，要锻炼几天再进行封顶或出窖，以免造成伤害。

### 1.4.6 储藏室

花卉栽培上需要的储藏室除用于储藏一般的用具、肥料、药品等物外，还需要储藏种苗、土壤等。在种苗储藏室中，特别是秋植球根储藏室，需要有较大的面积和必要的设备，需要室内通风良好，温度变化不大，室内要设置分层木架，以便存放球根，使球根迅速干燥。储藏春植球根时，室内宜保持一定的温度，最低温度不能低于5℃。有的需要干燥储藏，如唐菖蒲、晚香玉等。有的需要沙藏，保持一定湿度，如大丽花、美人蕉等。

## 1.4.7 灌溉设施

（1）自动喷灌系统　自动喷灌系统分为移动式和固定式。这种喷灌系统可采用自动控制，无人化喷洒系统使操作人员远离现场，不致受到药物的伤害；同时，在喷洒量、喷洒时间、喷洒途径均可由计算机来加以控制的情况下，大大提高其效率。缺点是容易造成室内湿度过大。

（2）滴灌系统　通过在地面铺设滴灌管道，实现对土壤的灌溉。滴灌系统优点较多，省水、节能、省力，可实现自动控制。缺点是对水质要求较高，易堵塞，长期使用易造成土壤表层盐分积累。

（3）渗灌系统　通过在地下40～60cm埋设渗灌系统，实现灌溉。其优点是更加节水、节能、省力，可实现自动控制，可非常有效地降低温室内湿度，而且不易造成盐分积累。缺点是对水质要求高，成本较高。

## 1.4.8 生产设备与工具

### 1.4.8.1 花盆

花盆是重要的花卉栽培容器，其种类很多，多用于花卉生产或园林中。现在就其中主要类别介绍如下。

（1）素烧盆　素烧盆又称瓦盆，由黏土烧制而成，有红盆和灰盆两种。虽质地粗糙，但排水良好，空气流通，适于花卉生长；通常呈圆形，规格多样。价格低廉，但不利于长途运输，目前用量逐年减少。

（2）陶瓷盆　陶瓷盆为上釉盆，常有彩色绘画，外形美观，但通气性差，不适用于植物栽培，只适合作为套盆，供室内装饰用。除圆形外，也有方形、菱形、六角形等。

（3）木盆或木桶　需要用40cm以上口径的盆时即采用木盆。木盆形状仍以圆形较多，但也有方形的。盆的两侧应设有把手，以便于搬动。现在木盆正被塑料盆或玻璃钢盆所代替。

（4）水养盆　盆底无排水孔，盆面宽大而较浅，专用于水生花卉盆栽，其形状多为圆形。球根水养用盆多用陶瓷或瓷质的浅盆，如水仙盆等。

（5）兰盆　兰盆专用于栽培气生兰及附生蕨类植物。盆壁有各种形状的气孔，以便流通空气。此外，也常用木条制成各种式样的兰筐代替兰盆。

（6）盆景用盆　深浅不一，形式多样，常为陶盆或瓷盆。山水盆景用盆为特制的浅盆，以石盘为上品。

（7）塑料盆　质轻而坚固耐用，可制成各种形状，色彩也极为丰富，由于塑料盆的规格多、式样新、硬度大、美观大方、经久耐用及运输方便，目前已成为国内外大规模花卉生产及贸易流通中主要的容器，尤其在规模化盆花生产中应用更加广泛。虽然塑料盆透水、透气性较差，但只要注意培养土的物理性状，使其疏松、透气，便可克服其缺点。

### 1.4.8.2 育苗容器

花卉种苗生产中常用的育苗容器有穴盘、育苗盘、育苗钵等。

（1）穴盘　穴盘是用塑料制成的蜂窝状的由同样规格的小孔组成的育苗容器。盘的大小及每盘上的穴洞数目不等。一方面满足不同花卉种苗大小差异以及同一花卉种苗不断生长的要求，另一方面也与机械化操作相配套。一般规格为128～800穴/盘。穴盘能保持花卉根系的完整性，节约生产时间，减少劳动力，提高生产的机械化程度，便于花卉种苗的大规模工厂化生产。

（2）育苗盘　育苗盘也叫催芽盘，多由塑料铸成，也可以用木板自行制作。用育苗盘育苗有很多优点，如对水分、温度、光照容易调节，便于种苗贮藏、运输等。

（3）育苗钵　育苗钵是指培育小苗用的钵状容器，规格很多。按制作材料不同，可划分为两类：一类是塑料育苗钵，由聚氯乙烯和聚乙烯制成，多为黑色，个别为其他颜色；另一类为有机质育苗钵，是以泥炭为主要原料制作的，还可用牛粪、锯末、黄泥土或草浆制作。这种容器质地疏松、透气、透水，装满水后能在底部无孔情况下于40～60min内全部渗出。由于钵体会在土壤中迅速降解，不影响根系生长，移植时育苗钵可与种苗同时栽入土中，不会伤根，无缓苗期，成苗率高，生长快。

**1.4.8.3　其他设备**

（1）浇水壶　有喷壶和浇壶两种。喷壶用来为花卉枝叶淋水除去灰尘，增加空气湿度。喷嘴有粗、细之分，可根据植物种类及生长发育阶段、生活习性灵活使用。浇壶不带喷嘴，直接将水浇在盆内，一般用来浇肥水。

（2）喷雾器　防虫防病时喷洒农药用，或为温室小苗喷雾，以增加湿度，或用于根外施肥、喷洒叶面等。

（3）修枝剪　用以整形修剪，以调整株形，或用作剪裁插穗、接穗、砧木等。

（4）嫁接刀　用于嫁接繁殖，有切接刀和芽接刀之分。切接刀选用硬质钢材，是一种有柄、有单面快刃的小刀；芽接刀薄，刀柄的另一端带有一片树皮剥离器。

## 思考题

1. 花卉在经济建设中的作用有哪些？
2. 花卉的分类方法有哪几种？按不同的分类方法又可将花卉分成几类？
3. 简述花卉生长环境中对温度的要求。
4. 花卉生长对土壤有哪些要求？
5. 我国花卉生产中常用的温室类型有哪些？
6. 花卉生产或园林中使用的花盆主要有哪些类别？

# 2 露地花卉生产技术

露地花卉也称地栽花卉，是指在自然条件下，不需要保护措施，即可完成全部生长过程的花卉。通常指一二年生花卉、球根花卉、宿根花卉以及木本花卉。

## 2.1 育苗技术

### 2.1.1 播种前种子处理

在播种前，将种子进行选择、消毒、浸种、催芽等处理，使种子出苗整齐、迅速，为培育壮苗奠定基础。

#### 2.1.1.1 种子的选择

要选择合适的花卉种类和品种，同时要检查种子的成熟度、饱满度、色泽、清洁度、病虫害和机械损伤程度、发芽势及发芽率等项指标。

#### 2.1.1.2 种子的消毒

（1）*干热消毒法* 干热消毒法适用于某些在干燥时对温度的忍耐力强的种子。具体方法是：先将种子曝晒，使其含水量降到7%以下，然后将种子置于70～73℃的烘箱内，4天后可取出播种。

（2）*热水烫种法* 用70～85℃的热水烫种子，边倒边搅动，热水量不可超过种子量的5倍。种子要经过充分干燥，种子含水量越少，越能忍受高温刺激，且有助于吸水和透气，灭菌效果较好。对于表皮比较坚硬的种子可用此法，如美人蕉、仙客来等。

（3）*温汤浸种* 先将50～55℃的温水倒入容器内，水量为种子量的5～6倍，再将种子用纱布包好，放入容器内，浸种时，种子要不断搅拌，并保持15～20min，然后洗净附着于种皮上的黏质。这种方法有一定的消毒作用，观赏椒类、观赏瓜类和冬珊瑚等种子都可应用。

（4）*低温冷冻处理* 先将种子在室温下用清水浸种4～6h，然后放在0℃左右的低温下预冷2h，再放到–8～–2℃的低温下处理24～48h。冷冻处理的种子必须在低温下缓慢解冻，然后再按常规进行催芽。

进行冷冻处理如果没有电冰箱，可用天然碎冰块（或积雪）加入适量食盐，搅动后如温度达不到预定低温，可再加食盐。将冰、雪的温度调准后，把经过预冷的种子先用湿布包好，再用塑料薄膜裹严，埋入冰雪中进行低温处理。

（5）红外线处理　种子经红外线照射后可改变种皮的通透性、打破休眠、加速种子内部的生化代谢过程。简易的方法是在电压220V的地区用两个灯泡串联，使每个灯泡所受电压降为110V，此时可发生大量红外线。在这种情况下一般照射2h左右对促进发芽和幼苗生长有一定作用。

（6）层积处理　有些植物的种子必须在低温和湿润通气的环境条件下，经过一段时间，才能打破休眠而萌发，这就需要将种子进行层积处理。具体方法是：将干种子浸泡在水中1～2天，晾干，将1份种子和3份洁净的湿砂混合，或1层湿砂、1层种子分层堆放，砂的湿度为饱和含水量的40%～50%，即以手握成团无滴水、松手就散为宜。贮藏时保持0～7℃低温。

（7）化学药剂处理　化学药剂处理也称为药水浸种法，如图2-1所示。先将种子用水浸2～3h，根据作物和病菌种类分别用10% $K_2MO_4$、10% $Na_3PO_4$、1% $CuSO_4$和100倍的40%甲醛溶液浸10～20min，但要用清水将药剂冲洗干净后，才能进行催芽或播种。

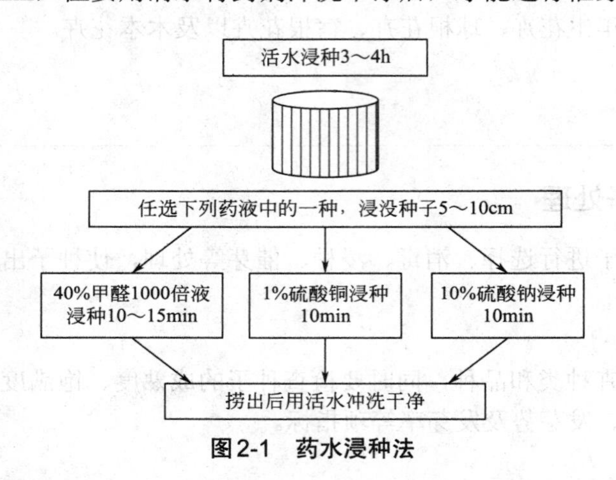


图2-1　药水浸种法

（8）药剂拌种法　药剂拌种法适用于干种子的播种。一般用药量为种子重量的0.1%～0.5%。如苗期立枯病可用70%敌克松拌种，用量为种子重量的0.3%，与种子拌匀后直接播种。

#### 2.1.1.3　浸种

浸种是保证种子在有利于吸水的温度条件下，在短时间内吸足从种子萌动到出苗所需的基本水量。浸种容器可用干净的瓦盆、瓷盆或塑料盆，不要用金属或带油污的容器。对于种皮易发黏或未经发酵洗净的种子，可先用0.2%～0.4%的碱液清洗1次，并用温水冲洗干净。浸种方法有温汤浸种及普通浸种两种。温汤浸种法既能杀灭种子表面的病菌，又能加速种子的吸水，可提前达到所需要的水分。

#### 2.1.1.4　催芽

在消毒和浸种之后，为了加快种子萌发，应采取催芽处理。

催芽过程主要是满足种子萌发所需要的温度、湿度和氧气等条件，促使种子中的营养物质迅速分解转化，供给种子幼胚生长的需要。当大部分种子露白时，停止催芽，准备播种。

常用的催芽方法有瓦盆催芽法、掺砂催芽法、恒温箱催芽法和变温催芽法等。

（1）瓦盆催芽法　瓦盆催芽法如图2-2所示。

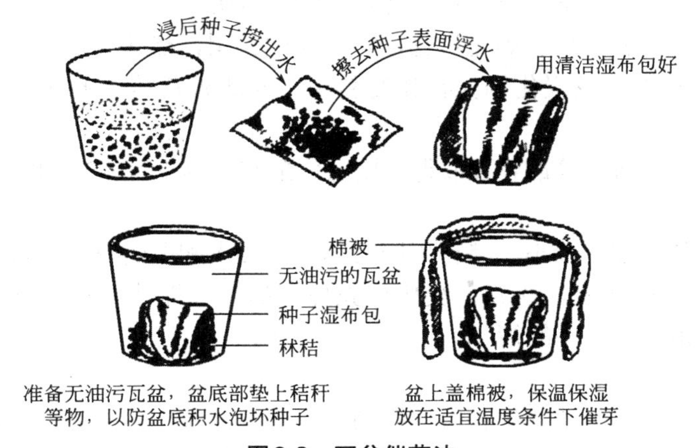


**图2-2　瓦盆催芽法**

（2）掺砂催芽法　掺砂催芽法如图2-3所示。将河砂过筛，洗净泥土。为防止苗期病害的发生，也可用100℃的开水浸泡细河砂，待冷却后再使用。河砂与种子按比例混匀后装盆。

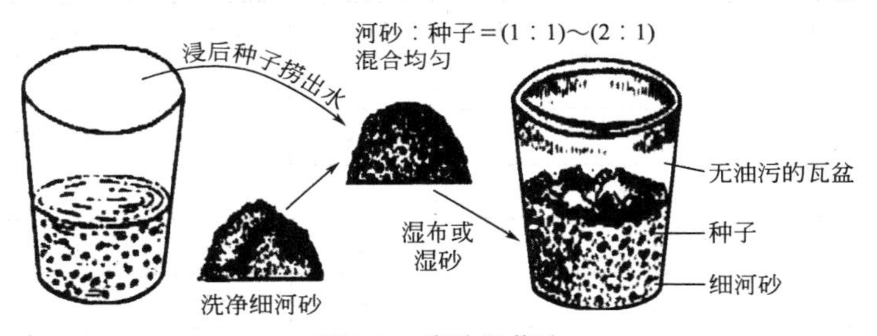


**图2-3　掺砂催芽法**

（3）恒温箱催芽法　把装有催芽种子的容器放入恒温箱内进行催芽。由于温度能自控，因而管理方便，出芽快、齐、壮。

（4）变温催芽法　对于种皮坚硬，具有不透水层，以及种皮具有胶质、蜡质、油质，休眠期长，发芽困难的种子，需经过高温-低温-高温才能解除休眠，萌动发芽。或在生产中，对于急需播种而来不及层积催芽的，常可采用变温催芽的方法。变温对种子发芽过程起到加速作用，又称为快速催芽法，如杜松、山楂等。低温、高温指标为–5～20℃，如紫椴始终保持种砂湿润，即时喷水翻动。个别种子，温水浸泡时，需加0.5%食用苏打，如杜松处理时，先用80%的热水浸泡，加0.5%食用苏打，搅拌0.5h，温度降至30℃以下时，自然浸泡一昼夜，换冷水泡，混砂。

## 2.1.2　营养土的配制与消毒

### 2.1.2.1　材料的选择

配制营养土选择材料时要因地制宜。大量进行花卉商品育苗时，尤其用穴盘播种的，首选草炭土。它的总孔隙度在90%以上，透气、保水性能好，质轻，无病菌、虫卵和杂草种子。草炭土在我国储量非常丰富，目前已有许多地方开发成商品。

在林区附近的，可购买由阔叶树的落叶堆积腐烂而成的腐叶土（别名山皮土），它是非常理想的育苗土壤。广义的腐叶土泛指用落叶、秸秆、稻草等与少量田土混合在一起，层层堆积腐烂而成。它含较多的腐殖质，具有良好的团粒结构。

河砂、炉渣、珍珠岩、蛭石等无机物，它们作配料用，能改善营养土的通透性。充分腐熟的马粪、骡粪、驴粪以及炭化稻壳也作配料用，既改善营养土的通透性，又提供一定的营养。

旱田土、菜田土、塘泥等最容易取得，用它们配制营养土可因地制宜。

#### 2.1.2.2 材料过筛

大多数花卉的种子都比较小，播种用的营养土，要求配制的材料细碎。因此配制播种用营养土的材料，除了珍珠岩、蛭石、炭化稻壳外，都要过细筛。其中充分腐熟的马粪、骡粪、驴粪可用筛孔相对大一些的筛子。

#### 2.1.2.3 配制方法

首先要确定配方，由于植物生长习性不同，很难定出统一的配方，一般园林花卉盆栽基质的配制比例见表2-1。然后按配方准备好各种材料，将各种材料按比例混合均匀，最后视情况对基质进行消毒和调节酸碱度。若所用材料不带病菌则可不消毒。

**表2-1 一般园林花卉盆栽基质的配制比例**

| 应用范围 | 腐叶土或草炭 | 针叶土或兰花泥 | 田园土 | 河砂 | 过磷酸钙或骨粉 | 有机肥 |
|---|---|---|---|---|---|---|
| 播种或分株 | 4 | — | 6 | — | — | — |
| 草本定植或木本育苗 | 3 | — | 5.5 | — | 0.5 | 1 |
| 宿根草本或木本定植 | 3 | — | 5 | — | 0.5 | 1.5 |
| 宿根草本或木本换盆 | 2.5 | — | 5 | — | 0.5 | 2 |
| 球根及肉质类花卉 | 4 | — | 4 | 0.5 | 0.5 | 1 |
| 喜酸性土壤的花卉 | — | 4 | 4 | 0.5 | 0.5 | 1 |

在基质的用量大时，过多强调基质的肥力不实际，有些地区用黄心土（山泥）拌一定比例的河砂（或锯末、珍珠岩）和有机肥（如食用菌培植土、腐熟鸡粪、泥炭土等）作基质。

#### 2.1.2.4 消毒

为了保证育苗植物的健壮生长，应对育苗土进行消毒。除了草炭、珍珠岩、蛭石、炭化稻壳外，其他营养土均应进行消毒。一般在太阳光下暴晒几天，每天都要翻动。也可用药剂对营养土进行消毒，常用药剂有福尔马林、多菌灵、五氯硝基苯、氯化苦、福美双、甲霜灵、代森锰锌等。

用0.5%的福尔马林喷洒营养土，拌匀后堆置，用薄膜密封5～7天，揭去薄膜待药味挥发后再使用。50%的多菌灵粉剂每立方米营养土用量40g，或65%的代森锰锌粉剂60g，拌匀后用薄膜覆盖2～3天，揭去薄膜后待药味挥发掉使用。用氯化苦时要注意人身安全，它对人体有窒息性危害。

在播种时用药土铺在种子下面和盖在上面进行消毒，如每平方米苗床用25%甲霜灵可湿性粉剂90g+70%代森锰锌可湿性粉剂1g兑细土4～5kg拌匀，1/3撒在种子下面，撒后即播种，播种后用2/3盖在种子上面。其对预防猝倒病效果十分显著，用药量应严格控制，否则对籽苗的生长有较大的抑制作用。用蒸汽将土温加热到90～100℃，处理0.5h，可杀灭病虫害及杂草种子。

### 2.1.3 播种期的确定

播种期的确定是育苗工作的重要环节之一，它影响花卉生长、开花、适应能力、养护管理以及土地的使用等。播种期应根据各种花卉的生长发育特性、计划供花时间以及环境条件与控制程度而定。保护栽培下，可按需要时期播种；露地自然条件下播种，则依种子发芽所需温度及自身适应环境的能力而定。适时播种能节约管理费用，促进种子提早发芽，提高发芽率，而且出苗整齐，能保证苗木质量。

（1）春播　露地一年生草花、宿根花卉、木本花卉适宜春播。南方地区约在2月下旬至3月上旬，华中地区约在3月中旬，北方地区约在4月或5月上旬。如节日用花可根据花卉苗龄推算播种期来进行提前播种。

（2）秋播　露地二年生草花和部分木本花卉适宜秋播。一般在9～10月间进行播种，冬季需在温室内越冬。

（3）随采随播　有些花卉种子含水分多，生命力短，不耐贮藏，失水后易丧失发芽力，应随采随播，如君子兰、四季海棠等。

（4）周年播种　热带和亚热带花卉的种子及部分盆栽花卉的种子，常年处于恒温状态，如果温度合适，种子随时萌发，可周年播种，如中国兰花、热带兰花等。

### 2.1.4 播种方法

#### 2.1.4.1 苗床播种

苗床育苗是在室内固定的温床或冷床上育苗，是大规模生产常用的方法，通常采用等距离条播，利于通风透光及除草、施肥、间苗等管理，移栽起苗也方便。下面介绍具体播种方式。

（1）苗床整理　选择通风向阳、土壤肥沃、排水良好的圃地或温室内苗床，施入基肥，整地作畦，浇足底水，调节好苗床墒情，准备播种。

（2）播种方法　根据花卉种类、花卉种子的大小、花卉耐移栽程度以及园林应用等，可选择条播、点播或撒播等播种方式。

① 条播。条播方式便于通风透光，中粒种子和小粒种子一般采用此法。如文竹、天门冬、一串红、鸡冠花、三色堇等。

② 点播。按一定的株行距，单粒点播或多粒点播，主要便于移栽。大粒种子一般采用点播方式，如紫茉莉、牡丹、君子兰等。

③ 撒播。占地面积小，出苗量大，撒播均匀，但要及时间苗和蹲苗，小粒种子或者把微粒种子混入少许细面砂、细干土后采用此法，如矮牵牛、藿香蓟、虞美人等。

（3）播种深度及覆土　播种的深度即覆土的厚度。一般覆土深度为种子直径的2～3倍，大粒种子可稍厚些，小粒种子宜薄，以不见种子为度，微粒种子也可不覆土，播后轻轻镇压即可。播种覆土后稍压实，使种子与土壤紧密接触，便于吸收水分，有利于种子萌芽。为了控制覆土厚度和使覆土均匀，播种后可将几根木棒放在盘内，木棒直径和覆土厚度一致，如需覆土1cm，所放木棒直径也应为1cm，覆土的厚度和木棒持平，以木棒上面似被土盖上但又没盖严，隐约可见为好，覆好后拣出木棒，轻轻刮平。

#### 2.1.4.2 苗盘（容器）播种

苗盘（容器）育苗是近代普遍采用的方法，有各类容器可供选用。下面介绍具体播种方式。

（1）苗盘准备　一般采用播种盘或盆口较大的浅盆，底部有排水孔，播种前洗刷消毒后待用。

（2）育苗土准备　育苗土要求疏松通气、排水保水性能好、腐殖质丰富，不含病虫卵和杂草的种子。育苗土处理、消毒、配制好，然后装入盘（盆）内，填实，刮平，盆土距盘沿约1cm。

（3）播种　小粒、微粒种子掺土或细砂后均匀撒播，中粒种子和包衣种子可条播，大粒种子可直接点播在营养钵内。播后用细筛视种子大小覆土，微粒和小粒种子覆土要薄，以不见种子为度。

（4）盆底浸水　播种后将播种容器底部浸到水里，至盆面刚刚湿润均匀后取出，忌喷水。

（5）覆盖　浸盆后将盆平放在蔽阴处，用玻璃或报纸覆盖盆口，防止水分蒸发和阳光直射。夜间可将玻璃或报纸掀去，使之通风透气，白天再盖好。

## 2.1.5　播后注意事项及出苗障碍

### 2.1.5.1　播后注意事项

① 保持苗床（苗盘）的湿润，初期水分要充足，以保证种子充分吸水，满足发芽的需要。发芽后适当减少水分，以土壤湿润为宜，不能使苗床有过湿现象，土壤过于潮湿，通透性会变差，幼苗容易感染病虫害。而有时保持土壤适当的干燥，使小苗经受适度缺水的锻炼，反而对根系的纵深生长有利，也就是常说的蹲苗。

② 播种后，如果温度过高或光照过强，要适当遮阳，避免床面出现“封皮”现象，影响种子发芽出土。

③ 播种后期根据发芽情况，适当拆除遮阳物，逐步见阳光。

④ 当真叶出现后，根据苗的疏密程度及时“间苗”，去掉弱苗，留壮苗，充分见光“蹲苗”。

⑤ 间苗后需立即浇水，以免留苗因根部松动失水而死亡。要坚持多次少量，用细孔喷壶浇灌，注意防止冲倒花苗或将泥浆溅在叶片上。对于保护地育苗，还应加强通风降湿管理，防止出现高脚苗。

### 2.1.5.2　出苗障碍

从播种到齐苗多数草本花卉只有几天时间，但在这短短的时间内，很容易出现出苗障碍，影响育苗的正常进行，常见的出苗障碍有以下几种情况。

（1）不出苗或出苗很少　首先是种子有问题，如播种前种子已经失去发芽能力，或虽然出芽，但之前已感染上病菌，种子在土中因感病而丧失出苗能力。其次是外界条件不适引起不出苗或出苗很少，如床土含水量太多或太少，土温太高或太低，床土盐类浓度太高，床土或水里混入除草剂等都可能引起不出苗或出苗很少。

（2）出苗不整齐

① 苗床上有的地方出苗多，有的地方出苗少，原因是浇水不均。在电热温床上放育苗盘时，靠近电热温床四周出苗少，中间出苗多，是因温度差异所致，多发生在温室地温低的地方，或对温度敏感的种类，只要将苗盘调整即可解决。

② 出苗时间不一致，这主要是由于种子发芽势不好，种子成熟度不一致，新陈种子或发芽势差别很大的种子混在一起所致。

（3）籽苗“戴帽”出土　“戴帽”是子叶带种皮出土的一种现象。“戴帽”子叶不能开，影响生长。原因是覆土太薄，种皮受压太轻；覆土太平，使种皮干燥发硬不易脱落；陈种子出土能力差，不易将种皮顶出。除去“戴帽”种皮的方法：早晨用喷壶洒些温水或用喷雾器喷水，种皮湿润后人工辅助脱去种皮，撒湿润细土。

（4）死苗　猝倒病、立枯病、夏季沤根，地下害虫咬食根系或使根系脱离土壤，个别种类的花卉使用陈种子，冻害，有毒气体危害，床土盐类浓度过高，出苗后浇水时误混进除草剂等，均可造成死苗。

## 2.2 生长调控

### 2.2.1 整地做畦

播种或移植前，应做好整地工作。整地深度视花卉种类及土壤状况而定。一二年生花卉生长期短，根系较浅，为了充分利用表土的优越性，一般翻20cm左右；球根花卉需要疏松的土壤条件，需翻30cm左右。多年生露地木本花卉在栽植时，除应将表土深耕整平外，还需要开挖定植穴。大苗的穴深为80～100cm，中型苗木为60～80cm，小型苗木为30～40cm。

做畦方式依地区及地势不同而有差别，通常有高畦和低畦之分。高畦多用于南方多雨地区及低湿之处，其畦面高于地面20～30cm，畦面两侧为排水沟，便于排水；低畦多用于北方干旱地区，畦两面有畦埂高出，能保留雨水及便于灌溉。

### 2.2.2 间苗

在育苗过程中，将过密苗拔去称为间苗，也称疏苗。种子撒播于苗床出苗后，幼苗密生、拥挤，茎叶细长、瘦弱，不耐移栽，所以当幼苗出芽、子叶展开后，根据苗的大小和生长速度进行间苗。间苗时应去密留稀、去弱留壮，使幼苗之间有一定距离，分布均匀。间苗常在土壤干湿适度时进行，并注意不要牵动留下幼苗的根系。露地培育的花苗一般多间苗2次。第1次在花苗出齐后进行，每墩留苗2～3株，按已定好的株行距把多余的苗木拔掉；第2次间苗称定苗，在幼苗长出3～4片真叶时进行，除准备成丛培养的花苗外，一般均留一株壮苗，间下的花苗可以补栽缺株。对于一些耐移植的花卉，还可移植到其他圃地继续栽植。间苗后需对畦面进行一次浇水，使幼苗根系与土壤密接。

间苗后使得空气流通，光照充足，改善了苗木生长的环境条件，并可预防病虫害的发生；同时也扩大了幼苗的营养面积，使幼苗生长健壮。

### 2.2.3 移植与定植

露地花卉栽培中，除不宜移植而进行直播的种类外，大部分花卉均应先育苗，经几次移植，最后定植于花坛或绿地。包括一二年生草花、宿根花卉以及木本花卉。

（1）移植　移植包括起苗和栽植两个过程。由苗床挖苗称起苗。如果是幼苗和易移植成活的大苗可以不带土；若是较大花苗和移植难以成活而又必须移植的花苗须带土移植。移植时可在幼苗长出4～5枚真叶或苗高5cm时进行，栽植时要使根系舒展、不卷曲，防止伤根。不带土的应将土壤压紧，带土的压时不要压碎土团。种植深度可与原种植深度一致或再深1～2cm。移植时要掌握土壤不干不湿，避开烈日、大风天气，尽量选择阴天或下雨前进行，若晴天可在傍晚进行。移植后需遮阳管理，减少蒸发，以缩短缓苗期，提高成活率。

（2）定植　将幼苗或宿根花卉、木本花卉按绿化设计要求栽植到花坛、花境或其他绿地称为定植。定植前要根据花卉的要求施入肥料，一二年生草花生长期短，根系分布浅，以壤土为宜。宿根花卉和木本花卉要施入有机肥，可供花卉生长发育吸收。定植时要掌握好苗木的株行距，不能过密，也不能过稀，按花冠幅度大小配置，以达到成龄花株的冠幅互相能衔接又不挤压为度。

### 2.2.4 水肥管理

#### 2.2.4.1 灌溉与排水

灌溉用水以清洁的河水、塘水、湖水为好。井水和自来水可以贮存1～2天后再用。新打的井，用水之前应经过水样化验，水质呈碱性或含盐质或已被污染的水不宜应用。灌溉的次数、水量及时间主要根据季节、天气、土质、花卉种类及生长期等不同而异。春、夏季气温渐高，蒸发量大，北方降水量比较稀少，植物在生长季节，灌水要勤，且量要大，尤其对刚移植后的幼苗和一二年生草花及球根花卉，灌溉次数应较非移植的和宿根花卉为多。就宿根花卉而言，幼苗期要多浇水，但定植后管理可较粗放，肥水要减少。立秋后，气温渐低，蒸发量小，露地花卉的生长多已停止，应减少灌水量，如天气不太干旱，一般不再灌水。冬季除一次冬灌外，一般不再进行灌溉。同一种花卉不同的生长发育阶段对水分的需求量也不同，种子发芽前后浇水要适中；进入幼苗生长期，应适度减少浇水量，进行扣水蹲苗，利于孕蕾并防止徒长；生长盛期和开花盛期要浇足水；花前应适当控水；种子形成期应适当减少浇水量，以利于种子成熟。

灌溉时间因季节而异。夏季为防止因灌溉而引起土壤温度骤降伤害苗木的根系，常在早晚进行，此时水温与土温相近。冬季宜在中午前后。春、秋季视天气和气温的高低，选择中午和早晚，如遇阴天则全天都可以进行灌溉。

灌溉方法因花株大小而异。播种出土的幼苗，一般采用小水漫灌法，使耕作层吸足水分，也可用细孔喷水壶浇灌，要避免水的冲击力过大冲倒苗株或溅起泥浆沾污叶片。对夏季花圃的灌溉，有条件的可采用漫灌法，灌一次透水，可保持园地湿润3～5天。也可用胶管、塑料管引水灌溉，大面积的圃地与园地需用灌溉机械进行沟灌、漫灌、喷灌或滴灌。

#### 2.2.4.2 施肥

花卉在生长发育过程中，植株从周围环境吸收大量水分和养分，所以，必须向土壤施入氮、磷、钾等肥料来补充养料，满足花卉的需要。施肥的方法、时期、种类、数量与花卉种类、花卉所处的生长发育阶段、土质等有关。通常施肥分为基肥、追肥及根外追肥三种，具体参见1.3.5节有关内容。

水肥管理对花卉的生长发育影响很大，只有合理地进行浇水、施肥，做到适时、适量，才能保证花卉健壮地生长。

### 2.2.5 中耕除草

中耕除草的作用在于疏松表土，减少水分蒸发，增加土温，增强土壤的通透性，促进土壤中养分的分解，以及减少花、草争肥而有利于花卉的正常生长。雨后和灌溉之后，没有杂草也需要及时进行中耕，苗小中耕宜浅，以后可随着苗木的生长而逐渐增加中耕深度。

### 2.2.6 修剪与整形

通过修剪与整形可使花卉植株枝叶生长均衡，协调丰满，花繁果硕，有良好的观赏效果。修剪包括摘心、抹芽、剥蕾、折枝捻梢、曲枝、短截、疏剪等。

（1）摘心　摘心是指摘除正在生长的嫩枝顶端。摘心可以促使侧枝萌发，增加开花枝数，使植株矮化，株形圆整，开花整齐，摘心也有抑制生长、推迟开花的作用，需要进行摘心的花卉有一串红、万寿菊、千日红等。但以下几种情况不宜摘心，如植株矮小、分枝又多的三色堇、石竹等，主茎上着花多且朵大的球头鸡冠花、凤仙花等，以及要求尽早开花的花卉。

（2）抹芽　抹芽是指剥去过多的腋芽或挖掉脚芽，限制枝数的增加或过多花朵的发生，使营养相对集中，花朵充实，花朵大，如菊花、牡丹等。

（3）剥蕾　剥去侧蕾和副蕾，使营养集中供主蕾开花，保证花朵的质量，如芍药、牡丹、菊花等。

（4）折枝捻梢　折枝是将新梢折曲，但仍连而不断；捻梢指将梢捻转。折枝和捻梢均可抑制新梢徒长，促进花芽分化。一些蔓生藤本花卉常采用这种方法，如牵牛、茑萝等常用此方法修剪。

（5）曲枝　为使枝条生长均衡，将生长势过旺的枝条向侧方压曲，将长势弱的枝条顺直，可得抑强扶弱的效果，如大立菊、一品红等。木本花卉用细绳将枝条拉直或向左或向右方向拉平，使枝条分布均匀，如金橘、代代、佛手等。

（6）疏剪　剪除枯枝、病弱枝、交叉枝、过密枝、徒长技等，以利通风透光，且使树体造型更加完美。

（7）短截　分重剪和轻剪。重剪是剪去枝条的2/3，轻剪是将枝条剪去1/3。月季、牡丹冬剪时常用重剪方法，生长期的修剪多采用轻剪。

### 2.2.7 越冬防寒

我国北方冬季寒冷，冰冻期又长，露地生长的花卉采取防寒措施才能安全越冬。

（1）覆盖法　霜冻到来之前，在畦面上覆盖干草、落叶、马粪、草帘等，直到翌年春季。

（2）培土法　冬季将地上部分枯萎的宿根、球根花卉或部分木本花卉壅土压埋或开沟压埋，待春暖后将土扒开，使其继续生长。

（3）灌水法　冬灌能减少或防止冻害；春灌有保温、增温效果。由于水的热容量大，灌水后能提高土的导热量，使深土层的热量容易传导到土面，从而提高近地表空气的温度。

（4）包扎法　一些大型露地木本花卉常用草或薄膜包扎防寒。

（5）浅耕法　浅耕可降低因水分蒸发而产生的冷却作用。同时，因土壤疏松，有利于太阳热的导入，对保温和增温有一定效果。

## 2.3 露地一二年生花卉生产技术

### 2.3.1 鸡冠花

鸡冠花（*Celosia cristata*），苋科青葙属，别名鸡髻花、老来红、芦花鸡冠，见图2-4。

（1）形态特征　一年生草本，株高40～100cm，茎直立粗壮，上部有棱状纵沟，叶互生，长卵形或卵状披针形，肉穗状花序顶生，呈扇形、肾形、扁球形等，花序顶生及腋生，扁平鸡冠形。花有白、淡黄、金黄、淡红、火红、紫红、棕红、橙红等色。胞果卵形，种子扁圆肾形、黑色有光泽。

图2-4 鸡冠花

（2）生长习性 喜光，喜炎热、干燥的气候，不耐寒，不耐涝，喜肥沃、湿润的沙质壤土，可自播繁衍。

（3）繁殖方法 播种繁殖，露地播种期为4～5月份，3月可播于温床。因种子细小，覆土宜薄，白天保持21℃以上，夜间不低于12℃，约10天出苗。直根性，4～5片叶时即可移植。

（4）栽培管理 春季幼苗栽植时应略深植，并使盆土稍微干燥，诱使花序早日出现，在花序发生后翻盆。小盆栽矮生种，大盆栽凤尾鸡冠等高生种。对于矮生多分枝的品种，在定植后应进行摘心，以促进分枝；而直立、可分枝品种不必摘心。生长期要有充足的光照并适当浇水，但盆土不宜过湿，以潮润偏干为宜。生长后期加施磷肥，并多见阳光，可促使生长健壮和花序硕大。在种子成熟阶段宜少浇肥水，以利种子成熟，并使其较长时间保持花色浓艳。

（5）园林用途 鸡冠花花序形状奇特，色彩丰富，花期长，植株又耐旱，适用于布置秋季花坛、花池和花境，也可盆栽或做切花，水养持久，制成干花可经久不凋。

## 2.3.2 千日红

千日红（*Gomphrena globosa*），苋科千日红属，别名圆仔花、杨梅花、火球花，见图2-5。

（1）形态特征 一年生直立草本，株高20～60cm。全株密被灰白色柔毛。茎粗壮，有沟纹，节膨大，多分枝，单叶互生，椭圆或倒卵形，全缘，有柄。头状花序单生或2～3个着生于枝顶，花小，每朵小花外有两个腊质苞片，并具有光泽，花有粉红、红、白等色，观赏期8～10月份。胞果近球形，种子细小呈橙黄色。

（2）生长习性 喜温暖，喜光，喜炎热、干燥的气候和疏松、肥沃的土壤，不耐寒。要求肥沃而排水良好的土壤。

图2-5 千日红

（3）繁殖方法 春季播种，因种子外密被纤毛，易相互粘连，一般用冷水浸种1～2天后挤出水分，然后用草木灰拌种，或用粗沙揉搓使其松散以便于播种。

（4）栽培管理 千日红生长势强盛，对肥水、土壤要求不严，管理简便，生长期间不宜过多浇水、施肥；否则会引起茎叶徒长，开花稀少。植株进入生长后期可以增加磷和钾的含量。花期再追施富含磷、钾的液肥，则花繁叶茂，灿烂多姿。残花谢后，不让它结籽，可进行整形修剪，仍能萌发新枝，于晚秋再次开花。

（5）园林用途 千日红为夏、秋季花坛、花境的良好材料，也可作切花和“干花”用。

## 2.3.3 万寿菊

图2-6 万寿菊

万寿菊（*Tagetes erecta*），菊科万寿菊属，别名臭芙蓉、万寿灯、蜂窝菊、臭菊花、蝎子菊，见图2-6。

（1）形态特征　一年生草本，株高30～60cm，全株具异味，叶对生或互生，单叶羽状全裂。裂片披针形，具锯齿，裂片边缘有油腺点，有强臭味，因此无病虫。头状花序着生于枝顶，呈黄或橘黄色。舌状花有长爪，边缘皱曲。总花梗肿大，瘦果线形，种子千粒重3g。

（2）生长习性　万寿菊喜温暖、湿润和阳光充足的环境，喜湿，耐干旱。生长适宜温度为15～25℃，花期适宜温度为18～20℃，要求生长环境的空气相对湿度为60%～70%，冬季温度不低于5℃。夏季高温在30℃以上时，植株徒长，茎叶松散，开花少。10℃以下时，生长减慢。万寿菊对土壤要求不严，以肥沃、排水良好的沙质壤土为好。

（3）繁殖方法　播种繁殖或扦插繁殖。3月下旬至4月初播种，由于种子嫌光，播后要覆土和浇水。扦插宜在5～6月进行，极易成活。从母株剪取8～12cm的嫩枝做插穗，去掉下部叶片，插入盆土中，每盆插3株，插后浇足水，略加遮阴，两周后可生根。然后，逐渐移至有阳光处进行日常管理，约1个月后可开花。

（4）栽培管理　幼苗生长最适温度为15℃。苗高10～13cm时可定植，株距为30～35cm。苗高15cm时可摘心促分枝。对土壤要求不严，栽植前结合整地可少施一些薄肥，以后不必追肥。开花期每月追肥可延长花期，但注意氮肥不可过多。

（5）园林用途　矮型品种分枝性强，花多株密，植株低矮，生长整齐，可根据需要上盆摆放，也可移栽于花坛或拼组图形等。中型品种花大色艳，花期长，管理粗放，是草坪点缀花卉的主要品种之一。高型品种花朵硕大，色彩艳丽，花梗较长，做切花后水养时间持久，是优良的鲜切花材料。

## 2.3.4 孔雀草

孔雀草（*Tagetes patula* L.），菊科万寿菊属，别名法国万寿菊、红黄草、小万寿菊，见图2-7。

（1）形态特征　植株较矮，20～40cm，株型紧凑，多分枝呈丛生状。茎带紫色。叶对生，羽状复叶，小叶披针形，叶缘有明显的油腺点。头状花序单生，有总花梗。花序直径为3～3.5cm。舌状花呈黄色，茎部或边缘呈红褐色，也有金黄或全红褐色而边缘为黄色的，有单瓣、半重瓣、重瓣等变化。花较万寿菊小而多，花期5～9月份。

图2-7 孔雀草

（2）生长习性　孔雀草适应性强，喜温暖和阳光充足的环境。对土壤和肥料要求不严，喜中等肥沃、疏松的土壤。孔雀草较耐寒。能稍忍耐轻霜和稍阴的环境。

（3）繁殖方法　播种和扦插繁殖均可。春播于4月播种，发芽迅速。若需提早花期，也可于早春在温室或拱棚育苗，可望5月前开花。也可夏播。嫩枝扦插繁殖，插穗长10cm，两周后生根，可用于花坛布置或盆栽。

（4）栽培管理　品种之间或与同属的万寿菊之间天然杂交，容易产生退化。应选用花色好的品种，单独播种、单独栽植，并与其他品种保持百米以上的距离。苗高15cm时可摘心促分枝。对肥水要求不严，定植后要及时中耕除草，以防止土壤板结及杂草丛生。

（5）园林用途　最宜作为花坛边缘材料或花丛、花境等栽植，也可盆栽和做切花。

### 2.3.5 百日草

百日草（*Zinnia elegans* Jacq.），菊科百日草属，别名百日菊、步步高、火球花、对叶菊、秋罗、步登高，见图2-8。

（1）形态特征　一年生草本，株高50～90cm，全株被短毛，茎较粗壮。单叶对生，卵圆形至椭圆形，叶面粗糙，全缘，叶基部有明显的3出脉，基部抱茎。头状花序单生于枝顶，径约10cm，舌状花序数轮，呈红、紫、黄、白等色，筒状花呈黄色或橙黄色，花期为7～10月。瘦果，果熟期9～11月。

（2）生长习性　性强健，喜光，喜肥，耐旱，略耐高温，能自播。宜在肥沃的深土层土壤中生长。在夏季阴雨、排水不良的情况下生长不良。

（3）繁殖方法　以种子繁殖为主，四月中旬露地播种，幼苗在温暖的环境中生长迅速，经间苗和移植一次后定植，株距为30cm，高茎种要增大到50cm。也可利用夏季侧枝扦插繁殖。

图2-8　百日草

（4）栽培管理　百日草为短日照植物，因此需用调控日照长度的方法调控花期。若日照长于14h，开花将会推迟；若日照短于12h，则可提前开花。另外，也可通过调整播种期和摘心时间来控制开花期。百日草在生长后期容易徒长，通常可通过适当降温或及时摘心等措施加以控制。

（5）园林用途　百日草生长迅速，花色繁多艳丽，是炎夏园林中的优良花卉，可布置花坛、花境，也是优良的切花材料。

### 2.3.6 一串红

一串红（*Salvia splendens*），唇形科鼠尾草属，别名爆竹红、炮仗红、撒尔维亚、墙下红、草象牙红，见图2-9。

（1）形态特征　多年生草本，常做一二年生栽培，株高30～80cm，茎四棱形。叶对生，卵形，边缘有锯齿、轮伞状总状花序着生于枝顶，唇形花冠，花开时，总体像一串串红炮仗，故又名炮仗红。花冠、花萼同色，花萼宿存。变种有白色、粉色、紫色等，花期7月至霜降。小坚果，卵形，黑褐色，果熟期10～11月份。

图2-9　一串红

（2）生长习性　原产于巴西。喜温暖和阳

光充足的环境。不耐寒，耐半阴，忌霜雪和高温，怕积水和碱性土壤，要求疏松、肥沃和排水良好的沙质壤土。

（3）繁殖方法　以播种繁殖为主，也可用于扦插繁殖。播种于春季进行，一串红为喜光性种子，播种后不需覆土。扦插繁殖可在夏秋季进行，以5～8月为好。选择粗壮充实的枝条，长10cm，插入已消毒的基质中，基质温度保持在20℃，插后10天可生根，20天可移栽。

（4）栽培管理　一串红平时不喜大水，否则易发生黄叶、落叶现象，造成株大而花少的情况。生长期间应经常摘心、整形，以控制植株高度及分枝，促使花序长而肥大，开花整齐。小苗长至3～4对真叶时应摘心，每株至少有4个侧枝，一串红花萼日久褪色而不落，供观赏布置时，需随时清除残花，可保持花繁色艳。

（5）园林用途　一串红可单一布置花坛、花境或花台，也可作为花丛和花群的镶边。是组设盆花群不可缺少的材料，可与其他盆花形成鲜明的色彩对比。

## 2.3.7 凤仙花

凤仙花（*Impatiens balsamina* L.），凤仙花科凤仙花属，别名金凤花、好女儿花、指甲花、洒金花、急性子、透骨草，见图2-10。

图2-10　凤仙花

（1）形态特征　一年生直立肉质草本，高1m左右，上部分枝，有柔毛或近于光滑。叶互生，阔或狭披针形，长达10cm左右，顶端渐尖，边缘有锐齿，基部呈楔形；叶柄附近有几对腺体。花大而美丽，粉红色，也有白、红、紫或其他颜色，单瓣或重瓣，生于叶腋内。蒴果呈纺锤形，有白色茸毛，成熟时弹裂为5个旋卷的果瓣；种子多数，球形，褐色。花果期6～9月份。

（2）生长习性　性喜阳光，怕湿，耐热、不耐寒，适生于疏松、肥沃、微酸土壤中，但也耐瘠薄。凤仙花适应性较强，移植易成活，生长迅速。

（3）繁殖方法　采用播种繁殖。播种期为3～4月份，可先在露地苗床育苗，也可在花坛内直播，能自播繁衍。上年栽过凤仙花的花坛，次年4～5月份会陆续长出幼苗，可选苗移植。从播种到开花需7～8周，可通过调节播种期来调节花期。

（4）栽培管理　定植后应及时灌水。生长期要注意浇水，经常保持盆土湿润，特别是夏季要多浇水，但不能积水或使土壤长期过湿。夏季切忌在烈日下给萎蔫的植株浇水。特别是开花期，不能受旱，否则易落花。如果要使花期推迟，可在7月初播种。也可采用摘心的方法，同时摘除早开的花朵及花蕾，使植株不断扩大，9月以后形成更多的花蕾，可使它们在国庆节开花。

（5）园林用途　凤仙花花色品种极为丰富，是花坛、花境中的优良用花，也可栽植花丛和花群。

## 2.3.8 半枝莲

半枝莲（*Portulaca grandiflora*），马齿苋科马齿苋属，别名太阳花、龙须牡丹、松针牡

图2-11 半枝莲

丹、日照草、指甲剪草、洋马齿苋，见图2-11。

（1）形态特征　一年生肉质茎叶草本。茎基部匍匐生，高15～20cm，分枝多而光滑，节有簇生毛。叶密集于枝顶，较下不规则互生，叶呈细圆柱形，有时微弯，先端钝圆，无毛；叶柄极短或近无柄，叶腋常簇生白色长柔毛。花单生或数朵簇生于枝顶，日开夜闭；有5个花瓣或为重瓣，倒卵形，先端微凹，有红、紫、黄、白等色，呈单色或复色。蒴果近椭圆形，盖裂。种子细小，呈圆肾形，深灰、灰褐或灰黑色，有光泽，被小瘤。花期5～9月份，果期8～11月份。

（2）生长习性　喜欢温暖、阳光充足而干燥的环境，阴暗潮湿之处生长不良。极耐瘠薄，一般土壤均能适应，而以排水良好的沙质土最相宜

（3）繁殖方法　能自播繁衍，用播种或扦插繁殖。春、夏、秋均可播种，覆土宜薄，不盖土也能生长。扦插繁殖常用于重瓣品种，在夏季将剪下的枝梢做插穗，萎蔫的茎也可利用，插活后即出现花蕾。

（4）栽培管理　移栽植株无须带土，生长期不必经常浇水。果实成熟即开裂，种子易散落，需及时采收。太阳花极少病虫害。平时保持一定湿度，半月施一次0.1%的磷酸二氢钾，就能达到花大色艳、花开不断的目的。

（5）园林用途　半支莲是良好的花坛用花，可用作毛毡花坛或花境、花丛、花坛的镶边材料，也用于饰瓶、窗台栽植或盆栽，但无切花价值。

## 2.3.9 矮牵牛

矮牵牛（*Petunia hybrida* Vilm），茄科碧冬茄属，别名碧冬茄、灵芝牡丹、毽子花、矮喇叭、番薯花、撞羽朝颜，见图2-12。

（1）形态特征　多年生草本，常做一二年生栽培，株高15～80cm，全株被黏毛，茎基部木质化，茎直立或匍匐，叶卵形，全缘，互生或对生。花单生，漏斗状，花瓣边缘变化大，有平瓣、波状、锯齿状瓣，花色有白、粉、红、紫、蓝、黄等，另外有双色、星状和脉纹等。蒴果呈卵形，种子极小。

图2-12 矮牵牛

（2）生长习性　喜温暖和阳光充足的环境。不耐寒，怕雨涝。矮牵牛的生长适温为13～18℃，冬季温度为4～10℃，如低于4℃，植株生长停止，能经受-2℃低温。但夏季高温35℃时，矮牵牛仍能正常生长，对温度的适应性较强。

（3）繁殖方法　通常采用播种和扦插繁殖。春播或秋播。扦插繁殖在室内栽培，全年均可进行，花后剪取顶端的嫩枝，插入沙床中，保持湿润，在气温为20～25℃，播后半个月即

可生根，30天可移栽上盆。

（4）栽培管理　露地定植后对主茎应进行摘心，促使侧枝萌发，增加着花部位。浇水始终遵循不干不浇、浇则浇透的原则。夏季生产盆花时，小苗生长前期应勤施薄肥，肥料选择氮、钾含量高，磷适当偏低的。冬季生产盆花时，在3～4月勤施复合肥，视生长情况，适当追施氮肥。

（5）园林用途　矮牵牛花大色艳，花型多变，为长势旺盛的装饰性花卉，而且还能做到周年繁殖、上市，可以广泛用于花坛布置、花槽配置、景点摆放、窗台点缀，大面积栽培具有地被效果。重瓣品种还可做切花观赏。

## 2.3.10　地肤

地肤（*Kochia scoparia*），藜科地肤属，别名扫帚草、地麦、落帚、扫帚苗、扫帚菜、孔雀松，见图2-13。

图2-13　地肤

（1）形态特征　株丛紧密，株形呈卵圆至圆球形、倒卵形或椭圆形，分枝多而细，具短柔毛，茎基部半木质化。单叶互生，叶线性，线形或条形。植株为嫩绿色，秋季叶色变红。花极少，花期9～10月份，无观赏价值。胞果扁球形。

（2）生长习性　喜阳光，喜温暖，不耐寒，极耐炎热，耐盐碱，耐干旱，耐瘠薄。对土壤要求不严。极易自播繁衍。

（3）繁殖方法　播种繁殖，春播，宜直播。

（4）栽培管理　4月初将种子播于露地苗床，发芽迅速，整齐。间苗后定植株距为50cm。

（5）园林用途　用于布置花篱、花境，或数株丛植于花坛中央，可修剪成各种几何造型进行布置。盆栽地肤可点缀和装饰于厅、堂、会场等。

## 2.3.11　羽衣甘蓝

羽衣甘蓝（*Brassica oleracea* var. *acephala*），十字花科芸薹属，别名叶牡丹、牡丹菜、花包菜、绿叶甘蓝，见图2-14。

图2-14　羽衣甘蓝

（1）形态特征　二年生草本植物，为食用甘蓝（卷心菜）的园艺变种。植株高大，根系发达，茎短缩，密生叶片，结构和形状与卷心菜非常相似。无分枝，叶宽大、肥厚，广倒卵形，集生于茎基部，叶边缘有波状皱，被有蜡粉，形态美观多变，色彩绚丽如花，其中心叶片颜色尤为丰富。花序总状，虫媒花，果实为角果，扁圆形，种子圆球形，褐色。花期4月，果熟期5～6月。

（2）生长习性　喜冷凉气候，极耐寒，不耐涝，生长势强，栽培容易，喜阳光，耐盐碱，对土壤适应性较强。

（3）繁殖方法　以播种繁殖为主。播种期为7月中旬至8月上旬，将种子播于露地苗床，发芽迅速，出苗整齐，定植期为8月中下旬，栽培一年的植株形成莲座状叶丛，经冬季低温，于翌年开花、结实。

（4）栽培管理　春季栽培，育苗一般在1月上旬至2月下旬于日光温室内进行，播种后温度保持在20～25℃，苗期少浇水，幼苗5～6片叶时定植。夏秋季露地栽培6月上旬至下旬育苗，气温较高时应在育苗床上搭遮阴棚防雨。定植5～6天浇缓苗水，地稍干时，中耕松土，提高地温，促进生长。以后要经常保持土壤湿润，夏季不应积水。生长期适当追肥，并且每采收1次追1次肥。

（5）园林用途　在华东地带为冬季花坛的重要材料，北方地区冬季常用的园林花卉，用于布置花坛。

## 2.3.12　彩叶草

彩叶草（*Coleus blumei* Benth），唇形科，鞘蕊花属，别名五色草、锦紫苏、五彩苏，见图2-15。

（1）形态特征　多年生草本植物，多作一、二年生栽培。株高50～80cm，栽培苗多控制在30cm以下。全株有毛，茎为四棱，基部木质化。单叶对生，卵圆形，先端长渐尖，缘具钝齿牙，叶面绿色，有淡黄、桃红、朱红、紫等色彩鲜艳的斑纹。顶生总状花序，花小，浅蓝色或浅紫色。小坚果平滑有光泽。

（2）生长习性　喜温性植物，适应性强，冬季温度不低于10℃，夏季高温时稍加遮阴，喜充足阳光，光线充足能使叶色鲜艳。

（3）繁殖方法　播种繁殖为主，不能用播种繁殖方法保持品种性状的，需采取扦插繁殖。播种繁殖一般在3月于温室中进行。用充分腐熟的腐殖土与素面沙土各半掺匀装入苗盆，将盛有细沙土的育苗盆放于水中浸透，然后按照小粒种子的播种方法下种，微覆薄土，以玻璃板或塑料薄膜覆盖，保持盆土湿润，给水和管护。发芽适温为25～30℃，10天左右发芽。出苗后间苗1～2次，再分苗上盆。扦插繁殖一年四季均可，剪取约10cm生长充实饱满的枝条插入干净消毒的河沙中，入土部分必须常有叶节生根，扦插后应疏荫养护，保持盆土湿润，15天左右即可发根成活。

图2-15　彩叶草

（4）栽培管理　彩叶草适应性较强，管理较简单，温度适宜范围为10～30℃，低于10℃，植株停滞生长，低于5℃植株枯死。光照充足，可使叶色鲜明，但在夏季高温时应适当遮阴。其他季节则不能遮阴，因光线暗淡会使叶色灰暗。水分供应需充足，土壤干燥则叶面的彩色褪色，尤其夏季应保证盆土湿润，冬季则控制浇水，温室温度应维持在15℃。对肥料的要求不高，生长季节每月施1～2次以氮肥为主的稀薄肥料。

（5）园林用途　除可作小型观叶花卉陈设外，还可配置图案花坛，也可作为花篮、花束的配叶使用。

## 2.3.13 金盏菊

图2-16 金盏菊

金盏菊（*Calendula officinalis*），菊科金盏菊属，别名金盏花、黄金盏、长生菊、醒酒花、常春花、金盏，见图2-16。

（1）形态特征 金盏菊株高30～60cm，为二年生草本植物，全株被白色茸毛。单叶互生，椭圆形或椭圆状倒卵形，全缘，基生叶有柄，上部叶基抱茎。头状花序单生于茎顶，形大，4～6cm，舌状花一轮或多轮平展，金黄或橘黄色，筒状花为黄色或褐色。也有重瓣（实为舌状花多层）、卷瓣和绿心、深紫色花心等栽培品种。果实为瘦果，呈船形、爪形，果熟期5～7月。

（2）生长习性 喜阳光充足环境，适应性较强，能耐–9℃低温，怕炎热天气。不择土壤，以疏松、肥沃、微酸性土壤最好。

（3）繁殖方法 采用播种繁殖和扦插繁殖。播种繁殖常在9月中下旬进行，按3cm×3cm的间距点播。播后覆盖基质，覆盖厚度为种粒的2～3倍，保持基质湿润，发芽适温为20～22℃，7～10天发芽。扦插繁殖基质选择营养土、河沙、泥炭土等材料，插穗选用摘心得到的粗壮、无病虫害的顶梢。

（4）栽培管理 秋季播种后幼苗3片真叶时移苗一次，待苗5～6片真叶时定植于10～12cm的盆。定植后7～10天，摘心促使分枝。生长期间应保持土壤湿润，每15～30天施10倍水的腐熟尿液一次。天气渐冷时，盖上小拱棚越冬，来年3月下旬即可见花，清明过后方可移栽于露地花坛中。亦可于2月下旬至3月上旬，播于露地小拱棚中，于4月中、下旬移栽于露地花坛，5月上旬可见花，花期4～9月。

（5）园林用途 金盏菊是春季花坛的主要美化材料之一，色彩鲜明，金光夺目，可定植于花坛或组成彩带，也可盆栽，亦可作切花使用。

## 2.3.14 雏菊

图2-17 雏菊

雏菊（*Bellis perennis*），菊科雏菊属，别名长命菊、延命菊、干菊、白菊、马头兰花，见图2-17。

（1）形态特征 雏菊株高10～20cm，叶基部簇生，匙形。头状花序单生，直径2～3cm，花葶被毛；总苞半球形或宽钟形；总苞片近2层，稍不等长，长椭圆形，顶端钝，外面被柔毛。舌状花一层，雌性，舌片白色带粉红色，开展，全缘或有2～3齿，中央有多数两性花，都结果实，筒状，檐部长，有4～5

裂片，花期3～6月。瘦果扁，有边脉，两面无脉或有1脉。冠毛不存在或有连合成环且与花冠筒部或瘦果合生。

（2）生长习性　雏菊性喜冷凉气候，忌炎热。喜光，又耐半阴，对栽培地土壤要求不严格。种子发芽适温22～28℃，生育适温20～25℃。

（3）繁殖方法　可采用分株、扦插、嫁接、播种等多种方法。播种繁殖南方多在秋季8～9月份播种，北方多在春季播种，由于雏菊的种子比较小，通常采取撒播的方式。播种前施足腐熟的有机肥为基肥，并深翻细耙，做成平畦。用细沙混匀种子撒播。播后保持温度在28℃左右，在早春阴冷多雨时覆盖塑料薄膜，以保持土壤湿度和温度。在幼苗具2～3片时即可移栽到大田。扦插繁殖整个生长季均可，4～6月扦插的成活率最高。剪取具3～5个节位、长8～10cm的枝条，摘除基部叶片，入土深度为插条长的1/3～1/2。扦插后保持插床湿润，忌涝渍，高温季节需遮阴，而在温度较低时可搭塑料薄膜拱棚保温保湿，一般15天后可移植到大田。

（4）栽培管理　雏菊定植缓苗后，应进行中耕除草，增强土壤通透性，定植后，宜每7～10天浇水一次。温度生育适温为10～12℃，宜在冷凉的条件下栽培，但要避免霜冻。施肥不必过勤，每隔2～3周施一次稀薄粪水，每月中耕1次，待开花后，停止施肥。在花蕾期喷施花朵壮蒂灵，可促使花蕾强壮、花瓣肥大、花色艳丽、花香浓郁、花期延长。

（5）园林用途　雏菊植株矮小，多用于装饰花坛、花带、花境的边缘，还可用来装点岩石园或盆栽观赏。

## 2.3.15 金鱼草

金鱼草（*Antirrhinum majus* L.），玄参科金鱼草属，别名龙头花、狮子花、龙口花、洋彩雀，见图2-18。

（1）形态特征　多年生直立草本，茎基部有时木质化，高可达80cm。茎基部无毛，中上部被腺毛，基部有时分枝。叶下部的对生，上部的常互生，具短柄；叶片无毛，披针形至矩圆状披针形，长2～6cm，全缘。总状花序顶生，密被腺毛；花梗长5～7mm；花萼与花梗近等长，5深裂，裂片卵形，钝或急尖；花冠颜色多种，从红色、紫色至白色，长3～5cm，基部在前面下延成兜状，上唇直立，宽大，2半裂，下唇3浅裂，在中部向上唇隆起，封闭喉部，使花冠呈假面状；雄蕊4枚，2强。花期3～6月。蒴果卵形，长约15mm，基部强烈

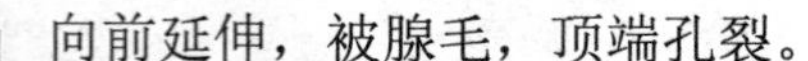

向前延伸，被腺毛，顶端孔裂。

图2-18　金鱼草

（2）生长习性　金鱼草为喜光性草本。在阳光充足的条件下，植株矮生，丛状紧凑，生长整齐，高度一致，开花整齐，花色鲜艳。半阴条件下，植株生长偏高，花序伸长，花色较淡。适生于疏松肥沃、排水良好的土壤。

（3）繁殖方法　以播种繁殖为主。长江流域和北方地区盆播均多用秋播，15℃条件下7～10天出苗。春播应在3～4月进行，也可以用扦插法繁殖。

（4）栽培管理　金鱼草较耐寒，也耐半阴，能抵抗–5℃以上的低温，–5℃以下则易冻死，

生育适温为15～20℃。金鱼草耐湿，怕干旱，在养护管理过程中，浇水必须掌握“见干见湿”的原则，隔2天左右喷1次水。施肥应注意氮、磷、钾的配合。金鱼草具有根瘤菌，本身有固氮作用，一般情况下不用施氮肥，适量增加磷、钾肥即可，每次施肥前应松土除草。当金鱼草幼苗长至10cm左右时，就可以做摘心处理，以缩短植株高度，增加侧枝数量，增加花朵。每次开完花后，剪去开过花的枝条，促使其萌发新枝条继续开花。

（5）园林用途　优良的花坛和花镜材料，可盆栽观赏和用于花坛镶边。

### 2.3.16 三色堇

三色堇（*Viola tricolor* L），堇菜科堇菜属，别名猫儿脸、蝴蝶花、人面花、鬼脸花，见图2-19。

（1）形态特征　多年生草本植物，常作二年生栽培。株高15～25cm，全株光滑，多分枝。叶互生，基生叶卵圆形，有叶柄，基生叶阔披针形，钝圆状锯齿，呈羽状深裂。托叶较大，宿存，羽裂花梗细长，下面的花瓣上有腺形附属体，并向后伸展，状似蝴蝶，花径4～5cm，花期3～5月。花色艳丽，每花通常有白、黄、蓝三色，花瓣中央还有一个深色的“眼”。

（2）生长习性　较耐寒，喜凉爽，在昼温15～25℃、夜温3～5℃的条件下发育良好。昼温若连续在30℃以上，则花芽消失，或不形成花瓣。日照长短比光照强度对开花的影响大，日照不良，开花不佳。喜肥沃、排水良好、富含有机质的中性壤土或黏壤土。

（3）繁殖方法　以播种繁殖法为主，也可扦插和压条法。7月下旬至9月初播种，播前7～14天对种子进行低温处理有利于萌发。播种基质以腐殖土、沙和园田土等量混合。发芽适温15～20℃，7～10天发芽。扦插或压条繁殖在3～7月均可进行，以初夏为最好。一般剪取植株中心根茎处萌发的短枝作插穗比较好，开花枝条不能作插穗。扦插后2～3个星期即可生根，成活率很高，压条繁殖，也很容易成活。

（4）栽培管理　播种后幼苗一枚真叶时进行移栽，株行距4cm×4cm。花坛用苗于10月上旬囤入阳畦，盖蒲席、塑料薄膜越冬，冬季夜温不得低于5℃。每公顷应施腐熟肥15000kg，并加施氮、磷、钾肥各105kg左右，其中80%用作基肥，20%为追肥。适时浇水和中耕除草。

（5）园林用途　三色堇多用作布置花坛，也可盆栽。

图2-19　三色堇

## 2.4 露地球根花卉生产技术

### 2.4.1 郁金香

郁金香（*Tulipa gesneriana*），百合科郁金香属，别名洋荷花、草麝香，见图2-20。

（1）形态特征　多年生草本，株高20～80cm，整株被白粉鳞茎卵圆形，被棕褐色皮

图2-20 郁金香

膜，茎光滑，叶着生于基部，阔披针形或卵状披针形，通常3～5枚，全缘并为波缘，花茎顶生一花，稀有2花，花直立，花被6，抱合呈杯形、碗形、卵形、百合花形或重瓣，花瓣有全缘、锯齿、平正、皱边等变化，花有红、橙、黄、紫、白等色或复色，并有条纹，基部常为黑紫色，花白天开放，夜间及阴雨天闭合。花期3～5月，视品种而异，单花开10～15天。蒴果，种子扁平。

（2）生长习性 喜冬季温暖湿润、夏季凉爽的条件。生长开花的适温为15～20℃，花芽分化的适温为20～25℃，最高不能超过28℃。一般可耐-30℃的低温，忌酷热，夏季休眠；喜欢阳光充足和通风良好的环境，要求土壤为富含腐殖质和排水良好的沙壤土。

（3）繁殖方法 常采用分球繁殖，若大量繁殖或育种也可采用播种法。秋季9、10月份分栽小球，母球为一年生，每年更新，即开花后干枯死亡，在旁边长出和它同样大小的新鳞茎1～3个，来年可开花。在新鳞茎的下面还能长出许多小鳞茎，秋季分离新球及子球栽种，子球需培养3～4年才能开花。新球与子球的膨大生长，常在开花后1个月的时间完成。

（4）栽培管理 郁金香属秋植球根，可地栽和盆栽，华东及华北地区以9月下旬到10月上旬为宜，暖地可延至10月末至11月初。栽前要深耕施足基肥，栽植深度为球高的3倍，不可过深或过浅。株行距10cm×20cm，栽后浇水。北方寒冷地区应适当覆盖。来年早春化冻前及时将覆盖物除去同时灌水，生长期内追肥2～3次，花后应及时剪掉残花不使其结实，这样可保证地下鳞茎充分发育。入夏前茎叶开始变黄时及时挖出鳞茎，放在阴凉通风干燥的室内储藏过夏休眠，储藏期间鳞茎内进行花芽分化。需水较少，耐干旱，栽后浇足水，以喷水保持土壤湿度即可，水多鳞茎易烂。早春出芽后，应放置阳光下，以利于早开花。

（5）园林用途 郁金香是世界著名花卉，是春季园林中的重要球根花卉，宜作花境丛植及带状布置，也可作花坛群植，同二年生草花配置。高型品种是重要切花。中型品种常盆栽或促成栽培，供冬季、早春欣赏。

## 2.4.2 百合

百合（*Lilium brownii* var. *viridulum*），百合科百合属，别名强瞿、番韭、山丹、倒仙，见图2-21。

（1）形态特征 地下鳞茎，阔卵状球形或扁圆形，外无皮膜，由肥厚的鳞片抱合而成。地上茎直立，叶多互生或轮生，外形具平行叶脉。花着生于茎顶端，呈总状花序，簇生或单生，花冠较大，花筒较长，呈漏斗形喇叭状，六裂无萼片，因茎秆纤细，花朵大，开放时常下垂或平伸。根据种类、品种不同，花形、花色差异较大。蒴果长椭圆形。

图2-21 百合

（2）生长习性　喜冷凉湿润气候，耐寒性较强，耐热性较差。要求肥沃、腐殖质丰富、排水良好的微酸性土壤（pH值为6.5左右）及半阴环境。

（3）繁殖方法　主要用分球和鳞片扦插法繁殖。分球：将小球春播于苗床，经1～2年培养，达到一定大小，即可作为种球种植。鳞片扦插：取成熟健壮的老鳞茎，阴干后剥下鳞片，斜插于湿润基质中，自鳞片扦插、生根、发芽到植株开花，一般需2～3年。

（4）栽培管理　华南温暖地区可露地栽培。华中、华东、华北等地有盆植、箱植和床植。土壤选排水、保水良好的黏质土壤最好，pH值为6.5左右最好。定植后盆或箱尽可能置于凉爽处管理，床植也要遮光。高温时期要覆盖稻草防止干燥，同时注意通风，使幼苗生长健壮。

（5）园林用途　百合花姿雅致，青翠娟秀，花茎挺拔，是点缀庭园与切花的名贵花卉。适合布置专类园，可于疏林、空地片植或丛植，也可作为花坛中心或背景材料。

### 2.4.3　风信子

风信子（*Hyacinthus orientalis*），百合科风信子属，别名洋水仙、西洋水仙、五色水仙、时样锦，见图2-22。

图2-22　风信子

（1）形态特征　鳞茎球形或扁球形，外被皮膜具光泽，颜色常与花色有关，呈紫蓝色、粉红或白色等。叶基生，肥厚，带状披针形，具浅纵沟。花莛中空，顶端着生总状花序；小花密生于上部，多横向生长，少有下垂。花冠漏斗状，基部花筒较长，裂片5枚。向外侧下方反卷。花期早春，花色有白、黄、红、蓝、雪青等。

（2）生长习性　喜凉爽、空气湿润、阳光充足的环境。要求排水良好的沙质土，在低湿黏重的土壤中生长极差。较耐寒，在我国长江流域冬季不需防寒保护。

（3）繁殖方法　以分球繁殖法为主，夏季地上部枯死后，挖出鳞茎，将大球和子球分开，储于通风的地方，大球秋植后第二年春季可开花，子球需培养3年后才开花。播种繁殖多在培育新品种时使用，秋季将种子播于冷床中，培养土与沙混合或采用轻质壤土，种子播后覆土1cm，第二年1月底至2月初萌芽，入夏前长成小鳞芽，4～5年可开花。

（4）栽培管理　秋季栽种，不宜种得太迟，否则发育不良。选择土层深厚、排水良好的沙质壤土，挖穴栽入球根，上面覆土，冬季寒冷的地区，地面还要覆草防冻，长江流域以南温暖地区可自然越冬。花后须将花茎剪除，勿使结籽，以利于养球。栽培后期应节制肥水，避免鳞茎腐烂。鳞茎不宜留在土中越夏，每年必须挖出储藏，储藏环境必须干燥凉爽，将鳞茎分层摊放以利通风。

（5）园林用途　风信子为著名的秋植球根花卉，株丛低矮，花丛紧密而繁茂，最适合布置早春花坛、花境、林缘，也可盆栽、水养或做切花观赏。

### 2.4.4　卷丹

卷丹（*Lilium lancifolium* Thunb.），百合科百合属，别名虎皮百合、倒垂莲、药百合、黄

图2-23 卷丹

百合、宜兴百合，见图2-23。

（1）形态特征 鳞茎近宽球形，鳞片宽卵形。茎带紫色条纹，具白色绵毛。叶散生，矩圆状披针形或披针形，两面近无毛，先端有白毛，边缘有乳头状突起，上部叶腋有珠芽。花3～6朵或更多，苞片叶状，卵状披针形，花梗长6.5～9cm，紫色，有白色绵毛；花下垂，花被片披针形，反卷，橙红色，有紫黑色斑点。蒴果狭长卵形。花期7～8月份，果期9～10月份。

（2）生长习性 喜温暖稍带冷凉而干燥的气候，耐阴性较强。耐寒，生长发育温度以15～25℃为宜。能耐干旱。最忌酷热和雨水过多。为长日照植物，生长前期和中期喜光照。宜选向阳、土层深厚、疏松肥沃、排水良好的沙质土壤栽培，低湿地不宜种植。

（3）繁殖方法 无性繁殖和有性繁殖均可。秋季采挖鳞茎，剥取里层鳞片，选肥大者在1∶500的克菌丹水溶液中浸30min，取出，阴干，基部向下插入苗床内，第二年9月挖出，按行株距15cm×6cm移栽，经2～3年培育可收获。小鳞茎繁殖在采收时，将小鳞茎按行株距15cm×6cm播种，经两年培育可收获。珠芽繁殖则夏季采收珠芽，用湿沙混合储藏于阴凉通风处，当年8、9月份播于苗床上，第二年秋季地上部枯萎后，挖取鳞茎，按行株距20cm×10cm播种，到第三年秋采收，较小者再培育1年。

（4）栽培管理 苗出齐后和5月间，各中耕除草一次，同时追肥、培土，用人畜粪水、油饼、草木灰、过磷酸钙等混合施用，也可用0.2%磷酸二氢钾进行叶面追肥。5月下旬要去顶，并打珠芽，6～7月份孕蕾期间，应及时摘除花茎。夏季高温多雨季节，要注意排水。

（5）园林用途 卷丹花形奇特，摇曳多姿，不仅适于园林中花坛、花境及庭园栽植，也是切花和盆栽的良好材料。

## 2.4.5 大花葱

大花葱（*Allium giganteum*），百合科葱属，别名巨葱、高葱、硕葱，见图2-24。

（1）形态特征 多年生草本植物，鳞茎具白色膜质外皮，基生叶宽带形，伞形花序径约15cm，有小花2000～3000朵，红色或紫红色。花期为春、夏季。

图2-24 大花葱

（2）生长习性 喜凉爽、半阴，适温15～25℃。要求疏松、肥沃的沙壤土，忌积水，适合我国北方地区栽培。

（3）繁殖方法 常用种子和分株繁殖。种子繁殖，9、10月份秋播，翌年3月份发芽出苗。夏季上部枯萎，形成小鳞茎，播种苗约需栽培5年才能开花。分株繁殖，9月中旬将主鳞茎周围的子鳞茎剥下种植。

（4）栽培管理 选择地下水位低、排水良好、疏松、肥沃的沙壤土作栽培地。生长期及时松土浇水，如花后不采种，可剪去花茎以集中营养供鳞茎生长。鳞茎在排水不良的情况下易腐烂，应挖起鳞茎放于室内通风处保存。空气干燥的地方适量人工喷雾或遮阳。

（5）园林用途　花色艳丽，花形奇特，管理简便，很少病虫害，是花境、岩石园或草坪旁装饰和美化的品种。

## 2.4.6 葱兰

葱兰（*Zephyranthes candida*），石蒜科葱莲属，别名葱莲、玉帘、白花菖蒲莲、韭菜莲、肝风草，见图2-25。

图2-25　葱兰

（1）形态特征　多年生常绿草本植物。有皮鳞茎卵形，略似晚香玉或独头蒜的鳞茎，直径较小，有明显的长颈。叶基生，肉质线形，暗绿色。株高30～40cm，花莛较短，中空。花单生，花被6片，白色、红色、黄色，长椭圆形至披针形；花冠直径4～5cm。花期7～9月份。蒴果近球形。

（2）繁殖方法　以分株和播种法为主，但要达到春季栽种下半年开花，分栽鳞茎把握最大。葱兰极易自然分球，分株繁殖容易，黄淮地区栽培需注意冬季应适当防寒。播种在9月中下旬以后进行秋播为宜。

（3）栽培管理　生长期间应保持土壤湿润，盛花期间如发现黄叶及残花，应及时剪掉清除，以保持美观及避免消耗更多的养分。盆栽宜选疏松、肥沃、排水畅通的培养土，可用腐叶土或泥炭土、园土、河沙混匀配制。生长期间浇水要充足，宜经常保持盆土湿润，但不能积水。天气干旱还要经常向叶面上喷水，以增加空气湿度，否则叶尖易黄枯。北方盛夏日照强度大，应放在疏荫下养护，否则会生长不良，影响开花。冬季入室后如能保持一定温度，仍可继续生长和开花。

（4）园林用途　适合花坛边缘材料和阴地的地被植物，也可盆栽和瓶插水养。

## 2.4.7 石蒜

石蒜（*Lycoris radiata*），石蒜科石蒜属，别名蟑螂花、老鸦蒜、龙爪花、地仙，见图2-26。

图2-26　石蒜

（1）形态特征　多年生草本，地下部分具鳞茎，球形，外被皮膜。叶基生，带状或线形，先于或后于花抽生，待夏秋季节叶丛枯凋时，花莛抽出并迅速生长而开花。花莛实心，顶生伞形花序，侧向开放，花冠漏斗状或上部开张反卷。花色有白、粉、红、黄、橙等。

（2）生长习性　适应性强，较耐寒，喜湿润、排水良好的环境，对土壤要求不严，但在富含腐殖质和阴湿而排水良好的土壤生长健壮。

（3）繁殖方法　用分球、播种、鳞块基底切割和组织培养等方法繁殖，以分球法为主。

在休眠期或开花后将植株挖起来，将母球附近附生的子球取下种植，一两年便可开花。播种法：一般只用于杂交育种。由于种子无休眠性，采种后应立即播种，20℃下15天后可见胚根露出。

（4）栽培管理　栽培地要求地势高且排水良好，否则应作成高畦深沟，以防涝害。做切花的，在花蕾含苞待放前追施水、肥。采花之后继续供水供肥，但要减施氮肥，增施磷、钾肥，使鳞茎健壮充实；秋后应停肥、停水，使其逐步休眠。

（5）园林用途　适宜作为林下地被植物，也可花境丛植或于溪间石旁自然式布置。

### 2.4.8 晚香玉

晚香玉［Telosma cordata（Burm. F.）Merr.］，石蒜科晚香玉属，别名夜来香、月下香，见图2-27。

（1）形态特征　多年生草本，地下部分具圆锥状的鳞块茎（上部呈鳞茎状，下部呈块茎状）。叶基生，带状披针形，茎生叶较短。穗状花序顶生，小花成对着生；花白色漏斗状，筒部细长，具浓香，夜间更浓。花期7～11月份。蒴果球形。

（2）生长习性　喜温暖湿润、阳光充足的环境，生长适温25～30℃，生长最低温度2℃以上。花芽分化于春末夏初进行，此时要求最低温度20℃左右。对土壤要求不严，喜黏质壤土；对土壤含水量反应敏感，喜肥沃、潮湿而不积水的土壤。

图2-27　晚香玉

（3）繁殖方法　多采用分球法繁殖，春季分球。种球先在25～30℃下经过10～15天湿处理后再栽植。大子球当年就可开花，供切花生产用的大子球直径宜在2.5cm以上。小子球经培养1～2年可长成开花大球。

（4）栽培管理　植球深度较其他球根为浅，大球以芽顶稍露出土面为宜，小球和老球芽顶应低于土面。栽植初期因苗小叶少，水不必太多；待花莛即将抽出时，给以充足水分和追肥；花莛抽出才可追施较浓液肥。夏季特别要注意浇水，经常保持土壤湿润。地上部分枯萎后，在江南地区常用树叶或干草等覆盖防冻，就在露地越冬。

（5）园林用途　晚香玉是重要的切花材料，适宜于在庭园中布置花坛或丛植、散植于道路两旁及草坪花灌丛间。

### 2.4.9 朱顶红

朱顶红（*Hippeastrum rutilum*），石蒜科朱顶红属，别名百枝莲、孤挺花、对红，见图2-28。

（1）形态特征　多年生草本，地下鳞茎球形。叶二列状着生，带状，略肉质，与花同时或花后抽出。花莛粗壮，直立而中空，自叶丛外侧抽生，高于叶丛，顶端着花，两两对生略呈伞状。花漏斗状，略平伸而下垂，花色有红、粉、白、红色具白色条纹等；夏季开花。蒴果近球形。种子扁平，黑色。

图2-28 朱顶红

（2）生长习性 喜温暖，生长适温18～25℃，冬季休眠期要求冷凉干燥，适合5～10℃的温度。喜阳光，但光线不宜过强。喜湿润，但畏涝。喜肥，要求富含有机质的沙质壤土。

（3）繁殖方法 常用的有实生播种、分球、鳞茎切割、鳞片扦插及微体繁殖等。实生繁殖需进行人工辅助授粉，种子成熟后随采随播。分球繁殖比较普遍，于秋季将大球周围着生的小鳞茎剥下分栽。鳞片扦插，切割双鳞片或三鳞片扦插。微体繁殖，可采用花梗、子房和鳞片，可产生不定芽形成新植株。

（4）栽培管理 朱顶红栽植时顶端要露出1/4～1/3，放在温暖、阳光充足之处，少浇水，仅保持盆土湿润即可。发芽长出叶片后，逐渐见阳光，花箭形成时，施2次1%磷酸二氢钾，谢花后每20天施饼肥水一次，促使鳞茎肥大。10月下旬入室越冬，可挖出鳞茎储藏，也可直接保留在盆内，少浇水，保持球根不枯萎即可。露地栽培的略加覆土就可安全越冬。

（5）园林用途 朱顶红花大、色艳，栽培容易，常作盆栽观赏或作切花，也可露地布置花坛。

### 2.4.10 水仙

水仙（*Narcissus tazetta*L. var. *chinensis* Roem.），石蒜科水仙属，别名金盏银台、天葱、雅蒜、凌波仙子，见图2-29。

（1）形态特征 鳞茎卵圆形。叶丛生于鳞茎顶端，狭长，扁平，先端钝，全缘，粉绿色。花茎直立，不分枝，略高于叶片。伞形花序，花被6片，高脚碟状花冠，芳香，白色，副冠黄色，杯状。花期1～2月份。

（2）生长习性 适于冬季温暖，夏季凉爽，在生长期有充足阳光的气候环境。但多数种类也耐寒，在我国华北地区不需保护即可露地越冬。对土壤要求不严，但以土层深厚、肥沃、湿润而排水良好的黏质土壤最好。水仙耐湿，生长期需水量大，耐肥。

（3）繁殖方法 以分球繁殖为主，将母株自然分生的小鳞茎分离下来作种球，另行栽植培养。为培育新品种可采用播种繁殖，种子成熟后于秋季播种，翌春出苗，待夏季叶片枯黄后挖出小球，秋季再栽植。另外也可用组织培养法获得大量种苗和无菌球。

（4）栽培管理 生产栽培有旱地栽培法与灌水栽培法两种。上海崇明采用旱地栽培法。选背风向阳的地方在立秋后施足基肥，深耕耙平后做出高垄，在垄上开沟种植。生长期追施1～2次液肥，养护管理粗放。夏季叶片枯黄后将球茎挖出，储藏于通风阴凉处。福建漳州采用灌水栽培法。9月下旬至10月上旬先在深耕后的田面上做出高40cm、宽120cm的高畦。多施基肥，畦四周挖深30cm的灌水沟。一年生

图2-29 水仙

小鳞茎可用撒播法，2～3年生鳞茎用开沟条植法。

漳州水仙主要是培养大球，上市销售用竹篓包装，一篓装进20只球的，为20庄，另外还有30庄、40庄和50庄。

室内观赏栽培常用水养法，多于十月下旬选大而饱满的鳞茎，将水仙球的外皮和干枯的根去掉。先将鳞茎放入清水中浸泡一夜，洗去黏液，然后用小石子固定，水养于浅盆中，置于阳光充足的地方，每隔1～2天换清水一次。开花后最好放在室温10～12℃的地方，花期可延长半个月，如果室温超过20℃，水仙花开放时间会缩短，而且叶片会徒长，倒伏。

水仙鳞茎球经雕刻等艺术加工，可产生各种生动的造型，提高观赏价值，并能使开花期提早。雕刻形式多样，基本分为笔架水仙及蟹爪水仙两种，不管是笔架水仙还是蟹爪水仙刻伤后，均需浸水1～2天，将其黏液浸泡干净，以免凝固在球体上，使球变黑、腐烂，然后进行水养。

（5）园林用途　布置花坛、花境，也适宜在疏林下、草坪中成丛、成片种植，也可家庭盆栽水养。

## 2.4.11 洋水仙

洋水仙（*Narcissus pseudonarcissus*），石蒜科水仙属，别名喇叭水仙、黄水仙，见图2-30。

（1）形态特征　鳞茎球形，直径2.5～3.5cm。叶4～6枚，丛生，扁平带形，光滑，灰绿色，具白粉，长25～40cm，宽8～15mm，钝头。花茎高约30cm，顶端着生花1朵；佛焰苞状总苞长3.5～5cm；花梗长12～18mm；花被管倒圆锥形，长1.2～1.5cm，花被裂片长圆形，长2.5～3.5cm，淡黄色；副冠黄色，冠稍短于花被或近等长，喇叭状边缘呈不规则齿牙状且有皱褶，春季开花。

（2）生长习性　喜好冷凉的气候，忌高温多湿。

（3）繁殖方法　以分球繁殖为主，自然繁殖率可达4～5倍。一般在秋季进行。繁殖时将母球两侧分生的小鳞茎掰下作种球，另行栽植即可。另外，用切片将充实的鳞茎自茎盘向顶部交纵切3～4刀，深度约为鳞茎的一半。切割后将鳞茎置于清洁的干沙中，使其产生愈伤组织，再放入21℃繁殖箱内培养。当温度升高至30℃，相对湿度85%时，3个月左右会产生多数子球，取下子球即可分植。子鳞茎需经3～4年的种植才能成为开花鳞茎。洋水仙的播种繁殖在9月中旬进行，播种土用腐叶土、泥炭土和粗沙混合配制，经消毒后用于播种。播种后细管理，翌春发芽形成小植株，初夏时叶、根枯萎，形成小鳞茎。播种小鳞茎要培育4～5年才能开花。

图2-30　洋水仙

（4）栽培管理　盆栽洋水仙常用15～20cm盆，每盆栽鳞茎3～5个，栽后鳞茎上方覆土6～8cm，浇透水后放于半阴处。在冬季根部生长期和春季叶片生长期保持盆土湿润，3～4月就能正常开花。目前，盆栽洋水仙常用促成栽培，将鳞茎放35℃下贮藏5天，再经17℃贮藏至花芽分化完全，约1个月，然后放9℃低温下贮藏6～8周，盆栽后白天室温21℃、晚间15℃，60～70天后开花。在叶片生长期可施用“卉友”15—15—30盆花专用肥或施腐熟农用肥1～2次。

（5）园林用途　常用于切花和盆栽，是春节等喜庆节日的理想用花，亦适合丛植于草坪中，镶嵌在假山石缝中，或片植在疏林下、花坛边缘。

## 2.4.12 荷兰鸢尾

荷兰鸢尾（*Iris hollandica* Hort），鸢尾科鸢尾属，又名爱丽丝，见图2-31。

图2-31　荷兰鸢尾

（1）形态特征　球根花卉，叶披针形、对折，基部为鞘状，全缘，中肋明显，光滑，绿色，有光泽，成熟期叶片8～11枚；双花茎，花顶生，着花1～2朵，花茎长50.0～75.0cm、粗0.75～1.10cm；花蝶形辐射对称，花径11.0～16.0cm；垂瓣3枚，心形，黄色，具琴状瓣柄，中央部具匙形橙黄色条斑，瓣缘向下弯垂，长7.0～11.5cm、宽3.0～5.0cm；旗瓣3枚，长椭圆形，斜立，白色中略带淡紫色，长6.0～11.0cm、宽2.0～3.0cm；地下球茎卵圆形，外被褐色皮膜；每粒母球茎花后可形成1粒卵圆形中心球和4～7粒子球，平均繁殖系数达5.54；成熟开花商品球茎周径8～12cm，少数可达14cm。株高60～80cm，地下鳞茎，单叶丛生，叶形为长披针形，先端尖细，基部为鞘状，叶片长出6～7枚，抽出单一花茎，花形姿态优美，有三瓣花瓣，为单顶花序，花色有金、白、蓝及深紫色。

（2）生长习性　荷兰鸢尾为秋植球根花卉，耐寒性与耐旱性较强，喜排水良好而适度湿润的微酸性土壤。其生育适温的幅度较宽，在20～25℃易开花，遇25℃以上高温则花芽枯死；能耐0℃低温，但遇–3～–2℃花芽会受害枯死。花芽并非在球根中分化，而是球根定植后，植株伸长至2～3cm时于冬季分化，到入春后抽薹而开花，花期3～4月。6月份随着地上部分的枯死，球根暂时进入休眠状态。

（3）繁殖方法　主要采用种球繁殖。母球经过种植开花后养分消耗殆尽，逐渐空瘪、干缩，同时产生少量新球，新球周围又会形成许多子球。子球种植1～2年可发育成开花球。种子繁殖：种子成熟后即可播种。为使其提前发芽，用水浸泡24h后，再冷藏10d，播于冷床中，秋季可发芽，实生苗2～3年才能开花，故生产上较少采用此法。组织培养繁殖，将幼嫩花序消毒后接种在MS培养基上，温度（22±2）℃，光照1500～3000lx，20天后，花托节处形成少量淡绿色愈伤组织，愈伤组织陆续分化出白色胚状体，再分化成花芽，芽长长至2cm时，分割开，接种在生根培养基上，1个月后生根。

（4）栽培管理　荷兰鸢尾一般在10月中下旬种植，生根萌芽期为10月下旬至11月下旬，抽薹期为翌年2月中下旬，始花期3月上旬，终花期4月上旬，种球成熟期5月上旬，全生育期160～180天。选择排水良好、微酸性砂壤土，忌连作；选择健壮、无病虫、周径8.0cm以上的种球作切花生产，周径4.5～6.0cm仔球作开花商品球培育的种源，种植前进行消毒处理；露地种植一般在10月中下旬，温度0℃以上可露地栽植，生长适温18～23℃；花芽分化温度8～15℃，最适温度13℃，高于25℃或低于–2℃花芽发育受阻、易枯死；加强水肥管理，注意病虫害防治，整个生长期内，土壤保持充分湿润，施肥以基肥为主，追肥2～3次，花采切后，施一次营养肥，以利于球茎生长；当花蕾先端着色时为采切适期，切花采切后植株保留2～3枚叶片，以利新球生长；待地上部枯黄时选择晴天挖掘种球，晾干后，分级贮藏。栽培场所需日照充足，否则植株易软弱倒伏，最好是能有全日照的环境。栽培介质排水佳即可，可以用栽培土混合珍珠石。

（5）园林用途　主要用于切花，盆栽或花坛种植也可。

## 2.5 露地宿根花卉生产技术

### 2.5.1 萱草

萱草（*Hemerocallis fulva*），百合科萱草属，别名黄花菜、金针菜，见图2-32。

（1）形态特征　多年生宿根草本，具短根状茎和粗壮的纺锤形肉质根。叶基生、宽线形、对排成两列，宽2～3cm，长可达50cm以上，背面有龙骨突起，嫩绿色。花葶细长坚挺，高60～100cm，花6～10朵，呈顶生聚伞花序。初夏清晨开花，颜色以橘黄色为主，有时可见紫红色，花大，呈漏斗形，内部颜色较深，直径为10cm左右，花被裂片长圆形，下部合成花被筒，上部开展而反卷，边缘呈波状，橘红色。花期6月上旬至7月中旬，每花仅开放1天。蒴果，背裂，内有亮黑色种子数粒。

（2）生长习性　性强健，耐寒。适应性强，喜湿润也耐旱，喜阳光又耐半阴。对土壤选择性不强，但以富含腐殖质、排水良好的湿润土壤为宜。

（3）繁殖方法　分株或播种繁殖。以分株繁殖为主，春秋以每丛带2～3个芽，施以腐熟的堆肥，若春季分株，夏季就可开花。播种繁殖春秋均可。春播时，头一年秋季将种子沙藏，播后发芽迅速而整齐。秋播时，9～10月份露地播种，立春发芽一实生苗一般两年开花。

图2-32　萱草

（4）栽培管理　萱草生长强健，适应性强，耐寒。在干旱、潮湿、贫瘠的土壤均能生长，但生长发育不良，开花小而少。做地被植物时几乎不用管理。

（5）园林用途　花色鲜艳，栽培容易，且春季萌发早，绿叶成丛极为美观。园林中多丛植或于花境、路旁栽植。萱草类耐半阴，又可做疏林地被植物。

### 2.5.2 玉簪

玉簪［*Hosta plantaginea*（Lam.）Aschers］，百合科玉簪属，别名玉春棒、白鹤花、玉泡花、白玉簪，见图2-33。

（1）形态特征　宿根草本，株高30～50cm。叶基生成丛，卵形至心状卵形，基部心形，叶脉呈弧状。总状花序顶生，高于叶丛，花为白色，管状漏斗形，浓香。花期6～8月。

（2）生长习性　性强健，耐寒冷，性喜阴湿环境，不耐强烈日光照射，要求土层深厚、排水良好且肥沃的沙质壤土。

图2-33 玉簪

（3）繁殖方法 播种和分株法繁殖，一些园艺的新品种也用组培法繁殖。因种子很少，于秋后种子成熟且种荚未开裂前收获，晾干储藏。翌年早春即可播种，播种苗生长缓慢。分株繁殖是玉簪繁殖的主要方法。春秋季均可，分株繁殖能保留该品种的优良性状，且生长快，当年就能开花。

（4）栽培管理 喜欢略微湿润的气候环境，夏季高温时，如放在直射阳光下养护，就会生长十分缓慢或进入半休眠的状态，并且叶片也会受到灼伤而慢慢地变黄、脱落。对肥水要求较多，要求遵循“淡肥勤施，量少次多，营养齐全”和“见干见湿，干要干透，不干不浇，浇就浇透”的两个施肥（水）原则，并且在施肥过后，晚上要保持叶片和花朵干燥。

（5）园林用途 在园林中可用于树下做地被植物，或植于岩石园或建筑物北侧，也可盆栽观赏或做切花用。

## 2.5.3 金边玉簪

金边玉簪，百合科玉簪属，见图2-34。

图2-34 金边玉簪

（1）形态特征 多年生宿根草本，根状茎粗大，白色，并生有许多须根，株高50～70cm，叶基生，大型，叶片卵形至心形，有长柄，有多数平行叶脉。顶生总状花序，花梗自叶丛中抽出，高出叶面，有花10～15朵，花洁白色或紫色，漏斗状，有浓香，花期6～9月。

（2）生长习性 喜土层深厚、排水良好、肥沃的沙质壤土。喜阴，种植地点以不受阳光直射的阴凉处为好，否则易出现叶片灼伤。耐寒，生长势强健，栽培容易。

（3）繁殖方法 分株、播种或组织培养繁殖，分株繁殖多于春、秋两季。

（4）栽培管理 性强健，耐寒，喜阴，忌阳光直射，不择土壤，但以排水良好、肥沃湿润处生长繁茂。

（5）园林用途 多植于林下作地被，或植于建筑物庇荫处以衬托建筑，或配植于岩石边，也可盆栽。取其叶片可作插花。全草入药，花还可提制芳香浸膏。

## 2.5.4 银边玉簪

银边玉簪，百合科玉簪属，见图2-35。

（1）形态特征 多年生宿根草本，根状茎粗大，白色，并生有许多须根，株高50～70cm，叶基生，大型，叶片卵形至心形，有长柄，有多数平行叶脉。顶生总状花序，花梗自叶丛中抽出，高出叶面，有花10～15朵，花洁白色或紫色，漏斗状，有浓香，花期6～9月。

（2）生长习性 喜土层深厚、排水良好、肥沃的沙质壤土。喜阴，种植地点以不受阳光

图2-35 银边玉簪

直射的阴凉处为好，否则易出现叶片灼伤。耐寒，生长势强健，栽培容易。

（3）繁殖方法 分株、播种或组织培养繁殖，分株繁殖多于春、秋两季进行。

（4）栽培管理 性强健，耐寒，喜阴，忌阳光直射，不择土壤，但以排水良好、肥沃湿润处生长繁茂。

（5）园林用途 多植于林下作地被，或植于建筑物庇荫处以衬托建筑，或配植于岩石边，也可盆栽。取其叶片可作插花。全草入药，花还可提制芳香浸膏。

## 2.5.5 紫萼

紫萼［*Hosta.ventriocsa.*（Salisb.）Stearm］，百合科玉簪属，别名紫玉簪，见图2-36。

图2-36 紫萼

（1）形态特征 多年生草本，根状茎粗达2cm，常直生；须根被绵毛。叶基生，多数。叶面呈亮绿色，背面稍淡，卵形或菱状卵形，先端骤狭渐尖，基部楔形或浅心形但下延，中肋和侧脉在上表面下凹，背面隆起。花葶直立，绿色，圆柱形。总状花序，花梗呈青紫色，向花序近侧平伸，果期下弯。蒴果呈黄绿色，下垂，三棱状圆柱形，先端具短喙。种子为黑色，扁长圆形。花期6～7月，果9～10月开裂。

（2）生长习性 喜阴，喜温暖、湿润的环境，较耐寒，入冬后地上部枯萎，休眠芽露地越冬，喜肥沃、湿润、排水良好的沙质壤土。

（3）繁殖方法 主要以分株繁殖为主，于春秋季分盆移栽。也可播种或组织培养繁殖。

（4）栽培管理 春、秋时节移栽效果最好，夏季移栽次之。紫萼移栽后极易成活，见效快，管理粗放。

（5）园林用途 适宜配植于花坛、花境和岩石园，可成片种植在林下、建筑物背阴处或其他裸露的遮阴处，也可盆栽供室内观赏。

## 2.5.6 芍药

芍药（*Paeonia lactiflora* Pall.），芍药科芍药属，别名将离、离草、婪尾春、余容、犁食、没骨花、红药，见图2-37。

图2-37 芍药

（1）形态特征 根肉质，粗壮，呈纺锤形或长柱形。茎簇生，高60～80cm，初生茎叶呈褐红色，二回三出复叶，小叶通常三深裂。

多为单花，具长梗，着生于茎顶或近顶端叶腋处。花单瓣或重瓣，原种花外轮萼片5片，绿色；花瓣为5～10片，花色有白、黄、粉红、紫红等。蓇葖果2～8枚离生；种子呈球形，黑褐色。

（2）生长习性　性耐寒，喜肥怕涝，喜土壤湿润，但也耐旱，喜阳光，夏季喜凉爽气候。盆栽芍药盛夏烈日下易焦叶，应注意遮阴。芍药为肉质根，根系较长，故应栽植在肥沃、疏松、排水良好的沙质壤土中，栽于黏土和低洼积水的地方易烂根。

（3）繁殖方法　一般采用分株繁殖。芍药春季不宜移植，通常于10月间地上部分枯萎后进行分株。每丛带3～5个饱满充实的芽及下面的根群（切忌伤害芽眼），将根部切口处涂上少许硫黄粉，以防病菌侵入。也可采用播种法，一般在秋季播种，当年即可生根。播种前，先采摘成熟的种子，并及时播种。

（4）栽培管理　芍药是深根花卉，要选择深盆栽植，浇透定根水，放于通风向阳处养护、早春根芽出土时要结合浇水。花后要及时剪去凋谢的花朵，减少体内营养消耗。

（5）园林用途　芍药花大艳丽，品种丰富，在园林中常成片种植，或沿着小径、路旁做带形栽植，或在林地边缘栽培，并配以矮生、匍匐性花卉，有时单株或二三株栽植以欣赏其特殊品型花色，更有完全以芍药构成专类花园的。芍药又是重要的切花，或插瓶，或做花篮。

## 2.5.7　荷兰菊

荷兰菊（*Aster novi-belgii*），菊科紫菀属，别名纽约紫菀，见图2-38。

图2-38　荷兰菊

（1）形态特征　多年生宿根草本花卉，须根较多，有地下走茎，茎丛生、多分枝，高60～100cm。叶呈线状披针形，光滑，幼嫩时微呈紫色，在枝顶形成伞状花序，花色为蓝紫或玫红，花期8～10月。

（2）生长习性　喜阳光充足和通风的环境，适应性强，喜湿润但耐干旱，耐寒，耐瘠薄，对土壤要求不严，适宜在肥沃和疏松的沙质土壤上生长。

（3）繁殖方法　繁殖法有分株、扦插和播种法。分蘖力极强，分栽时间一般选择在初春土壤解冻，母株刚长出丛生叶片后，可直接用分栽蘖芽的方式，极易成活。扦插于夏季进行，播种繁殖的播种期在3月上旬左右。

（4）栽培管理　生长季节10～15天追施稀薄肥料一次，并注意及时浇水。入冬前浇冻水一次，即可安全越冬，翌年由根部重新萌芽，长成新株。每2～3年应分栽一次，剪除老根，将每株分为数丛，重新栽植。经常修剪，控制花期和植株高度。选择向阳和通风场所栽植，定植或盆栽苗高1cm时可进行摘心，促使多分枝。秋季天气干燥，应注意浇水。

（5）园林用途　适于盆栽室内观赏和布置花坛、花境等，更适合做花篮、插花的配花。

## 2.5.8　大花金鸡菊

大花金鸡菊（*Coreopsis grandiflora* Hogg.），菊科金鸡菊属，别名剑叶波斯菊、狭叶金鸡菊、剑叶金鸡菊，见图2-39。

图2-39 大花金鸡菊

（1）形态特征 多年生宿根草本，株高30～60cm。茎直立多分枝。基生叶和部分茎下部叶披针形或匙形；茎生叶全部或有时3～5裂，裂片披针形或条形，先端钝形。头状花序，有长柄，边缘一轮舌状花，其他为管状花。舌状花通常8枚，黄色，顶端三裂。瘦果圆形，具阔而薄的膜质翅。花期6～8月。

（2）生长习性 耐旱，耐寒，也耐热，对土壤要求不严，喜肥沃、湿润、排水良好的沙质壤土。

（3）繁殖方法 采用播种繁殖，对土壤要求不高，耐寒，耐旱。栽培容易，常能自行繁衍。生产中多采用播种或分株繁殖，夏季也可进行扦插繁殖。播种繁殖一般在8月进行，也可春季四月底露地直播，7～8月份开花。

（4）栽培管理 定植浇透水一次，以后控制浇水，否则易徒长；定植前用腐叶作为基肥；营养生长向生殖生长过渡期停肥；花蕾长出后追肥，小苗定植后新枝生长前应松土，雨后松土利于呼吸，雨季每周除草一次。注意通风，株高6cm时摘第一次心，分枝10cm时摘第二次心，及时除柳芽。

（5）园林用途 大花金鸡菊花色鲜艳，花期长，是花境、坡地、庭园、街心花园、缀花草坪的良好美化材料，还可做切花，也是极好的疏林地被。

## 2.5.9 紫松果菊

紫松果菊（*Echinacea purpurea*），菊科紫松果菊属，别名松果菊，见图2-40。

（1）形态特征 多年生宿根草本，株高80～120cm。叶卵形或披针形，缘具疏浅锯齿，基生叶基部下延，茎生叶叶柄基部略抱茎。头状花序单生或数朵集生，舌状花一轮，玫瑰红或紫红色，稍下垂，中心管状花具光泽，呈深褐色，盛开时呈橙黄色。花期7～9月。

（2）生长习性 性强健且耐寒，在我国北方地区可露地越冬。喜光照，喜深厚、肥沃的壤土，能自播繁殖。

图2-40 紫松果菊

（3）繁殖方法 采用播种及分株繁殖。早春四月露地直播，常规管理。春、秋可分株繁殖。

（4）栽培管理 常用生产穴盘苗栽培，要保持光照充足、基质湿润，但不能发生水浸现象。培养基质的pH值应保持在5.5～7.0。由穴盘苗移栽后一般经4～5个月即可开花。

（5）园林用途 紫松果菊是很好的花境、花坛材料，也可丛植于花园、篱边、山前或湖岸边。水养持久，是良好的切花材料。

## 2.5.10 白晶菊

白晶菊（*Chrysanthemum paludosum*），菊科茼蒿属，别名晶晶菊，见图2-41。

（1）形态特征 多年生草本植物，株高15～25cm，叶互生，一至两回羽裂。头状花序顶生，盘状，边缘舌状花呈银白色，中央筒状花呈金黄色，色彩分明、鲜艳。株高长到

图2-41 白晶菊

15cm即可开花，花期从冬末至初夏，3～5月是盛花期。花后结瘦果，5月下旬成熟。

（2）生长习性 喜阳光充足而凉爽的环境，光照不足开花不良。耐寒，不耐高温，生长适温为15～25℃，花坛露地栽培–5℃以上能安全越冬，若–5℃以下长时间低温，叶片受冻，干枯变黄，当温度升高后仍能萌叶、孕蕾开花。适应性强，不择土壤，但种植在疏松、肥沃、湿润的壤土或沙质壤土中生长最佳。

（3）繁殖方法 播种繁殖，通常在秋季9～10月份播种，发芽适宜温度为15～20℃。播种时和播种后宜用苇帘遮阴，不可用薄膜覆盖。将种子与少量的细沙或培养土混匀后撒播于苗床或育苗盘中，覆土厚度以不见种子为宜，保持湿润，5～8天发芽。

（4）栽培管理 白晶菊多花且花期极长，花期还需要及时补充磷、钾肥。花谢后，若不留种子，可随时剪去残花，促发侧枝产生新蕾，增加开花数量，延长花期。

（5）园林用途 白晶菊低矮而强健，多花，花期早，花期长，成片栽培耀眼夺目，适合盆栽或早春花坛美化，也可作为地被花卉栽种。

## 2.5.11 蜀葵

蜀葵［*Althaea rosea*（Linn.）Cavan.］，锦葵科蜀葵属，别名一丈红、熟季花、戎葵，见图2-42。

（1）形态特征 多年生宿根大草本植物，植株高可达2～3m，茎直立挺拔，丛生，不分枝，全体被星状毛和刚毛。叶片近圆心形或长圆形，互生，基生叶片较大，叶片粗糙，两面均被星状毛。花单生或近簇生于叶腋，有时呈总状花序排列，花色艳丽，有粉红、红、紫、墨紫、白、黄、水红、乳黄、复色等，单瓣或重瓣；果实为蒴果，果实扁圆形，种子呈肾形，背部边缘竖起如鸡冠状，侧面有斜纹。

（2）生长习性 喜阳光充足，耐半阴，但忌涝。耐盐碱能力强。耐寒冷，在华北地区可以安全露地越冬。在疏松、肥沃、排水良好、富含有机质的沙质土壤中生长良好。

（3）繁殖方法 通常采用播种繁殖，也可进行分株和扦插繁殖。春播、秋播均可，南方常采用秋播，而北方常以春播为主。蜀葵种子成熟后即可播种。分株在秋季进行，适时挖出多年生蜀葵的丛生根，用快刀切割成数小丛，使每小丛都有两三个芽，然后分栽定植即可。春季分株稍加强水分管理。

扦插在花后至冬季均可进行。取蜀葵老干基部萌发的侧枝作为插穗，插后用塑料薄膜覆盖进行保湿，并置于遮阴处直至生根。

图2-42 蜀葵

（4）栽培管理 应经常松土、除草，以利于植株生长健壮。花后及时将地上部分剪掉，还可萌发新芽。盆栽时，应在早春上盆，保留独本开花。栽植3～4年后，植株易衰老，因此应及时更新。另外，蜀葵易杂交，为保持品种的纯度，不同品种应保持一定的距离。

（5）园林用途　宜种植在建筑物旁、假山旁或用于点缀花坛、草坪，成列或成丛种植。矮生品种可做盆花栽培，陈列于门前，不宜久置于室内。也可剪取做切花，供瓶插或做花篩、花束等用。

## 2.5.12　鸢尾

鸢尾（*Iris tectorum* Maxim.），鸢尾科鸢尾属，别名紫蝴蝶、蓝蝴蝶、乌鸢、扁竹花，见图2-43。

（1）形态特征　多年生宿根性直立草本，高30～50cm。根状茎匍匐多节，粗而节间短，呈浅黄色。叶为渐尖状剑形，宽2～4cm，长30～45cm，质薄，淡绿色，呈一纵列交互排列，基部互相包叠。春至初夏开花，总状花序1～2枝，每枝有花2～3朵；花呈蝶形，花冠蓝紫色或紫白色，径约10cm，外3枚较大，圆形下垂；内3枚较小，倒圆形；外轮花被有深紫色斑点，中央面有一行鸡冠状白色带紫纹突起，花期4～6月。果期6～8月。

（2）生长习性　喜阳光充足，气候凉爽，耐寒力强，也耐半阴环境。要求适度湿润、排水良好、富含腐殖质、略带碱性的黏性土壤。

（3）繁殖方法　多采用分株或播种法。分株春季花后或秋季进行均可，分割根茎时，注意每块应具有2～3个不定芽，种子成熟后应立即播种。

图2-43　鸢尾

（4）栽培管理　植株栽植前可施入基肥，对冬季较寒冷的地区，株丛上应覆盖厩肥或树叶等防寒，对于植株栽植深度，在排水良好的土壤上根茎顶部低于地面5cm，在黏土上根茎顶部则要略高于地面，以利于植株生长。

（5）园林用途　鸢尾叶片碧绿青翠，花形大而奇，宛若翩翩彩蝶，是庭园中的重要花卉之一，也是优美的盆花、切花和花坛用花，也可用作地被植物。

## 2.5.13　荷包牡丹

荷包牡丹［*Dicentra spectabilis*（L.）Lem.］，荷包牡丹科荷包牡丹属，别名兔儿牡丹、铃儿草、鱼儿牡丹、铃心草、璎珞牡丹、土当归、锦囊花，见图2-44。

图2-44　荷包牡丹

（1）形态特征　多年生草本，株高30～60cm。具肉质根状茎。叶对生，二回三出羽状复叶，状似牡丹叶，叶具白粉，有长柄，裂片倒卵状。总状花序顶生呈拱状。花下垂向一边，鲜桃红色，有白花变种；花瓣外面2枚基部囊状，内部2枚近白色，形似荷包，故名荷包牡丹。蒴果细而长。种子细小有冠毛。花期4～6月份。

（2）生长习性　喜光，可耐半阴，性强健，耐寒而不耐夏季高温，喜湿润，不耐干旱。宜富含有机质的壤土，在沙土及黏土中生长不良。

（3）繁殖方法　播种、分株或扦插均可。种子成熟后，随采随播。扦插则在花谢后剪去花序，剪取下部有腋芽的健壮枝条，切口蘸硫黄粉或草木灰，插于素土中，浇水后置于阴处，常向插穗喷水，但要节制盆土浇水，微润不干即可，月余可生根。分株在早春新芽萌动而新叶未展出之前进行。

（4）栽培管理　荷包牡丹系肉质根，稍耐旱，怕积水，因此要根据天气、盆土的墒情和植株的生长情况等因素适量浇水。荷包牡丹喜肥，上盆定植或翻盆换土时，宜在培养土中加点骨粉、腐熟的有机肥或氮磷钾复合肥，生长期施稀薄的氮磷钾液肥，使其叶茂花繁，花蕾显色后停止施肥，休眠期不施肥。为使养分集中，秋、冬季落叶后，也要进行整形修剪。剪去过密的枝条，如并生枝、交叉枝、内向枝及病虫害枝等，使植株保持美丽的造型。

（5）园林用途　荷包牡丹叶丛美丽，花朵玲珑，形似荷包，色彩绚丽，是盆栽和切花的好材料，也适宜于布置花径和在树丛、草地边缘湿润处丛植，景观效果极好。

## 2.5.14 紫露草

紫露草（*Tradescantia reflexa*），鸭跖草科鸭跖草属，别名紫鸭跖草、紫叶草，见图2-45。

图2-45 紫露草

（1）形态特征　茎多分枝，带肉质，紫红色，下部匍匐状，节上常生须根，上部近于直立。叶互生，披针形，全缘，基部抱茎，花密生在二叉状的花序柄上，下具线状披针形苞片；萼片3，绿色，卵圆形，宿存，花瓣3，蓝紫色，广卵形。蒴果椭圆形，有3条隆起棱线。种子呈三棱状半圆形，棕色。花期6～9月。

（2）生长习性　喜日照充足，但也能耐半阴，紫露草生性强健，耐寒，在华北地区可露地越冬。对土壤要求不严。

（3）繁殖方法　采用扦插法繁殖，通常采用茎尖作为繁殖材料，成活率很高。多在每年4～6月份进行，可用细沙做繁殖基质。

（4）栽培管理　将花盆摆放在阴暗处，则容易引起枝条徒长而茎稀叶少，失去光泽；在夏季遭到强光直射，就会灼伤叶片。夏季置于室内养护时，要注意通风和喷水降温。冬季可悬挂在窗前光线较充足的地方，经常用与室温接近的清水洗枝叶，以防灰尘沾污叶面，降低观赏效果。

（5）园林用途　适应性广，可用作布置花坛，如成片或成条栽植，围成圆形、方形或其他形状，中心种植灌木、低乔木或其他花卉，也可在城市花园广场、公园、道路、湖边、山坡、林间等处呈条形、环形或片形种植，并用灌木或绿篱作为背景。

## 2.5.15 美人蕉

美人蕉（*Canna indica* L.），美人蕉科美人蕉属，别名红艳蕉、小芭蕉，见图2-46。

（1）形态特征　多年生草本植物，高可达1.5m，全株绿色无毛，被蜡质白粉。具块状根茎。地上枝丛生。单叶互生；具鞘状的叶柄；叶片卵状长圆形。总状花序，花单生或对生；

图2-46 美人蕉

萼片3，绿白色，先端带红色；花冠大多红色，外轮退化雄蕊2～3枚，鲜红色；唇瓣披针形，弯曲；蒴果，长卵形，绿色，花、果期3～12月。

（2）生长习性 喜温暖湿润气候，不耐霜冻，生育适温25～30℃，喜阳光充足、土地肥沃的环境，在原产地无休眠性，周年生长开花；性强健，适应性强，几乎不择土壤，以湿润肥沃的疏松沙壤土为好，稍耐水湿。畏强风。

（3）繁殖方法 播种和块茎繁殖。播种繁殖，通常于4～5月份将种子坚硬的种皮用利具割口，温水浸种一昼夜后露地播种，播后2～3周出芽，长出2～3片叶时移栽；块茎繁殖在3～4月进行。

（4）栽培管理 对土壤要求不严，在疏松肥沃、排水良好的沙壤土中生长最佳，除栽植前施足基肥外，生长旺季每月应追肥3～4次。生长期，每天应向叶面喷水1～2次，以保持湿度。适宜生长温度为15～30℃。生长期要求光照充足，保证每天要接受至少5个小时的直射阳光。

（5）园林用途 美人蕉花大色艳、色彩丰富，株形好，栽培容易。且现在培育出许多优良品种，观赏价值很高，可盆栽，也可地栽，装饰花坛。

## 2.5.16 耧斗菜

耧斗菜（*Aquilegia viridiflora* Pall.），毛茛科耧斗菜属，别名猫爪花，见图2-47。

（1）形态特征 多年生草本植物，根肥大，圆柱形，粗达1.5cm，简单或有少数分枝，外皮黑褐色。根出叶，叶表面有光泽，背面有茸毛，花通常深蓝紫色或白色，花药黄色，供药用，5～7月开花，7～8月结果。种子呈三棱状半圆形，棕色。花期6～9月。

（2）生长习性 生于海拔200～2300m的山地路旁、河边或潮湿草地。性喜凉爽气候，忌夏季高温曝晒，性强健而耐寒，喜富含腐殖质、湿润而排水良好的沙质壤土。

图2-47 耧斗菜

（3）繁殖方法 分株与种子繁殖。分株宜在早春发芽前或落叶后进行。播种最好于种子成熟后立即盆播，撒种要稀疏，出苗前需用玻璃覆盖播盆以保持土壤湿润并遮阴。

（4）栽培管理 栽种前需施足基肥，北方地区春季较为干旱，每月应浇水4～5次，夏季需适当遮阴，或种植在半遮阴处，雨后应及时排水。严防倒伏，同时需加强修剪，以利通风透光。待苗长到一定高度时（约40cm），需及时摘心，以控制植株的高度；入冬以后需施足基肥，北方地区还应浇足防冻水，在植株基部培上土，以提高越冬的防冻能力。

（5）园林用途 耧斗菜的花色艳丽，花姿优美，适应性强，故常成片植于草坪上、密林下。

也普遍用于洼地、溪边等潮湿处作地被覆盖。是优良的庭园花卉，叶奇花美，适于布置花坛、花径等，花枝可供切花。

## 2.5.17 麦冬

麦冬（*Ophiopogon japonicus*），百合科沿阶草属，别名沿阶草、书带草、麦门冬，见图2-48。

图2-48 麦冬

（1）形态特征 多年生草本，成丛生长，高30cm左右。叶丛生，细长，深绿色，形如韭菜。花茎自叶丛中生出，花小，淡紫色，形成总状花序。果为浆果，圆球形，成熟后为深绿色或黑蓝色。花期7～8月，果期11月。

（2）生长习性 喜温暖湿润的气候。宜土质疏松、肥沃、排水良好的壤土和沙质壤土，过沙和过黏的土壤，均不适于栽培麦冬。

（3）繁殖方法 采用分株繁殖，4月，选择生长健壮的麦冬丛株留作种用，将块根摘下，剪去须根和叶片顶端，将单株剥离，除去老、嫩苗，扎成小把，便可栽种。

（4）栽培管理 麦冬忌连作，轮作要求3～4年。需经常除草，否则妨碍麦冬的生长。由于麦冬生长期较长，需肥较多，除施足基肥外，还应根据麦冬的生长情况，及时追肥。

（5）园林用途 麦冬根系发达，耐旱，适应性强，可用于河坡、路边、树穴、石缝、墙角、花坛边缘、绿篱脚下等处的绿化。还可作林下景观和复层栽植。

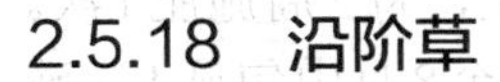

## 2.5.18 沿阶草

沿阶草（*Ophiopogon bodinieri*）百合科沿阶草属，见图2-49。

（1）形态特征 多年生草本植物，根纤细，地下走茎长，直径1～2mm，茎很短。叶基生成丛，禾叶状，长20～40cm，边缘具细锯齿。花葶较叶稍短或几等长，总状花序，具几朵至十几朵花。花期6～8月，果期8～10月。与麦冬相似，但通常麦冬的花葶较叶短得多，沿阶草的小块根也作中药麦冬用。

图2-49 沿阶草

（2）生长习性 耐粗放管理，适应能力强，在建筑物背阴处或竹丛、高大乔木的阴影下终年不见直射阳光的地方能茂盛生长，且叶面比直射光下翠绿而有光泽。

（3）繁殖方法 播种和分株繁殖。春季播种，行距15～20cm，每穴下种3～5粒，覆土2cm厚；分株也多在春季，分株时，挖出老株丛，将老叶剪去2/3，苗存5～7天，抖掉泥土，剪开地下茎，分成每丛3～5小株。

（4）栽培管理 栽培较简单，无需精细管

理。但要求通风良好的半阴环境，经常保持土壤湿润，北方旱季应经常喷水，叶片才能油绿发亮。不耐干旱，较耐水湿，栽植时除施足基肥外，生长期还应追肥。注意清除杂草，沿阶草抗性强，不易发生病虫害。

（5）园林用途　适应性强，耐阴，植株低矮，覆盖效果快，是良好的地被植物，可成片栽于风景区的阴湿空地和水边湖畔做地被植物。

## 2.5.19　白芨

白芨（*Bletilla striata*），兰科白芨属，别名甘根、白给，见图2-50。

（1）形态特征　多年生草本球根植物（块根），初生假鳞茎是圆球形，生长到一定程度才形成V字形块状假鳞茎。叶4～6枚，狭长圆形或披针形，长8～29cm，花序具3～10朵花，常不分枝或极罕分枝；花大，紫红色或粉红色，花期4～5月，果期7～9月。有变种白花白芨，花白色，园艺品种尚有蓝、黄、粉红等色。白芨的花粉呈块状，不易散开，所以在授粉上也不是很有利。

（2）生长习性　喜温暖、阴湿的环境，如野生于山谷林下处。稍耐寒，长江中下游地区能露地栽培。耐阴性强，忌强光直射，夏季高温干旱时叶片容易枯黄。宜排水良好含腐殖质多的沙壤土。

图2-50　白芨

（3）繁殖方法　常用分株繁殖。春季新叶萌发前或秋冬地上部枯萎后，掘起老株，分割假鳞茎进行分植，每株可分3～5株，须带顶芽。亦可采用播种繁殖，但因种子细小，发育不全。

（4）栽培管理　地栽前翻耕土壤，施足基肥。3月初种植，栽植深度3cm。生长期需保持土壤湿润，注意除草松土，每2周施肥1次。一般栽后2个月开花，花后至8月中旬施1次磷肥，可使块根生长充实。

（5）园林用途　白芨是一种地生兰，花色艳丽，可布置花坛，常丛植于疏林下或林缘隙地，宜在花径、山石旁丛植和盆栽室内观赏，亦可点缀于较为阴蔽的花台、花境或庭院一角。

## 2.5.20　铁线蕨

铁线蕨（*Adiantum capillus-veneris* L.），铁线蕨科铁线蕨属，别名铁丝草、少女的发丝、铁线草，见图2-51。

（1）形态特征　多年生草本，植株高15～40cm。叶远生或近生，叶脉多回二歧分叉，直达边缘，两面均明显。根状茎细长横走，密被棕色披针形鳞片。柄长5～20cm，粗约1mm，纤细，栗黑色，有光泽。孢子囊群每羽片3～10枚，横生于能育的末回小羽片的上缘；囊群盖长形、长肾形成圆肾形，上缘平直，淡黄绿色，老时棕色，膜质，全缘，宿存。

（2）生长习性　喜疏松透水、肥沃的石灰质沙壤土；喜明亮的散射光，怕太阳直晒。在室内应放在光线明亮的地方，即使放置1年也能正常生长。

（3）繁殖方法 可用孢子繁殖和分株繁殖。通常以分株繁殖为主，这样可保持亲本性状。

（4）栽培管理 生长快，每年春季换盆，盆土用腐叶土加入少量砖屑和木灰粉配制。生长期需充分浇水和喷水，若盆土时干时湿，叶片易变黄。每半月施肥1次。施肥时，肥液切忌玷污叶面。盛夏避开强光暴晒，以免引起叶缘焦枯，冬季移至室内养护。花后至8月中旬施1次磷肥，可使块根生长充实。

（5）园林用途 喜阴，适应性强，栽培容易，适合室内常年盆栽观赏。小盆栽可置于案头、茶几上；较大盆栽可用以布置背阴房间的窗台、过道或客厅。铁线蕨叶片还是良好的切叶材料及干花材料。

图2-51 铁线蕨

## 2.5.21 肾蕨

肾蕨（*Nephrolepis cordifolia Presl*），肾蕨科肾蕨属，别名篦子草、凤凰蛋、蜈蚣草，见图2-52。

（1）形态特征 附生或土生。根状茎直立，被蓬松的淡棕色长钻形鳞片，下部有粗铁丝状的匍匐茎向四方横展，匍匐茎棕褐色，粗约1mm，长达30cm，不分枝。叶簇生，柄长6～11cm，叶片线状披针形或狭披针形，长30～70cm，宽3～5cm，一回羽状，羽状多数，约45～120对，互生，常密集而呈覆瓦状排列，披针形，叶坚草质或草质，干后棕绿色或褐棕色，光滑。孢子囊群成1行位于主脉两侧，肾形，少有为圆肾形或近圆形，长1.5mm，囊群盖肾形，褐棕色，边缘色较淡，无毛。

（2）繁殖方法 可用孢子繁殖和分株繁殖。分株繁殖全年均可进行，以5～6月为好。

（3）栽培管理 喜潮湿的环境，栽培中应注意保持土壤和空气的湿润；不耐严寒，冬季应做好保暖工作，保持温度在5℃以上；比较耐阴，只要能受到散射光的照射，便可较长时间地置于室内陈设观赏，几乎不需专门给它照光；肾蕨根系分布较浅、具有一定的气生性，因此培养土要求疏松、肥沃，排水良好；病虫害较少。

（4）园林用途 肾蕨盆栽可点缀书桌、茶几、窗台和阳台，也可吊盆悬挂于客室和书房。在园林中可作阴性地被植物或布置在墙角、假山和水池边。其叶片可作切花、插瓶的陪衬材料。欧美将肾蕨加工成干叶并染色，成为新型的室内装饰材料。若以石斛为主材，配上肾蕨、棕竹、蓬莱松，简洁明快，充满时代气息。如用非洲菊为主花，壁插，配以肾蕨、棕竹，有较强的视觉装饰效果。

图2-52 肾蕨

# 2.6 露地木本花卉生产技术

## 2.6.1 山茶

山茶（*Camellia japonica* L.），山茶科山茶属，别名曼陀罗树、耐冬，见图2-53。

图2-53 山茶

（1）形态特征 常绿灌木或小乔木，树高可以达到9～15m。树皮青灰色，叶子椭圆形或者倒卵形，长5～10cm，边缘有细的锯齿。聚伞圆锥花序，花大，原种开单瓣红花，目前品种多达千种。花期2～4月。蒴果5月份成熟。

（2）生长习性 喜温暖湿润的环境条件，忌烈日，喜半阴，若遭烈日直射，嫩叶易灼伤，造成生长衰弱。喜深厚、肥沃、微酸性的沙壤土，要求土壤水分充足和良好的排水条件。

（3）繁殖方法 可用扦插、嫁接或压条等方法繁殖。扦插在春末夏初和夏末秋初进行。选树冠外部生长充实、叶芽饱满、无病虫害的当年生半木质化的枝条作插穗，剪取时基部带踵易生根。对于一些优良品种可采用嫁接或高空压条法繁殖。

（4）栽培管理 栽植地应选择半阴，通风良好，土壤肥沃、疏松、富含腐殖质、排水良好的场地。以秋季栽植为宜，栽植时，应尽可能带土球移植。栽植时把地上部残枝和过密枝修剪掉，成活后及时浇水，中耕除草，防治病虫害。

（5）园林用途 树姿优美，四季常绿，花色娇艳，花期较长，象征吉祥福瑞，山茶具有很高的观赏价值，特别是盛开之时，给人以生机盎然的春意。广泛应用于公园、庭园、街头、广场、绿地，也可盆栽，美化居室、客厅、阳台。

## 2.6.2 杜鹃

杜鹃（*Rhododendron simsii* Planch.），杜鹃花科杜鹃花属，别名映山红、照山红、野山红，见图2-54。

（1）形态特征 落叶或是半常绿灌木，高2～3m，分枝密，枝叶及花梗都密生黄褐色粗伏毛。叶纸质，卵状椭圆形，两面都有粗伏毛，背面较密。花冠鲜红或深红色，宽漏斗状，品种繁多。花期4～5月。蒴果卵圆形，果熟期10月份。

图2-54 杜鹃

（2）生长习性 喜欢半阴温凉的气候，忌高温炎热，忌烈日暴晒，在烈日下嫩叶易灼伤枯死；忌干燥多风；要求富含腐殖质、疏松、湿润和酸性土壤，忌碱忌涝，忌低洼积水。

（3）繁殖方法 常用扦插或嫁接繁殖方法。扦插适宜季节为春、秋两季，选用当年生绿枝或结合修剪用硬枝扦插，春季更易生根。嫁接繁殖一般采用嫩枝顶端劈接，时间在5～6月。

（4）栽培管理　杜鹃花是典型酸性土花卉，对土壤酸碱度要求严格。适宜的土壤pH值为5～6，pH值超过8，则叶片黄化，生长不良而逐渐死亡。生长季节需及时补水，但浇水太勤太多则易烂根。因萌芽力很强，栽培中应注意修剪，以保持株型完美。

（5）园林用途　在园林中宜丛植于林下、溪旁、池畔等地，也可用于布置庭园或与园林建筑相配置，也是布置会场、厅堂的理想盆花。

### 2.6.3 夹竹桃

夹竹桃（*Nerium indicum*），夹竹桃科夹竹桃属，见图2-55。

图2-55 夹竹桃

（1）形态特征　常绿大灌木，高达5m。叶3～4枚轮生，在枝条下部为对生，窄披针形，全缘，革质；侧脉扁平，密生而平行。夏季开花，花桃红色或白色，成顶生的聚伞花序。花期6～9月份。蓇葖果矩圆形，12月份成熟。

常见栽培变种有白花夹竹桃、重瓣夹竹桃等。

（2）生长习性　性喜充足的光照、温暖和湿润的气候条件。有红色和白色两种。不耐寒，畏水涝。对土壤要求不严，耐烟尘，抗有毒气体。

（3）繁殖方法　扦插繁殖为主，也可分株和压条繁殖。早春硬枝扦插，插穗基部须用清水浸泡除去汁液。

（4）栽培管理　管理粗放，适当注意防止积水，防寒及适当修剪即可。病虫害也较少。

（5）园林用途　多见于公园、厂矿、行道绿化。各地庭园常栽培做观赏植物。

### 2.6.4 栀子花

栀子花（*Gardenia jasminoides* Ellis），茜草科栀子花属，别名山栀花、黄栀子，见图2-56。

（1）形态特征　常绿灌木或小乔木，枝丛生。单叶对生或3枚轮生，倒卵形或长椭圆形，全缘，革质，翠绿色，叶表有光泽。花单生枝顶，白色，浓香。花期5～7月。浆果具5～9纵棱。果期10～11月。

主要品种有大花栀子、水栀子等。

（2）生长习性　喜光，但避免强光直射。喜温暖湿润的气候，耐寒性较差。喜肥沃、排水良好的酸性土，是典型的酸性土植物。萌芽力强，耐修剪。对氯气有一定抗性。

（3）繁殖方法　可采用扦插、播种和压条三种方法进行繁殖。一般在梅雨季节用软枝扦插为主。

（4）栽培管理　栽植地以酸性土为宜，移植在梅雨季节进行。因喜肥，所以以薄肥勤施为宜。早春剪去枯枝，促使多发新梢；晚春修去徒长枝，整理树形，花后及时摘除残花。注意病虫害防治。

（5）园林用途　栀子花是著名的香花树种。可丛植、列植，或作绿篱。也可盆栽、制盆景、作切花材料，或作为街道、厂矿绿化树种。

图2-56 栀子花

## 2.6.5 含笑

含笑［*Michelia figo*（Lour.）Spreng］，木兰科含笑属，别名香蕉花，见图2-57。

（1）形态特征　常绿灌木或小乔木，高可以达到5m。小枝、芽、叶柄、花梗都有锈褐色茸毛。单叶互生，叶椭圆形至倒卵形，光亮，全缘。花单生于叶腋，花瓣6片，肉质淡黄色，边缘常带有紫晕，花香，有香蕉气味，花常不开全，有如含笑之美人，花期3～4月。果卵圆形，果熟期9月份。

（2）生长习性　喜欢半阴环境，也能耐阴，不耐暴晒和干燥。喜温暖多湿气候，不耐干旱。喜肥沃、湿润的微酸性至中性土壤，不耐瘠薄。对氯气抗性较强。

图2-57　含笑

（3）繁殖方法　以扦插繁殖为主，也可采用嫁接、播种和压条的方法。扦插以梅雨季为好，初期需全遮阴。嫁接以紫玉兰为砧木，春季进行切接。

（4）栽培管理　在江南可露地栽植，但冬季注意防寒。平时管理粗放，病虫害较少。

（5）园林用途　著名的芳香观花树种。适合孤植、丛植在小游园、公园或街头绿地、草坪边缘、疏林下。北方做盆栽观赏。花供熏茶、提取香精。

## 2.6.6 金丝桃

金丝桃（*Hypericum monogynum* L.），金丝桃科金丝桃属，别名金丝海棠、五心花，见图2-58。

（1）形态特征　半常绿小灌木，高1m，小枝纤细，而且分枝多。单叶对生，长3～8cm，无柄，长椭圆形。花期6～7月份，常见3～7朵集合成聚伞花序，着生在枝顶，此花不但花色金黄，而且束状纤细的雄蕊花丝也是灿若金丝，惹人喜爱。

另外有一种称为金丝梅，叶有短柄，花常单生于枝端，金黄色。

（2）生长习性　常野生于湿润的溪边或半阴的山坡下，喜欢阳光，也能耐阴，有一定耐寒能力，对土壤适应性强，耐旱，耐寒，耐瘠薄，怕积水。根系发达，萌芽力强，耐修剪。

图2-58　金丝桃

（3）繁殖方法　播种、扦插或分株繁殖。以梅雨季扦插为主，带踵。因种子细小，播种时覆土要薄，注意保湿。

（4）栽培管理　适应性强，管理粗放，有蚜虫、大蓑蛾等为害，注意防治。

（5）园林用途　枝叶清秀，花色鹅黄，形似桃花，雄蕊纤细，灿若金丝，是重要的夏季观花树种。常群植于路边、花坛边缘及大树之下，或作花篱，也可与山石小品等配景。

## 2.6.7 桂花

桂花［*Osmanthus fragrans*（Thunb.）Lour.］，木樨科木樨属，别名木樨、丹桂、岩桂、九里香，见图2-59。

（1）形态特征　常绿小乔木或灌木状，树高可达15m。单叶对生，多呈椭圆或长椭圆形，树叶叶面光滑，革质，叶边缘有锯齿。花簇生，花冠分裂至基乳，有乳白、黄、橙红等色。花期9～10月。果实为紫黑色核果，俗称桂子，第二年3～4月成熟。

桂花的品种很多，常见的有金桂、银桂、丹桂和四季桂四种。

（2）生长习性　喜光，也耐半阴，耐寒性不强，对土壤要求不严，但以排水良好而富含腐殖质的沙质土壤上生长最好。

（3）繁殖方法　扦插或嫁接繁殖。扦插以梅雨季半熟枝带踵扦插为主，成活率高。嫁接以小叶女贞、女贞、小蜡等作砧木，于春季切接，也可用高空压条法繁殖。

（4）栽培管理　因性喜高爽，应选择排水良好的地方栽植。花后至冬季施以基肥，春、夏酌量施以追肥，以确保其生长和开花良好。平时修剪以维持树形。

（5）园林用途　终年枝叶繁茂，花朵金黄，花香馥郁，是我国十大传统名贵花卉之一。古典园林中常对植于门厅或庭园之中。孤植、丛植、列植或成林种植等均可。

图2-59　桂花

## 2.6.8 南天竺

南天竺（*Nandina domestica*），南天竺（小檗）科南天竺属，别名南天竹、阑天竹，见图2-60。

（1）形态特征　常绿灌木，高3m左右。叶互生，为2～3回奇数羽状复叶，小叶椭圆披针形，全缘，革质，秋、冬季常变为紫红色。圆锥花序顶生，花白色。花期6～7月，浆果球形，成熟时淡红色，果期10～12月份。

主要品种有玉果天竺，又名黄天竺，果黄白色，叶不变红。

（2）生长习性　性喜半阴，强光下叶呈红色。喜温暖湿润气候及排水良好、肥沃的中性和微酸性土壤。较耐寒。

（3）繁殖方法　播种、扦插或分株繁殖。分株在早春萌芽前进行，沾以泥浆种植。播种以秋季随采随播为多，出苗后加以适当遮阴。

（4）栽培管理　应选择避风、半阴环境种植。对于过高的旺枝可在秋后剪去，使其第二年重新萌发，树身变矮，结果也多。

图2-60　南天竺

（5）园林用途　果、叶红艳，观果期长，可片植或作下木配植，也可与山石小品等配景，或盆栽观赏。传统上常和蜡梅配植，或作瓶插，称“岁寒二友”。

## 2.6.9　红花檵木

红花檵木（*Loropetalum chinense* var. *rubrum*），金缕梅科檵木属，见图2-61。

（1）形态特征　常绿灌木或小乔木，树皮暗灰或浅灰褐色，多分枝。嫩枝红褐色，密被星状毛。叶革质互生，卵圆形或椭圆形，长2～5cm，先端短尖，基部圆而偏斜，不对称，两面均有星状毛，全缘，暗红色。花瓣4枚，紫红色线形，长1～2cm，花3～8朵簇生于小枝端。蒴果褐色，近卵形。花期4～5月，花期长，30～40天，国庆节能再次开花。花3～8朵簇生在总梗上呈顶生头状花序，紫红色。果期8月。

（2）生长习性　喜光，稍耐阴，但阴时叶色容易变绿。适应性强，耐旱。喜温暖，耐寒冷。萌芽力和发枝力强，耐修剪。耐瘠薄，但适宜在肥沃、湿润的微酸性土壤中生长。

（3）繁殖方法　可用嫁接、扦插和播种的方法繁殖。嫁接主要用切接和芽接2种方法。

图2-61　红花檵木

（4）栽培管理　红花檵木移栽前，施肥要选腐熟有机肥为主的基肥，结合撒施或穴施复合肥，注意充分拌匀，以免伤根。生长季节用中性叶面肥800～1000倍稀释液进行叶面追肥。南方梅雨季节，应注意保持排水良好；北方地区因土壤、空气干燥，必须及时浇水，保持土壤湿润，秋冬及早春注意喷水，保持叶面清洁、湿润。

（5）园林用途　红花檵木是湖南特产的珍贵乡土彩叶观赏植物，生态适应性强，耐修剪，易造型，广泛用于色篱、模纹花坛、灌木球、彩叶小乔木、桩景造型、盆景等城市绿化美化。

## 2.6.10　云南迎春

云南迎春（*Jasminum nudiflorum* Lindl.），木犀科素馨属，别名云南黄素馨，见图2-62。

（1）形态特征　常绿藤状灌木。小枝无毛，四方形，具浅棱。叶片对生，小叶3枚，长椭圆状披针形，顶端1枚较大，基部渐狭呈一短柄，侧生2枚小而无柄。花单生，淡黄色，具暗色斑点，花瓣较花筒长，常近于复瓣，有香气。花期3～4月。原产于云南，现各地均有栽培。

图2-62　云南迎春

（2）生长习性　喜光，稍耐阴，略耐寒，怕涝，在华北地区和南方丘陵均可露地越冬，要求温暖而湿润的气候，疏松肥沃和排水良好的沙质土，在酸性土中生长旺盛，碱性土中生长不良。根部萌发力强。枝条着地部分极易生根。

（3）繁殖方法　以扦插为主，也可用压条、分株繁殖。扦插：春、夏、秋三季均可进行，剪取半木质化的枝条12～15cm长，插入沙土中，保持湿润，约15天生根。压条：将较长的枝条浅埋于沙土中，不必刻伤，40～50天后生根，翌年春季与母株分离移栽。

（4）栽培管理　刚栽种或刚换盆的迎春，先浇透水，置于阴蔽处10天左右，再放到半阴半阳处；养护一周，然后放置于阳光充足、通风良好、比较湿润的地方养护。在冬天，南方只要把种迎春的盆钵埋入背风向阳处的土中即可安全越冬，在北方应于初冬移入低温（5℃左右）的室内越冬。

（5）园林用途　宜配置在湖边、溪畔、桥头、墙隅，或在草坪、林缘、坡地，房屋周围也可栽植，可供早春观花。

## 2.6.11 牡丹

牡丹（*Paeonia suffruticosa* Andr.），芍药（毛茛）科芍药属，见图2-63。

图2-63　牡丹

（1）形态特征　落叶灌木，高2m。根肉质，粗而长。2～3回三出复叶，互生，小叶3～5裂。花单生在枝条的顶端，花色有白、黄、粉、红、紫及复色，品种繁多，花期4～5月份。聚合蓇葖果，9月份成熟。

（2）生长习性　喜凉恶热，喜燥怕湿，可耐－30℃的低温，在年平均相对湿度45%左右的地区可正常生长。喜阳光，适合于露地栽培。栽培场地要求地下水位低，土层深厚、肥沃、排水良好的沙质壤土。怕水涝。土壤黏重，通气不良，易引起根系腐烂，造成整株死亡。

（3）繁殖方法　常用分株和嫁接法繁殖，均在秋季进行。也可播种、扦插和压条法繁殖。

（4）栽培管理　移植多在秋季进行，常土筑高台，以免烂根。肥水管理在花期前后为宜，不宜过浓。

（5）园林用途　多植于公园、庭园、花坛、草地中心及建筑物旁，为专类花园和重点美化用，也可与假山、湖石等配置成景，也可作盆花室内观赏或切花之用。

## 2.6.12 梅花

梅花（*Armeniaca mume*），蔷薇科李属，别名一枝春、木母、花魁、状元花、国香，见图2-64。

图2-64　梅花

（1）形态特征　落叶小乔木，高达10m。树干紫褐色，多纵驳纹。常有枝刺，小枝绿色或以绿色为底色。叶广卵形至卵形，叶柄有腺体。花粉红、白色或红色，早春叶前开放，4～6月果熟。梅花品种有近300个之多。

（2）生长习性　喜温暖而湿润的气候，具有一定的耐寒性，在华北地区栽植多选择抗寒性强的品种，并植于背风向阳面。要求有充足的光照和通风良好的条件，对土壤要求不严，耐瘠薄，以深厚、疏松、肥沃的壤土为好。不耐积水，以免造成烂根。

（3）繁殖方法　最常用的是嫁接法，其次为扦插、压条法。嫁接的砧木在南方多用梅或桃，北方常用杏、山杏或山桃。嫁接时间和方法各地不同，在春季多采用切接、劈接、腹接和靠接，在冬季采用腹接，夏秋季采用芽接。

（4）栽培管理　露地栽培宜选择排水良好的高燥地，初冬施基肥，含苞前施速效性催花肥，新梢停止生长后施速效性花肥，以促进花芽分化，每次施肥后都要浇透水。地栽的整形修剪以疏剪为主，株形为自然开心形，剪枝时以轻剪为宜，重剪常导致徒长，影响全年开花。多在初冬疏剪枯枝、病枝和徒长枝，花后对全株适当整形。此外，生长期间应结合水肥管理开展中耕、除草、防治病虫工作。

（5）园林用途　梅花最适宜成片植于草坪、低山丘陵，成为季节性景观，也可孤植和丛植，植于建筑物一角，配置山石。用梅花做盆景，苍劲古雅，疏枝横斜，暗香浮动，具有极高的观赏价值。可置于厅堂及案几上，也可做切花进行室内装饰。

## 2.6.13　桃花

桃花（*Amygdalus persica* L.），蔷薇科李属，别名桃子、桃树，见图2-65。

（1）形态特征　树高3～5m，小枝粗壮。单叶卵状披针形，边缘有细锯齿，叶柄有腺体。花单生，花瓣粉红色；花期3～4月。果球形或卵形，表面被短毛，夏末成熟；核扁心形，肉厚，多汁，味甜或微甜酸；果熟6～7月份。

图2-65　桃花

（2）生长习性　喜光，喜温暖，稍耐寒，喜肥沃、排水良好的土壤，碱性土和黏重土均不适宜。不耐水湿，忌洼地积水处栽培。根系较浅，但须根多，发达。

（3）繁殖方法　以嫁接和播种繁殖为主。嫁接分春季枝接和夏季芽接，以芽接为主，砧木以实生苗为多。

（4）栽培管理　多采用冬季休眠期修剪，为维护树形，夏季则以摘心为主，抑强扶弱，使树势平衡。病虫害较多，应及早防治。

（5）园林用途　桃花为常见的果树及观赏花木，可片植形成“桃花溪”、“桃花坞”等，在景观观赏时常与柳树组合种植，形成“桃红柳绿”。

图2-66　樱花

## 2.6.14　樱花

樱花（*Prunus serrulata*），蔷薇科李属，别名山樱花，见图2-66。

（1）形态特征　树高达25m。树皮光滑，紫黑色。叶卵状或卵状椭圆形，花2～3朵组成伞房总状花序，花瓣白色，花叶同放；花期3～4月。果卵球形，果期6～7月份。

（2）生长习性　喜欢阳光，喜深厚、肥沃、排水良好的土壤。根系较浅，有一定的耐寒力。寿命较长，对有害气体十分敏感，不耐烟尘。

（3）繁殖方法　嫁接繁殖。砧木以樱桃、桃、杏等实生苗为主，于春季进行嫁接或腹接。

（4）栽培管理　一般不宜修剪，注意对病虫害的防治。

（5）园林用途　春季繁花似锦，是春秋观花树种。在园林中可丛植、列植等做行道树、孤赏树。常与垂丝海棠同植，以延长观赏期。

## 2.6.15 粉花绣线菊

粉花绣线菊（*Spiraea japonica* L. f.），蔷薇科绣线菊属，别名日本绣线菊，见图2-67。

图2-67 粉花绣线菊

（1）形态特征　小枝无毛或幼时被短柔毛，叶片先端多渐尖，边缘有重锯齿或单锯齿。宽广平顶的复伞房花序，生于当年生的直立新枝顶端，花萼有稀疏短柔毛。花期6～7月。蓇葖果半开张，果期8～9月份。

（2）生长习性　性强健，喜光，略耐阴，抗寒，耐旱。适应性强，耐瘠薄，在湿润、肥沃的土壤生长旺盛。

（3）繁殖方法　分株、扦插或播种繁殖。以早春硬枝扦插为宜，单瓣品种则以播种为主。

（4）栽培管理　管理粗放，花后适量修枝整形，并施以少量肥料。注意对病虫害的防治。

（5）园林用途　适用于庭园观赏、花篱、丛植、花境，可布置草坪及小路角隅等处，或种植于门庭两侧。

## 2.6.16 棣棠

棣棠［*Kerria japonica*（L.）DC.］，蔷薇科棣棠属，别名蜂棠花，见图2-68。

图2-68 棣棠

（1）形态特征　高1～2m，小枝绿色，披散状。叶片卵形至卵状披针形，边缘有极细齿。花金黄色，单生于侧枝顶端，花瓣5；花期4～5月，瘦果，果期7～8月份。

（2）生长习性　喜温暖湿润和半阴环境，耐寒性较差。适应性强，萌蘖性也强。

（3）繁殖方法　常用分株、扦插和播种法繁殖。早春进行，扦插者随剪随插。

（4）栽培管理　适应性强，管理粗放。一般春季可将枯损的分蘖从根际剪除，可促进萌发，2～3年整株更新一次。

（5）园林用途　枝叶翠绿细柔，金花满树，别具风姿，宜丛植于水畔、坡边、林下和假山旁，也可用于花丛、花境和花篱，还可栽在墙隅及管道旁，有遮蔽之效。

## 2.6.17 榆叶梅

榆叶梅（*Amygdalus triloba*），蔷薇科李属，别名小桃红、榆叶鸾枝，见图2-69。

（1）形态特征　落叶灌木，高3～5m。小枝细，无毛或幼时稍有柔毛。叶椭圆形至倒卵形。呈半球形的植株全部布满色彩艳丽的花朵，十分美丽且壮观。花期4月份。果熟期8月份。

图2-69　榆叶梅

（2）生长习性　喜光，耐寒，耐旱，对土壤的要求不严，但不耐水涝，喜中性至微碱性、肥沃、疏松的沙壤土。

（3）繁殖方法　播种或嫁接繁殖。种子沙藏后春播，嫁接砧木用实生苗或山桃。

（4）栽培管理　忌湿耐旱，雨季要注意排水，落叶后要略加修剪，疏除弱枝、病虫枝等。

（5）园林用途　在园林或庭园中宜苍松翠柏丛植，也可盆栽或做切花。

## 2.6.18 木芙蓉

木芙蓉（*Hibiscus mutabilis* Linn.），锦葵科木槿属，别名芙蓉花、拒霜花，见图2-70。

（1）形态特征　树冠球形。无顶芽，侧芽小。小枝密生茸毛。单叶互生，卵圆状心形，掌状3～5裂，有时7裂，边缘具钝锯齿，两面具星状毛。花大，单生于枝端叶腋，花白色或淡红色；花期9～10月。蒴果扁球形，密被黄色毛；果期10～11月份。

（2）生长习性　喜温暖湿润和阳光充足的环境，不耐寒，不耐干旱，耐水湿。对土壤要求不严，但在肥沃、湿润、排水良好的沙质土壤中生长最好。对二氧化硫抗性特强，对氯气和氯化氢有一定的抗性。

图2-70　木芙蓉

（3）繁殖方法　繁殖可用扦插、分株或播种法进行。

（4）栽培管理　冬季枝条常枯萎，应从根际剪除，让其翌春重新萌发。

（5）园林用途　晚秋开花，花大而色丽，中国自古以来多在庭园栽植，可孤植、丛植于墙边、路旁、厅前等处。特别适宜配植于水滨，开花时波光花影，相映益妍，分外妖娆，有“照水芙蓉”之称。植于庭园、坡地、路边、林缘及建筑前，或栽作花篱，都很合适。

## 2.6.19 腊梅

腊梅（*Chimonanthus praecox*），蜡梅科腊梅属，别名金梅、蜡花、黄梅花，见图2-71。

（1）形态特征　落叶灌木，常丛生。叶对生，椭圆状卵形至卵状披针形，花着生于第二年生枝条叶腋内，先花后叶，芳香，直径2～4cm；花被片圆形、长圆形；果托近木质化，坛状或倒卵状椭圆形，长2～5cm。花期11月至翌年3月，果期4～11月。

（2）生长习性 喜阳光，能耐阴、耐寒、耐旱，忌渍水。怕风，较耐寒，在不低于–15℃时能安全越冬，北京以南地区可露地栽培，花期遇－10℃低温，花朵受冻害。好生于土层深厚、肥沃、疏松、排水良好的微酸性沙质壤土上，在盐碱地上生长不良。

图2-71 腊梅

（3）繁殖方法 以嫁接为主，也可用分株、播种、扦插、压条的方法繁殖。嫁接以切接为主，也可采用靠接和芽接。

（4）栽培管理 平时浇水以维持土壤半墒状态为佳，雨季注意排水，干旱季节及时补充水分。盆栽蜡梅在春秋两季，盆土不干不浇；夏季每天早晚各浇一次水，水量视盆土干湿情况控制。每年花谢后施一次充分腐熟的有机肥；每次施肥后都要及时浇水、松土，以保持土壤疏松，花期不要施肥。

（5）园林用途 既可应用于庭院栽植，又适作古桩盆景和插花与造型艺术，是冬季赏花的理想名贵花木。更广泛地应用于城乡园林建设。

## 2.6.20 琼花

琼花（*Viburnum Macrocephalum*），忍冬科荚蒾属，别名聚八仙、蝴蝶花，见图2-72。

（1）形态特征 落叶或半常绿灌木，高达4m；树皮灰褐色或灰白色，叶临冬至翌年春季逐渐落尽，纸质，卵形至椭圆形或卵状矩圆形，长5～11cm。聚伞花序直径8～15cm，全部由大型不孕花组成，花生于第三级辐射枝上；花冠白色，辐状，直径1.5～4cm，裂片圆状倒卵形，雌蕊不育。花期4～5月，果熟期9～10月。

（2）生长习性 喜光，略耐阴，喜温暖湿润气候，较耐寒，宜在肥沃、湿润、排水良好的土壤中生长。较耐寒，能适应一般土壤，好生于湿润肥沃的地方。种子有隔年发芽的习性。

（3）繁殖方法 常用种子繁殖，也可嫁接繁殖。琼花实生苗一般要7～8年方能开花，而若用成年琼花有花芽的枝条嫁接，成活后第一年就能开花。

（4）栽培管理 去壳后的种子一般经1个月左右出苗，幼苗刚出第一对叶子时，应适当遮阴。琼花当年播种出苗的，生长不快。第二年开始明显加快生长，长到10cm以上时，可根据盆的大小摘去顶芽，促进侧芽迅速生长，为盆栽造型及嫁接做好准备。

（5）园林用途 作盆栽或园林地被植物。

图2-72 琼花

## 2.6.21 月季花

月季花（*Rosa chinensis* Jacq.），蔷薇科蔷薇属，别名月月花、四季花，见图2-73。

图2-73 月季花

（1）形态特征 直立灌木，高1～2m；小枝粗壮，圆柱形，近无毛，有短粗的钩状皮刺。小叶3～5，连叶柄长5～11cm，小叶片宽卵形至卵状长圆形，长2.5～6cm，先端长渐尖或渐尖，基部近圆形或宽楔形。花几朵集生，稀单生，花瓣重瓣至半重瓣，红色、粉红色至白色，倒卵形。果卵球形或梨形，红色，萼片脱落。花期4～9月，果期6～11月。

（2）生长习性 对气候、土壤要求虽不严格，但以疏松、肥沃、富含有机质、微酸性、排水良好壤土较为适宜。性喜温暖、日照充足、空气流通的环境。

（3）繁殖方法 嫁接法、播种法、分株法、扦插法、压条法均可进行繁殖。

（4）栽培管理 露地栽培选择地势较高、阳光充足、空气流通、土壤微酸性的地方；在生长季节要有充足的阳光，每天至少要有6h以上的光照；给月季花浇水是有讲究的，要做到见干见湿，不干不浇，浇则浇透。勤施肥，及时修剪干枯的花蕾。

（5）园林用途 在园林绿化中，有着不可或缺的价值，月季在南北园林中，是使用次数最多的一种花卉。可用于园林布置花坛、花境、庭院花材，也可制作月季盆景，作切花、花篮、花束等。

## 2.6.22 海棠

海棠［*Malus spectabilis*（Ait.）*Borkh*］，蔷薇科苹果属，别名解语花，见图2-74。

（1）形态特征 乔木，高可达8m；小枝粗壮，圆柱形，幼时具短柔毛，逐渐脱落，老时红褐色或紫褐色，无毛；叶片椭圆形至长椭圆形，长5～8cm，花序近伞形，有花5～8朵，花梗长2～3cm，具柔毛；果实近球形。花期4～5月，果期8～9月。

（2）生长习性 性喜阳光，不耐阴。对严寒及干旱气候有较强的适应性，忌水湿。

图2-74 海棠

（3）繁殖方法 常用播种、分株和嫁接法繁殖。

（4）栽培管理 7月上旬把盆栽的海棠花树移到避雨的阴凉处进行降温，减少光照，控制浇水。浇水务必要徐徐减少，减至使植株叶片发黄自行脱落为止，以促使其休眠。

（5）园林用途 在皇家园林中常与玉兰、牡丹、桂花相配植，取“玉棠富贵”的意境。海棠花常植入行道两侧、亭台周围、丛林边缘、水滨池畔等。海棠花对二氧化硫有较强的抗性，常用于城市街道绿地和矿区绿化。

## 2.6.23 贴梗海棠

贴梗海棠（*Chaenomeles speciosa*），蔷薇科木瓜属，别名皱皮木瓜，见图2-75。

（1）形态特征 落叶灌木，高达2m，枝条直立开展，有刺；叶片卵形至椭圆形，长3～9cm，先端急尖稀圆钝，边缘具有尖锐锯齿。花先叶开放，3～5朵簇生于二年生老枝上；花梗短粗，长约3mm或近于无柄；果实球形或卵球形，果梗短或近于无梗。花期3～5月，果期9～10月。

（2）生长习性 适应性强，喜光，也耐半阴，耐寒，耐旱。对土壤要求不严，在肥沃、排水良好的黏土、壤土中均可正常生长，忌低洼和盐碱地。

图2-75 贴梗海棠

（3）繁殖方法 扦插、播种及压条均可。

（4）栽培管理 及时清除杂草，多施磷、钾肥，适时修剪。

（5）园林用途 公园、庭院、校园、广场等道路两侧可栽植皱皮木瓜树，花果繁茂，清香四溢，效果甚佳。贴梗海棠可作为独特孤植观赏树或三五成丛地点缀于园林小品或园林绿地中，也可培育成独干或多干的乔灌木作片林或庭院点缀。皱皮木瓜可制作多种造型的盆景，被称为盆景中的十八学士之一。

## 2.6.24 锦带花

锦带花（*Weigela florida*），灌木，为忍冬科锦带花属，高3m，宽3m，枝条开展，树型较圆筒状，有些树枝会弯曲到地面，小枝细弱；叶椭圆形或卵状椭圆形，缘有锯齿；花冠漏斗状钟形，玫瑰红色，裂片5。蒴果柱形；种子无翅。花期4～6月。锦带花枝叶茂密，花色艳丽，花期可长达两个多月，在园林应用上是华北地区主要的早春花灌木，见图2-76。

（1）生长习性 自然生长于海拔800～1200m的湿润沟谷、阴或半阴处，喜光，耐阴，耐寒；对土壤要求不严，能耐瘠薄土壤，但以深厚、湿润而腐殖质丰富的土壤生长最好，怕水涝。萌芽力强，生长迅速。

图2-76 锦带花

（2）繁殖方法 可采用种子繁殖、扦插和分株繁殖。

（3）栽培管理 选择排水良好的沙质壤土作为育苗地，1～2年生苗木或扦插苗可保持株距50～60cm，栽植后离地面10～15cm修剪，定植3年后苗高100cm以上时，即可用于园林绿化。

（4）园林用途 适宜于庭院墙隅、湖畔群植；也可在树丛林缘作花篱、丛植配植；或点缀于假山、坡地。

### 2.6.25 海仙花

海仙花（*Weigela coraeensis Thunb.*），为忍冬科锦带花属，别名朝鲜锦带、花关门，见图2-77。

（1）形态特征　多年生草本，无香气，不被粉。根茎极短，向下发出一丛粗长的支根。叶丛冬季不枯萎，叶片倒卵状椭圆形至倒披针形。花葶直立，高20～45cm，果时长可达60cm，具伞形花序2～6轮，每轮具3～10花；花冠深红色或紫红色，冠筒口周围黄色。花期5～7月，果期9～10月。

图2-77　海仙花

（2）生长习性　喜光也耐阴，耐寒，适应性强，对土壤要求不严，能耐瘠薄。

（3）繁殖方法　扦插、播种、压条及分株法均可。

（4）栽培管理　在深厚湿润、富含腐殖质的土壤中生长最好，要求排水性能良好，忌水涝。生长迅速强健，萌芽力强。病虫害很少。

（5）园林用途　花期可达数月，是很好的庭院观花树种。

## 2.7 藤本花卉生产技术

### 2.7.1 牵牛花

牵牛花［*Ipomoea nil*（L.）*Roth*］，旋花科牵牛属，别名喇叭花、大牵牛花，见图2-78。

（1）形态特征　一年生缠绕草本，茎上被倒向的短柔毛及杂有倒向或开展的长硬毛。叶宽卵形或近圆形，长4～15cm，宽4.5～14cm，叶面或疏或密被微硬的柔毛。花腋生，单一或通常2朵着生于花序梗顶，花冠漏斗状，蓝紫色或紫红色，花冠管色淡。蒴果近球形，3瓣裂。种子卵状三棱形。

图2-78　牵牛花

（2）生长习性　生性强健，喜气候温和、光照充足、通风适度，对土壤适应性强，较耐干旱盐碱，不怕高温酷暑，属深根性植物，地栽土壤宜深厚。

（3）繁殖方法　种子繁殖，发芽适温20～25℃，在春、夏季播种盆土，播种后，用25℃左右的温水浇透盆土，并盖玻璃板或套上塑料袋，置于温暖向阳的地方。

（4）栽培管理　选择排水良好的培养土，植于充分日照和通风良好的环境，生育期盆土表面略干时需灌水，半个月施稀液肥一次，氮肥不宜太多，以免茎叶过于茂盛。盆栽需设支柱撑着。

（5）园林用途　为夏秋季常见的蔓性草花，可用于小庭院及居室窗前遮阴、小型棚架、篱垣的美化，也可作地被栽植。

## 2.7.2 茑萝

茑萝［*Quamolit pennata*（De sr.）*Bojer*］，旋花科茑萝属，别名密萝松、五角星花、狮子草，见图2-79。

图2-79　茑萝

（1）形态特征　一年生柔弱缠绕草本，无毛。叶卵形或长圆形，长2～10cm，单叶互生，叶的裂片细长如丝，羽状深裂至中脉，裂片先端锐尖，基部常具假托叶。花序腋生，由少数花组成聚伞花序；花冠高脚碟状，长约2.5cm以上，深红色或白色，无毛，5浅裂。蒴果卵形，长7～8mm。种子4，卵状长圆形，黑褐色。花期从7月上旬至9月下旬，每天开放一批，晨开午后即蔫。

茑萝有三个栽培品种：圆叶茑萝、裂叶茑萝、掌叶茑萝等。

（2）生长习性　喜光和温暖湿润环境，生长于海拔0～2500m的地区，不耐寒，抗逆力强，盆栽须立支架，供其缠绕。

（3）繁殖方法　种子繁殖，4月初播种，播后应注意遮阴，保持苗床湿润，大约一周后即可出苗。

（4）栽培管理　管理粗放，适当注意防止积水，适当疏蔓疏叶即可。

（5）园林用途　可用作篱垣、棚架绿化材料，还可作地被植物，不设支架，随其爬覆地面，此外，还可进行盆栽观赏，搭架攀援，整成各种形状。

## 2.7.3 紫藤

紫藤（*Wisteria sinensis*），豆科紫藤属，别名藤萝、朱藤、黄环，见图2-80。

（1）形态特征　落叶藤本。茎右旋，枝较粗壮，嫩枝被白色柔毛，后秃净；冬芽卵形。奇数羽状复叶长15～25cm；小叶3～6对，纸质，卵状椭圆形至卵状披针形。总状花序发自种植一年短枝的腋芽或顶芽，长15～30cm，径8～10cm；苞片披针形，早落；花长2～2.5cm，芳香；花冠紫色，旗瓣圆形，先端略凹陷，花开后反折；荚果倒披针形；种子褐色，具光泽，圆形。花期4月中旬至5月上旬，果期8～9月。

图2-80　紫藤

常见的品种有多花紫藤、银藤、红玉藤、白玉藤等。

（2）生长习性　为暖带及温带植物，对气

候和土壤的适应性强，较耐寒，能耐水湿及瘠薄土壤，喜光，较耐阴。以土层深厚、排水良好、向阳避风的地方栽培最适宜。喜光，但避免强光直射。

（3）繁殖方法　可用播种、扦插、压条、分株、嫁接等方法，主要用播种、扦插法，但因实生苗培养所需时间长，所以应用最多的是扦插。

（4）栽培管理　栽植地应选择土层深厚、土壤肥沃且排水良好的高燥处，过度潮湿易烂根。合理修剪，对当年生的新枝进行回缩，剪去1/3～1/2，并将细弱枝、枯枝齐分枝基部剪除。

（5）园林用途　紫藤中国自古即栽培作庭园棚架植物，先叶开花，紫穗垂缀以稀疏嫩叶，十分优美，是优良的观花藤木植物，应用于园林棚架，春季紫花烂漫，别有情趣，适栽于湖畔、池边、假山、石坊等处，具独特风格，盆景也常用。

## 2.7.4 金银花

金银花（*Lonicera japonica*），忍冬科忍冬属，别名金银藤、鸳鸯藤、二花香蕉花，见图2-81。

（1）形态特征　金银花属多年生半常绿缠绕及匍匐茎的灌木。小枝细长，中空，藤为褐色至赤褐色。卵形叶子对生，枝叶均密生柔毛和腺毛。夏季开花，苞片叶状，唇形花有淡香，外面有柔毛和腺毛，雄蕊和花柱均伸出花冠，花成对生于叶腋，花色初为白色，渐变为黄色，黄白相映，球形浆果，熟时黑色。种子卵圆形或椭圆形，褐色，长约3mm，花期4～6月（秋季亦常开花），果熟期10～11月。

（2）生长习性　适应性很强，喜阳、耐阴，耐寒性强，也耐干旱和水湿，对土壤要求不严，但以湿润、肥沃的深厚沙质壤土生长最佳。

（3）繁殖方法　可用播种、插条和分根等方法繁殖。种子繁殖一般于4月播种，将种子在35～40℃温水中浸泡24h，取出拦2～3倍湿沙催芽，等裂口达30%左右时播种。扦插繁殖一般在雨季进行，扦插的枝条开根之前应注意遮阴，避免阳光直晒造成枝条干枯。

图2-81　金银花

（4）栽培管理　为通风透光，秋季落叶后到春季发芽前要进行整形修剪；栽植后的头1～2年内，是金银花植株发育定型期，多施一些人畜粪、草木灰、尿素、硫酸钾等肥料。栽植2～3年后，每年春初，应多施畜杂肥、厩肥、饼肥、过磷酸钙等肥料。

（5）园林用途　金银花由于匍匐生长能力比攀援生长能力强，故更适合于在林下、林缘、建筑物北侧等处做地被栽培；还可以做绿化矮墙；亦可以利用其缠绕能力制作花廊、花架、花栏、花柱以及缠绕假山石等。

## 2.7.5 铁线莲

铁线莲（*Clematis florida* Thunb.），毛茛科 铁线莲属，别名铁线牡丹、番莲、金包银、山木通，见图2-82。

（1）形态特征　草质藤本，长1～2m。茎棕色或紫红色，具六条纵纹，节部膨大，被稀疏短柔毛，二回三出复叶，叶片狭卵形至披针形。花单生于叶腋，苞片宽卵圆形或卵状三角形，瘦果倒卵形，扁平，膨大的柱头2裂。花期1～2月，果期3～4月。

（2）生长习性 喜肥沃、排水良好的碱性壤土，忌积水或夏季干旱而不能保水的土壤。耐寒性强，可耐－20℃低温。有红蜘蛛或食叶性害虫危害时需加强通风。

（3）繁殖方法 可用播种、压条、嫁接、分株或扦插等方法繁殖。

（4）栽培管理 生长的最适温度为夜间15～17℃，白天21～25℃；需要每天6h以上的直接光照；对水分非常敏感，不能够过干或过湿，特别是夏季高温时期，基质不能太湿；不同生长期适时施肥；修枝一般一年1次，去掉一些过密或瘦弱的枝条，并使新生枝条能向各个方向伸展。

图2-82 铁线莲

（5）园林用途 廊架绿亭式，应用于花架、棚架、廊、灯柱、栅栏、拱门等配置构成园林绿化独立的景观，既能满足游人的观赏，又能够乘凉，既增加了绿化量，又改善了环境条件。

### 2.7.6 凌霄

凌霄（*Campsis grandiflora*），紫葳科凌霄属，别名紫葳、五爪龙、倒挂金钟，见图2-83。

（1）形态特征 攀援藤本；茎木质，以气生根攀附于它物之上。叶对生，为奇数羽状复叶；小叶7～9枚，卵形至卵状披针形，顶生疏散的短圆锥花序，花序轴长15～20cm。花萼钟状，花冠内面鲜红色，外面橙黄色，蒴果顶端钝。花期5～8月。

（2）生长习性 喜充足阳光，也耐半阴。适应性较强，耐寒、耐旱、耐瘠薄、耐盐碱，病虫害较少，但不适宜在暴晒或无阳光下。以排水良好、疏松的中性土壤为宜，忌酸性土。

（3）繁殖方法 扦插、压条繁殖，也可分株或播种繁殖。扦插多选带气生根的硬枝春插，夏季压条。分株多用根蘖，播种繁殖的幼苗应行遮阴，每年需要冬剪，疏除过干枯枝。花前追肥水，可促其叶茂花繁。

（4）栽培管理 早期管理要注意浇水，后期管理可粗放些。植株长到一定程度，要设立支杆。每年发芽前可进行适当疏剪，去掉枯枝和过密枝，使树形合理，利于生长。开花之前施一些复合肥、堆肥，并进行适当灌溉，使植株生长旺盛、开花茂密。

图2-83 凌霄

（5）园林用途 是庭园棚架、花门的良好绿化材料，并常应用于攀援墙垣、枯树、石壁，点缀于假山间隙，繁花艳彩，更觉动人，经修剪、整枝等栽培措施，可成灌木状栽培观赏。

## 思考题

1. 花卉播种前，种子的消毒有哪些方法？
2. 催芽的目的是什么？常用的催芽方法有哪些？
3. 播种期的确定有哪些要求？
4. 花卉的修剪整形包括哪些内容？
5. 简述露地球根花卉的生产技术（至少举例三种）。
6. 简述藤本花卉的生产技术（至少举例两种）。

# 3 盆栽花卉生产技术

盆栽花卉是花卉生产的重要组成部分。盆花具有移动灵活、管理方便等特点，适合于庭院美化、居室观赏以及重大节日庆典、重要场合装饰摆放。

## 3.1 繁殖技术

### 3.1.1 扦插育苗

扦插繁殖是以植物营养器官的一部分（如根、茎、叶等），在一定的条件下插入土、沙或其他基质中，利用植物的再生能力，使这部分营养器官在脱离母体的情况下长出所缺少的其他部分，成为一个完整的新植株。这种繁殖方法称为扦插繁殖，所得苗木为扦插苗。

#### 3.1.1.1 扦插育苗方法

（1）*枝插* 用植物的茎、枝作插穗扦插，是生产中应用最广的方法。枝插又分为硬枝扦插和嫩枝扦插。

① 硬枝扦插。硬枝扦插采用一、二年生已经完全木质化的健壮枝条作插穗，适用于落叶木本花卉的繁殖。一般北方地区宜秋季采穗贮藏后春插，而南方宜秋插。

剪穗：插穗一般在秋季落叶后，或在早春树液流动前剪取。选取的枝条要粗壮、无病害，剪取靠近主茎的1～2年生枝条作插穗，如不立即扦插，应贮藏过冬，一般是将剪取的枝条捆成束，贮藏于室内或地窖的湿沙中，保持0～5℃。也可在露天挖沟和坑埋藏，深度以超过冻土层为宜。冬天截取的枝条可贮藏在雪中或地窖中，到扦插时取出剪截成插穗。插穗一般剪成10～20cm长，北方干旱地区可稍长，南方湿润地区可稍短。上剪口应在离顶芽0.5～1cm处平剪，下切口靠节部，剪成平口或斜口，每穗留2～3个芽。下切口是平口时，生根慢但生根多，根分布均匀；斜口虽与基质接触面大，吸水多，利于成活，但是生根多在斜口先端，易形成偏根。剪插穗时，切口要求平滑不能撕裂（图3-1）。

扦插：扦插前应将贮藏的插穗进行剪截、浸水、催根处理。硬枝扦插通常可分为3种，即长枝扦插、短枝扦插、单芽枝扦插。

长枝扦插一般插穗超过4节，长度大于20cm。根据插穗长短、粗细、硬度和生根难易选择扦插方式。细长柔软的插穗和生根困难的花木，可采取圈枝平放的扦插方式，粗壮、硬度大的插穗可采取斜插，比圈枝扦插省工、省地，便于大量生产大苗（图3-2）。

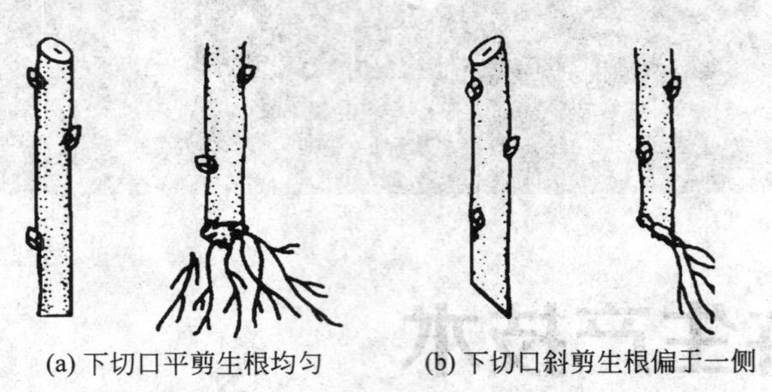
(a) 下切口平剪生根均匀　(b) 下切口斜剪生根偏于一侧

**图3-1　插条下切口与生根的关系**

(a) 圈枝扦插　(b) 斜插

**图3-2　长枝扦插**

短枝扦插插穗为2～3节，长10～20cm。直插或斜插，基质面上仅留一芽露出。在干旱地区扦插后还应覆盖，以保持芽位湿度。这种方式适用广泛，便于大面积生产，是园林花卉及花木生产中最有效的扦插方法（图3-3）。

单芽枝扦插插穗为1节1芽，长度5～10cm，适于一些珍贵品种或材料来源少的品种。单芽枝扦插对插穗质量和扦插技术要求高，最好在保护地内采用营养钵或育苗盘扦插。如果直接在露地扦插，要求扦插后覆盖稻草或河沙，经常注意保湿。待生根萌芽后，撤去覆盖物（图3-4）。

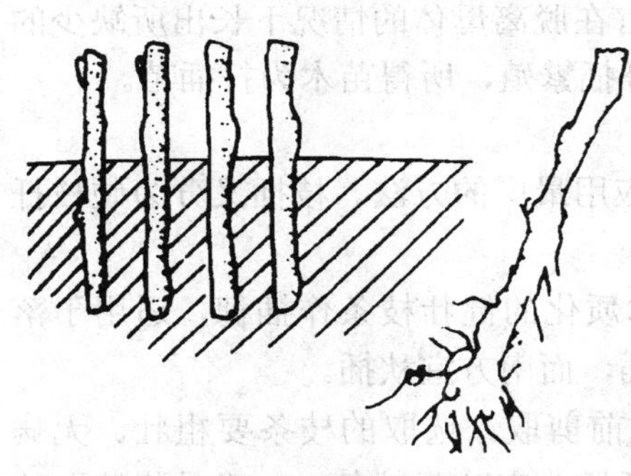
**图3-3　短枝扦插**

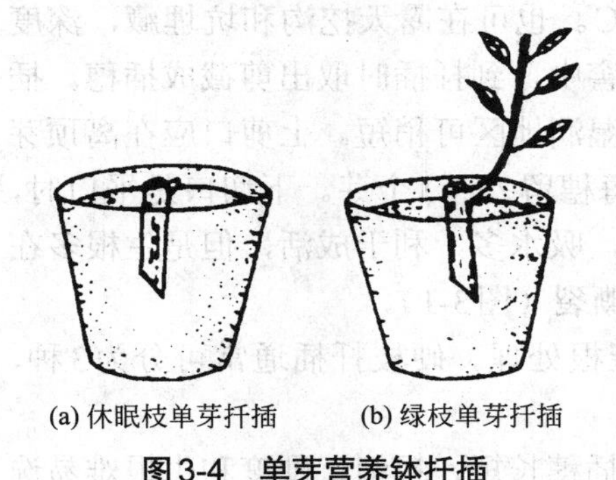
(a) 休眠枝单芽扦插　(b) 绿枝单芽扦插

**图3-4　单芽营养钵扦插**

② 嫩（软）枝扦插。选生长健壮的母株，采用当年生的未木质化或半木质化枝条作插穗。大部分一、二年生草本花卉和一些花灌木可用软枝扦插繁殖，如天竺葵、菊花和彩叶草等。对茎叶含汁液较多的植物，像凤梨、天竺葵、仙人掌等，插穗剪下晾数小时后再扦插，可防止茎腐烂。软枝扦插在温室内周年均可进行，露地扦插在有遮阳设备时，于夏、秋植物生长旺盛期也可进行。在环境条件适宜时，软枝很快能发根，半个月至一个月即可成苗，且成活率高，运用广泛。

a. 剪穗：选取健壮枝梢，一般剪成3～10cm长，通常在节下剪断，因为在节上也能发根。软枝扦插大多带叶，一般保留1～2片整叶，有的也可将叶片剪成半叶，如桂花、茶花、菊花的扦插，有些较大叶片可卷成筒状，以减少蒸腾，如橡皮树扦插。为了获得大量合适的嫩枝插穗，可对母株进行摘心、截短或摘去花蕾等促使其多发新梢。盆栽花灌木，可在秋季或早春放入温度较高的温室中，促使抽枝以采穗。

b.扦插：扦插基质以疏松的蛭石、珍珠岩或沙等为主。扦插时应先开沟，把插穗按一定的株行距摆放到沟内，或者放到预先打好的孔内，然后覆盖基质。不同种类插穗株行距不同，一般以叶片相互不重叠为宜。插入基质深度为插穗长的1/3 ～ 1/2，每个插穗上保留2 ～ 4个腋芽和2 ～ 3片叶，长度5 ～ 10cm，较长的插穗可斜插。插穗的下端切口应在节下剪取，剪成马耳形或平面。嫩枝扦插在温室内全年均可进行，应随采随插，宜在清晨或黄昏剪取插穗，这样含水分较多，且温湿度适宜，成活率较高。扦插完毕浇一次透水。扦插初期应控制较高湿度，减少蒸发，必要时需遮阳（图3-5）。

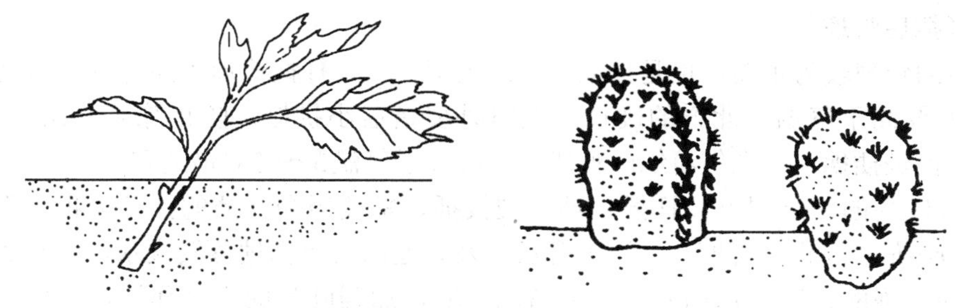

**图3-5 软枝扦插**

（2）**叶插** 用于能从叶上发生不定芽及不定根的花卉。这类花卉大都具有粗壮的叶柄、叶脉或肥厚的叶片。叶插是割取花卉的整个叶片或部分叶片在温室内进行扦插，以控制其温度和湿度，利于成活。方法有平置法、直插法、片叶插等。

① 平置法。先将叶柄切去，把叶片平铺在沙土上用竹针固定。适用于落地生根、秋海棠等。

② 直插法。将叶柄插入沙土中，不定芽从叶柄的基部产生。适用于大岩桐、非洲紫罗兰等。

③ 片叶插。将1片叶剪成几块，每块长5 ～ 10cm，分别插于沙土中，使其形成不定芽。新芽生长到一定高度后，基部将生长细根，上部长出新叶，形成新的植株。适用于蟆叶秋海棠、虎尾兰等。

（3）**根插** 利用根较肥厚花卉的根部作插穗进行繁殖。选择较粗大或为肉质根的花卉，将根剪成长5 ～ 10cm的段，垂直或水平埋入沙土中。垂直插入深度为插穗长度的1/3，水平插入时覆盖土层为根枝直径的2 ～ 3倍。此法于早春和秋季进行。春插的插穗要在前一年秋季采集，并进行冬贮，方法同硬枝扦插。适于根插的有芍药、牡丹、凌霄等（图3-6）。

（4）**叶芽插** 适用于叶上不宜长出不定芽的花卉种类。插穗为一节附一叶，并稍带木质部或带1 ～ 2cm的枝段。扦插时将枝段平埋于土中，叶片露出土面。从叶柄基部产生不定根，而叶芽可萌发形成完整植株。叶芽插的基质以沙或沙和珍珠岩混合较好。常见可用叶芽插的种类有山茶、杜鹃、桂花、橡皮树、栀子、柑橘类、菊花、大丽花、龟背竹和喜林芋等（图3-7）。

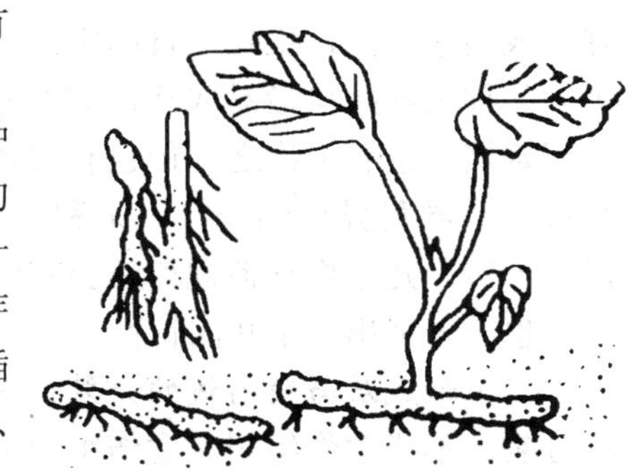

**图3-6 根插**

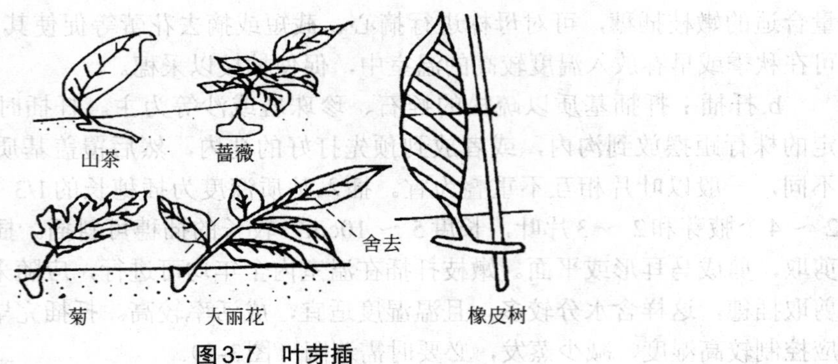


图3-7 叶芽插

### 3.1.1.2 扦插后管理

扦插后的管理较为重要，也是扦插成活的关键之一。扦插管理需注意以下问题。

① 土温要高于气温。北方的硬枝插在室外要搭盖小拱棚，防止冻害；调节土壤墒情，提高地温，促进插穗基部愈伤组织的形成，土温高于气温3～5℃最适宜。

② 保持较高的空气湿度。扦插初期，硬枝插、嫩枝插和叶插的插穗无根，靠自身平衡水分，需90%左右的相对湿度。气温上升后，及时遮阳防止插穗蒸发失水，影响成活。

③ 由弱到强的光照。扦插后，逐渐增加光照，加强叶片的光合作用，尽快产生愈伤组织而生根。

④ 及时通风透气。随着根的发生，应及时通风透气，以增加根部的氧气，促使生根快、生根多。

## 3.1.2 嫁接育苗

嫁接也称为接木，是指人们有目的地利用两种不同植物结合在一起的能力，将一种植物的枝或芽接到另一种植物的茎或根上，使之愈合生长在一起，形成一个独立的新个体。供嫁接用的枝或芽叫接穗或接芽，而承受接穗的植株叫砧木。以枝条作为接穗的称为“枝接”，以芽为接穗的称为“芽接”。用嫁接方法繁殖所得的苗木称为“嫁接苗”。嫁接苗和其他营养繁殖苗所不同的特点是借助了另一种植物的根，因此嫁接苗称为“它根苗”。

### 3.1.2.1 嫁接育苗影响因素

（1）*嫁接亲和力* 嫁接亲和力指砧木和接穗经嫁接能愈合并正常生长的能力。具体来讲，指砧木和接穗内部组织结构、遗传和生理特性的相似性，通过嫁接能够成活以及成活后生理上的相互适应。嫁接能否成功，亲和力是其最基本的条件，亲和力越强，嫁接愈合性越好，成活率越高，生长发育越正常。亲缘关系近的，嫁接亲和力强，反之则弱。所以同种内不同品种之间嫁接最易成活，如毛鹃接西鹃、不同品种的月季之间嫁接等均易成活；同属异种间嫁接，亲和力次之，但也有较多嫁接成功的实例，如杏接梅花、紫玉兰接白玉兰等均较易成活；同科异属间嫁接，亲和力小，成活较困难；不同科之间亲和力极弱，一般很难成活。当然，几乎像任何规律都会有例外一样，有些亲缘关系很近的植物，由于种种原因的影响，也会表现出不亲和的特性。

（2）*形成层与髓射线的分裂作用* 嫁接后，砧木与接穗伤口处的形成层与髓射线细胞大量分裂，形成愈伤组织。愈伤组织形成的快慢与嫁接成活关系密切。一般草本花卉的茎内有很多组织能进行细胞分裂，愈伤组织能快速形成，又易于组织分化，故草本植物比木本植物容易嫁接。木本植物中含营养物质多、韧皮部发达的种类，其愈伤组织形成较快，成活率高。

（3）砧木和接穗的生长状况　发育健壮的接穗和砧木，贮藏积累的养分多，形成层易于分化，愈伤组织容易形成，成活率高一些。如果砧、穗一方组织不充实，发育不健壮，则直接影响嫁接的成活。砧、穗的生活力，尤其是接穗在运输、贮藏中生活力的保持是嫁接成活的关键。

（4）接穗含水量　含水量大小将直接影响嫁接成活率。在操作中，通常将接穗泡在水中，并将削好后的接穗含在口中来保持接穗含水量。

（5）嫁接绑扎材料　嫁接后，常用宽1cm、长30cm的塑料薄膜带进行绑扎，既能有效防止水分散失，还能提高嫁接部位温度，利于嫁接成活。若使用透水透气的材料绑扎，则不易成活。

（6）嫁接操作技术　在嫁接操作时，要做到“平、净、齐、紧、快”。平，就是接穗及砧木刀削面要平滑；净，就是砧木和接穗削面要干净，不能有脏东西；齐，就是要将接穗与砧木的形成层对齐；紧，就是绑扎要紧；快，指整个操作过程速度要快。

#### 3.1.2.2　嫁接育苗方法

嫁接方法很多，主要包括芽接、枝接、仙人掌类植物的嫁接三大类。

（1）芽接类　凡是用芽作接穗的嫁接方法称芽接。优点是操作方法简便，嫁接速度快，砧木和接穗的利用都经济，一年生砧木苗即可嫁接，而且容易愈合，接合牢固，成活率高，成苗快，适合于大量繁殖苗木。适宜芽接的时期长，且嫁接当时不剪断砧木，一次接不活，还可进行补接。下面介绍几种常见的芽接方法。

①“T”字形芽接。因砧木的切口很像“T”字，也叫“T”形芽接。又因削取的芽片呈盾形，故又称盾形芽接，“T”形芽接是果树育苗上应用广泛的嫁接方法，也是操作简便、速度快和嫁接成活率最高的方法。芽片长1.5～2.5cm，宽0.6cm左右；砧木直径在0.6～2.5cm之间，砧木过粗、树皮增厚反而影响成活。具体操作见图3-8。

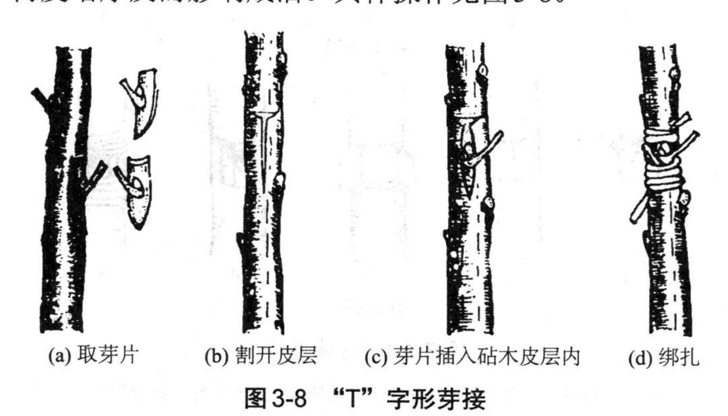

(a) 取芽片　(b) 割开皮层　(c) 芽片插入砧木皮层内　(d) 绑扎

**图3-8　“T”字形芽接**

a.削芽。左手拿接穗，右手拿嫁接刀。选接穗上的饱满芽，先在芽上方0.5cm处横切1刀，切透皮层，横切口长0.8cm左右。再在芽以下1～1.2cm处向上斜削1刀，由浅入深，深入木质部，并与芽上的横切口相交。然后用右手抠取盾形芽片。

b.开砧。在砧木距地面5～6cm处，选一光滑无分枝处横切1刀，深度以切断皮层达木质部为宜。再于横切口中间向下竖切1刀，长1～1.5cm。

c.接合。用芽接刀尖将砧木皮层挑开，把芽片插入“T”形切口内，使芽片的横切口与砧木横切口对齐嵌实。

d.绑缚。用塑料条捆扎。先在芽上方扎紧一道，再在芽下方捆紧一道，然后连缠三四下，系活扣。注意露出叶柄，露芽不露芽均可。

② 嵌芽接。对于枝梢具有棱角或沟纹的树种，如板栗、枣等，或其他植物材料砧木和接穗均不离皮时，可用嵌芽接法。用刀在接穗芽的上方0.8 ～ 1cm处向下斜切1刀，深入木质部，长约1.5cm，然后在芽下方0.5 ～ 0.6cm处斜切呈30° 角与第1刀的切口相接，取下倒盾形芽片。砧木的切口比芽片稍长，插入芽片后，应注意芽片上端必须露出1段砧木皮层，最后用塑料条绑紧，见图3-9。

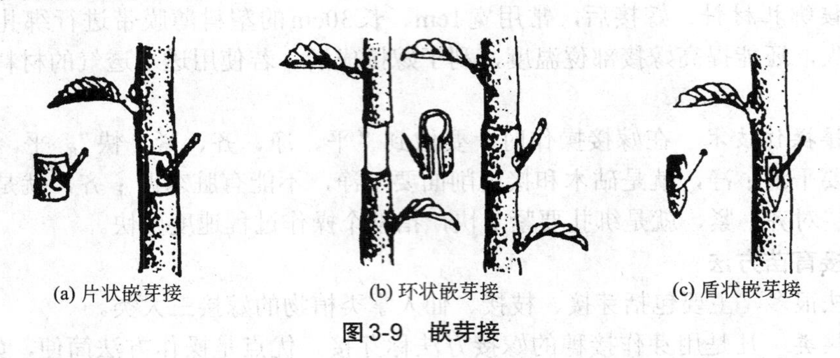


**图3-9 嵌芽接**

③ 方块芽接。接芽取方块形，砧木树皮切成“工”字形、“]”或“H”形，插入芽片绑紧即可，见图3-10。

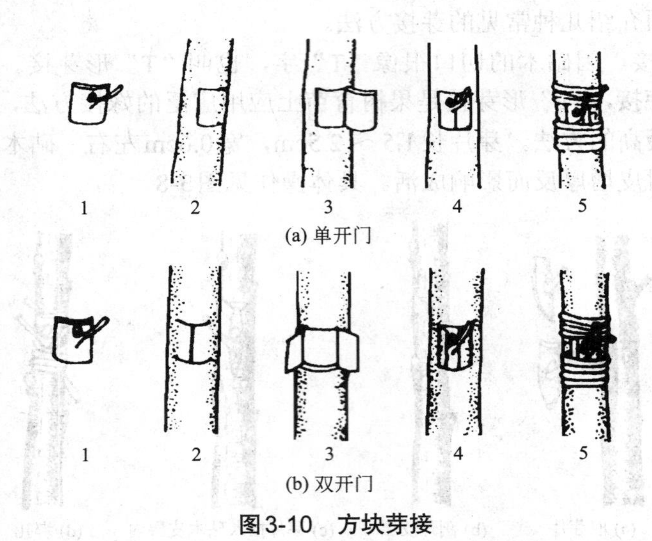


**图3-10 方块芽接**

1—取芽片；2—切砧木；3—扒开树皮；4—结合；5—绑缚

（2）枝接 把带有数芽或1芽的枝条接到砧木上称枝接。枝接的优点是成活率高，嫁接苗生长快。在砧木较粗、砧穗均不离皮的条件下多用枝接，如春季对秋季芽接未成活的砧木进行补接。根接和室内嫁接，也多采用枝接法。枝接的缺点是操作技术不如芽接容易掌握，而且用的接穗多，要求砧木有一定的粗度。常见的枝接方法有切接、劈接、靠接、插皮接、腹接和舌接等，主要介绍以下几种。

① 切接。此法适用于根径1 ～ 2cm粗砧木的嫁接，是枝接中一种常用的方法（图3-11）。

a.削接穗。接穗通常长5 ～ 8cm，以具三四个芽为宜。把接穗下部削成2个削面，1长1

短，长面在侧芽的同侧，削掉1/3以上的本质部，长3cm左右，在长面的对面削一马蹄形小斜面，长度在1cm左右。

b.砧木处理。在离地面3～4cm处剪断砧干。选砧皮厚、光滑、纹理顺的地方，把砧木切面削平，然后在木质部的边缘向下直切。切口宽度与接穗直径相等，深一般为2～3cm。

c.接合。把接穗大削面向里，插入砧木切口，使接穗与砧木的形成层对准靠齐。如果不能两边都对齐，对齐一边亦可。

d.绑缚。用塑料缠紧，要将劈缝和截口全都包严实，注意绑扎时不要碰动接穗。

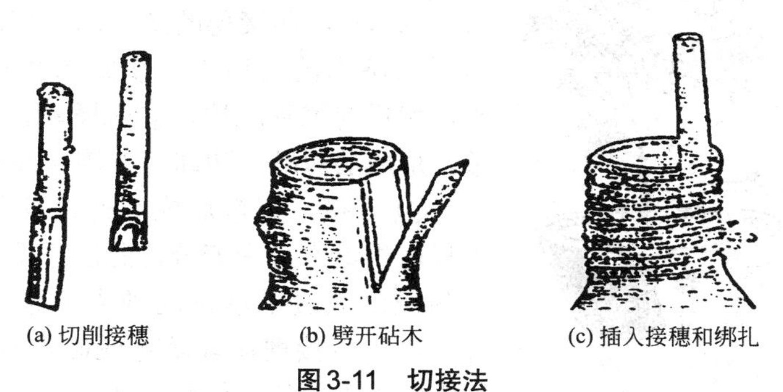

(a) 切削接穗　　(b) 劈开砧木　　(c) 插入接穗和绑扎

**图3-11　切接法**

② 劈接。是一种古老的嫁接方法，应用很广泛，对于较细的砧木也可采用，并很适合于果木高接（图3-12）。

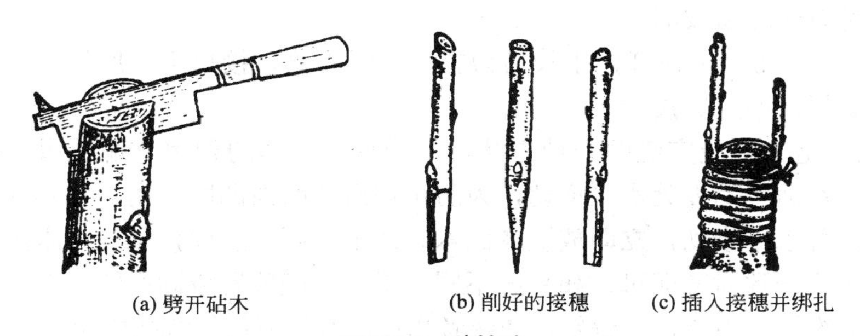

(a) 劈开砧木　　(b) 削好的接穗　　(c) 插入接穗并绑扎

**图3-12　劈接法**

a.削接穗。接穗削成楔形，有2个对称削面，长3～5cm。接穗的外侧应稍厚于内侧。如砧木过粗，夹力太大的，可以内外厚度一致或内侧稍厚，以防夹伤接合面。接穗的削面要求平直光滑，粗糙不平的削面不易紧密结合。削接穗时，应用左手握稳接穗，右手推刀斜切入接穗。推刀用力要均匀，前后一致，推刀的方向要保持与下刀的方向一致。如果用力不均匀，前后用力不一致，会使削面不平滑，而中途方向向上偏会使削面不直。一刀削不平，可再补一两刀，使削面达到要求。

b.砧木处理。将砧木在嫁接部位剪断或锯断。截口的位置很重要，要使留下的树桩表面光滑，纹理通直，至少在上下6cm内无伤疤，否则劈缝不直，木质部裂向一面。待嫁接部位选好剪断后，用劈刀在砧木中心纵劈1刀，使劈口深3～4cm。

c.接合与绑缚。用劈刀的楔部把砧木劈口撬开，将接穗轻轻地插入砧内，使接穗厚侧面在外，薄侧面在里，然后轻轻撤去劈刀。插时要特别注意使砧木形成层和接穗形成层对准。一般砧木的皮层常较接穗的皮层厚，所以接穗的外表面要比砧木的外表面稍微靠里点，这样形成层能互相对齐。也可以木质部为标准，使砧木与接穗木质部表面对齐，形成层也就对上了。插接穗时不要把削面全部插进去，要外露0.5cm左右的削面。这样接穗和砧木的形成层接触面较大，有利于分生组织的形成和愈合。较粗的砧木可以插2个接穗，一边一个，然后用塑料条绑紧即可。

③ 舌接。常用于葡萄的枝接，一般适宜砧径1cm左右并且砧穗粗细大体相同的嫁接（图3-1）。在接穗下芽背面削成约3cm长的斜面，然后在削面由下往上1/3处，顺着枝条往上劈，劈口长约1cm，呈舌状。砧木也削成3cm左右长的斜面，斜面由上向下1/3处，顺着砧木往下劈，劈口长约1cm，和接穗的斜面部位相对应。把接穗的劈口插入砧木的劈口中，使砧木和接穗的舌状交叉起来，然后对准形成层，向内插紧。如果砧穗粗度不一致，形成层对准一边即可。接合好后，进行绑缚。

图3-13 靠接法

④ 靠接。嫁接后成活前接穗并不切离母株，仍由母株供给水分和养分，此法适用于用其他方法嫁接不易成活或贵重珍奇的种类。靠接应在生长期间进行，事先将接穗盆栽培养或砧木紧贴扎紧。成活后，剪去砧木上部和接穗的下部即可，见图3-13。

（3）*仙人掌类植物的嫁接方法* 仙人掌类植物的茎肥厚多汁，嫁接的方法也不同于一般植物，常采用的嫁接方法主要有下列几种，依砧木与接穗的形态而选用，只要便于操作和固定，不管哪一种方法均易成活。

嫁接时期以5～6月植株开始生长后为宜。此时嫁接，接口不易腐烂，成活也快。夏季温湿度高时易腐烂，不宜嫁接。

① 平接法。是应用最广泛的一种方法，对球形、柱形的种类普遍适用，操作简单，易于成活。将砧木在适当高度处水平横切，为防止切后其断面凹陷，用刀将茎四周斜削，然后将接穗下部也进行水平横切，立即放置在砧木切面上，要注意使接穗与砧木维管束相接。如砧、穗维管束粗度一致对齐即可，如粗度不同，千万不能放置成同心圆，即不能将接穗的维管束放在砧木大维管束中心，应偏斜，使两者相接，嫁接后用绳绑扎固定（图3-14）。

② 劈接法。适用于接穗为扁平叶状的种类。先将砧木留适当高度横切，再通过中心或偏于一侧从上向下直切1～2cm的切口。将接穗下端两面斜削成楔形，露出维管束，长度与砧木切口相等。然后将接穗插入砧木切口，使两者维管束对齐，最后将仙人掌长刺或竹针插入，使接穗固定（图3-15）。

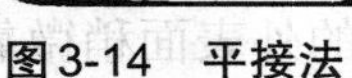

图3-14 平接法

图3-15 劈接法

1—削砧木；2—削接穗；3—结合

③ 斜接法。适用于茎细而长的柱状仙人掌类。方法与平接法相似，仅将砧木与接穗的切口削成30°～40°的斜面，既增大了砧木与接穗的愈合面，又更易于固定（图3-16）。

④ 插接法。与劈接相似的一种接法，但砧木不切开，而用窄的小刀从砧木的侧面或顶部插入，形成一嫁接口，再将削好的接穗插入接口中，用刺固定。用仙人掌属作砧木时，也可用插接法，只需将砧木短枝顶端的韧皮部削去，顶部削尖，插入接穗体的基部即可（图3-17）。

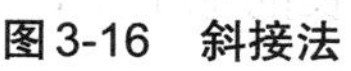

图3-16　斜接法

图3-17　插接法

### 3.1.2.3　嫁接后管理

① 各种嫁接方法嫁接后都要进行温度、空气湿度、光照、水分的正常管理，不能忽视某一方面，保证花卉嫁接的成活率。

② 嫁接后要及时检查成活程度，如果没有嫁接成活，及时补接。

③ 嫁接成活后及时松绑塑料膜带，长时期缢扎影响植株的生长发育。

④ 保证营养能集中供应给接穗，及时剥除砧木上的萌芽和接穗上的萌芽，可多次进行，根蘖由基部剪除。

## 3.1.3　分生繁殖

分生繁殖是指人为地将植物体分生出来的幼植物体或者植物营养器官的一部分与母株分离或分割，另行栽植形成独立生活的新植株的繁殖方法。分生繁殖形成的新植株能保持母株的遗传性状，繁殖方法简便，容易成活，成苗较快，但数量有限。

### 3.1.3.1　花卉分株繁殖进行的时期

落叶类花卉的分株繁殖应在休眠期进行。南方在秋季落叶后进行，此时空气湿度较大，土壤也不冻结。有些花卉入冬前还能长出一些新根，冬季枝梢也不易抽干，同时也有利于缓和春季劳动力紧张的状况。北方由于冬季严寒，并有干风侵袭，秋后分株易造成枝条受冻抽干，影响成活率，故最好在开春土壤解冻而尚未萌动前进行分株。

常绿类花卉没有明显的休眠期，但其无论在南方或北方，在冬季大多停止生长而进入休眠状态，这时树液流动缓慢，因此多在春暖旺盛生长之前进行分株，北方大多在移出温室之前或出室后立即分株。

### 3.1.3.2　分生繁殖的方法

（1）*花卉分株法的过程*　分株时间：落叶性花木在秋季落叶后进行；常绿性花木在春暖之前进行。

花卉分株法是分割从母本发生的萌蘖、吸芽、走茎、匍匐茎及根茎等小植株，分别栽植而形成独立的植株。由于这些幼株已产生较多根系，所以分栽后很容易成活。

分萌蘖：如菊花、兰花、萱草等大多数宿根花卉，植株基部可发生多数萌蘖。

分匍匐茎：如狗牙根、野牛草、结缕草等多数草坪植物，易从母株发生匍匐茎，在各节上发生幼小植株，在其下部生根，见图3-18。

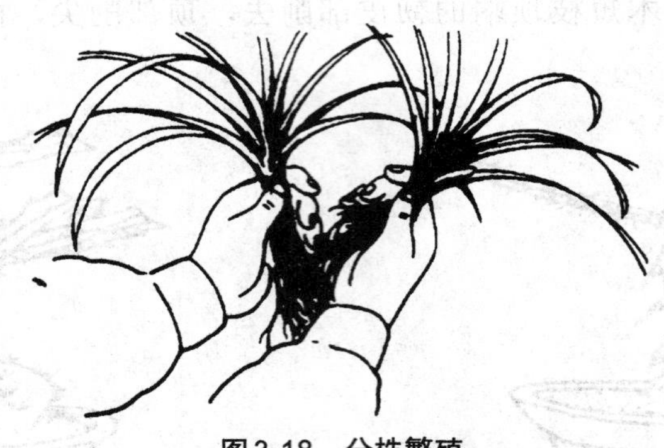

图3-18　分株繁殖

分走茎：如虎耳草、吊兰等常用走茎来繁殖，走茎为细长的地上茎，其节间特长，在节上发生幼株。

分根茎：如泽兰、紫菀等具细长根茎（地下茎），节上生根，形成幼株。

分吸芽：如芦荟、虎尾兰、石莲花、水塔花等，其肉质或半肉质的叶丛生于极短的小枝上，在其下部接近地面处抽出新根，当新根生出后，即可与母株分离栽植。

露地花木类分株前大多需将母株丛从田内挖掘出来，并多带根系，然后将整个株丛用利刀或斧头分劈成几丛，每丛都带有较多的根系。还有一些萌蘖力很强的花灌木和藤本植物，在母株的四周常萌发出许多幼小的株丛，在分株时则不必挖掘母株，只挖掘分蘖苗另栽即可。由于有些分株苗植株幼小，根系也少，因此需在花圃地内培育1年才能出园。

盆栽花卉的分株繁殖多用于多年生草花。分株前先把母株从盆内脱出，抖掉大部分泥土，找出每个萌蘖根系的延伸方向，并把团在一起的团根分离开来，尽量少伤根系。然后用刀把分蘖苗和母株连接的根茎部分割开，立即上盆栽植。文殊兰、龙舌兰等一些草木花卉，能经常从根茎部分滋生幼小的植株，这时可先挖附近的盆土，再用小刀把与母本的连接处切断，然后连同幼株将分蘖苗提出另栽。

（2）*花卉分球法的过程*　分球时间：可在挖球之后，将母株基部萌发的小球摘下，分别贮藏、分别栽植。

种植时间：春植球根在3～4月；秋植球根在9～11月；有些是随时分割，随时栽植。

大部分球根类花卉的地下部分分生能力都很强，每年都能长出一些新的球根，用它们进行繁殖，方法简便，开花也早。分球法因球根部分的植物器官不同，必须区别对待。

分球茎：如唐菖蒲、仙客来等球根类，唐菖蒲的分生能力强，开花后在老球茎干枯的同时，能分生出1～3个大球茎和几个小球茎。大球茎第二年分栽后即可开花，小球茎培育1～2年后能开花，不到0.5cm直径的仔球，可开沟条播，是大量繁殖唐菖蒲的种源。仙客来的球茎长在土壤表面，很少分生小球茎，故多采用播种繁殖。

分有皮鳞茎：如水仙、郁金香、风信子和朱顶红等都是有皮鳞茎，都是秋植球根类花卉，每年都从老球基部的茎盘部分分生出几个仔球，它们抱合在母球上，把这些仔球分别栽来培养大球，一般要经过几年时间，直径达5～7cm时才能开花。

分无皮鳞茎：百合等是无皮鳞茎，每个鳞片都相当肥大，并且抱合得很松散，繁殖时可把鳞片分剥下来，然后斜插入旧盆土内，发根后，可从老鳞片的基部长出1～3个或更多的小鳞茎，用它们再分栽繁殖，经3～4年才能开花。

分块茎：如美人蕉等，地下部分具有横生的块茎，并发生许多分枝。在分割块茎繁殖时，每根分割下来的块茎分枝都必须带有顶芽，才能长出新的植株。分栽后无论块大小，当年就能开花。

分块根：如大丽花等，地下部分是块根，它们的叶芽都着生在接近地表的根茎上，因此分割时每一部分都必须带有根茎部分。繁殖时应将整墩块根栽入土内进行催芽，然后再采脚芽来扦插繁殖（图3-19）。

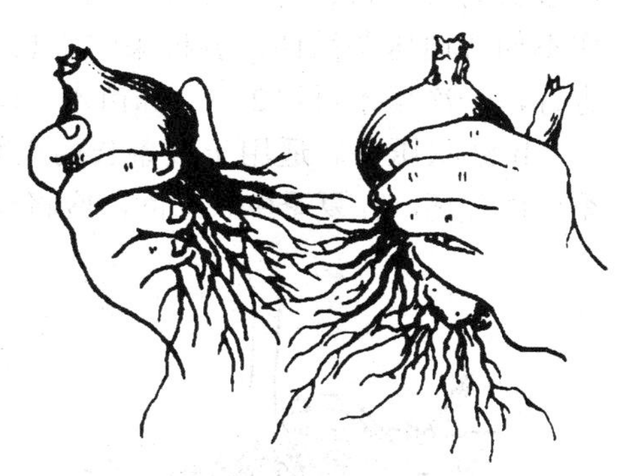

图3-19 分球繁殖

分根茎：如马蹄莲、一叶兰等的地下部分是根茎，它们大多是多年生常绿植物，根茎的茎节部分能形成侧芽，这些侧芽萌发后能长出新的叶丛。可将叶丛的地下根茎割开，把一株分成数株，连同根系上盆分栽。

### 3.1.3.3 花卉分生繁殖的管理

从生型及萌蘖类的木本花卉，分栽时穴内可施用些腐熟的肥料。通常分株繁殖上盆浇水后，先放在荫棚或温室蔽光处养护一段时间，如出现有凋萎现象，应向叶面和周围喷水来增加湿度。北京地区如秋季分栽，入冬前宜截干或短截修剪后埋土防寒保护越冬。如春季萌动前分栽，则仅适当修剪，使其正常萌发、抽枝，但花蕾最好全部剪掉，不使开花，以利于植株尽快恢复长势。

对一些宿根草本花卉以及球茎、地茎、根茎类花卉，在分栽时穴底可施用适量基肥，基肥种类以含较多磷、钾肥的为适。栽后及时浇透水、松土，保持土壤适当湿润。对秋季移栽种植的种类浇水不要过多，来年春季增加浇水次数，并追施稀薄液肥。

## 3.1.4 压条繁殖

压条繁殖法是利用生长在母株上的枝条埋入土中或用其他湿润的材料包裹，促使枝条的被压部分生根，以后再与母株割离，成为独立的新植株。

### 3.1.4.1 压条繁殖的特点

压条繁殖多用于木本花卉中的灌木类，如桂花、腊梅、迎春、金钟花、月季等。其方法是将母体部分枝条进行环状剥皮，然后覆于土中，待生根后自母体上剪下，再行种植，成为独立植株，这种方法的优点是能保存母本的优良特性，以弥补扦插、嫁接的不足之处。有些植物用剪下的枝条进行扦插或嫁接不易成活，而压条则易成活，因压条在其未发根之前不与母体分离，能获得养分的供给，所以发根成活的概率高；缺点是无法大量繁殖，仅局限于小范围进行。

### 3.1.4.2 压条繁殖的方法

（1）压条的时期和枝条的选择　压条的时期依压条方法不同而异，可分为生长期压条和休眠期压条两类。

① 生长期压条。在生长季中进行，一般在雨季进行，用当年生的枝条压条。多用于堆土压条法和空中压条法。

② 休眠期压条。在秋季落叶后或早春发芽前，利用1～2年生的成熟枝在休眠期进行的

压条属于真正压条法，多用于普通压条法。

（2）压条繁殖的方法

① 普通压条法。又称单枝压条法。为最通用的一种方法，适用于枝条离地面近且容易弯曲的树种。普通压条法又可分下列两种方法。

a.水平压条。又称为沟压、连续压或水平复压，是我国应用最早的一种压条法，适用于枝条长而且生长较易的种类。此法的优点是能在同一枝条上得到多数的新植株，其缺点是操作不如普通压条简便，各枝条的生长力往往不一致，而且易使母株趋于衰弱，通常仅在早春进行，一次压条可得2～3株苗木（图3-20）。

b.波状压条。适用于枝条长而柔软或为蔓性的种类。一般在秋冬季进行压条，于次年秋季可以分离，在夏季生长期间，应将枝梢顶端剪去，使营养向下集中，有利于生根（图3-20）。

(a) 普通压条法　(b) 水平压条法　(c) 波状压条法

**图3-20　普通压条法**

② 堆土压条法。多用于枝条不易弯曲、丛生性强、根部发生萌蘖多的花木，如贴梗海棠、木本绣球等。由于这些花木分枝力弱，枝条上没有明显的节，腋芽不明显，培土后可使枝条软化，促使其生根，一次可得到大量株苗。此法宜在生长旺季进行。先将枝条的下部距地面20～30cm处进行环状剥皮，然后堆土，将整个株丛的下半部分埋住。埋后应经常保持土堆湿润。到来年早春萌芽以前刨开土堆，并从新根的下面逐个剪断后移植（图3-21）。

③ 空中压条法。空中压条法是将空中枝条欲生根部位进行环状剥皮，伤口用基质包裹并保湿让其生根，再将生根枝条剪离母体的繁殖方法。

压条过程的第一步是在茎上进行环状剥皮，依种类而定，在离茎尖15～30cm以上的地方进行，环剥的宽度为1.2～2.5cm，从茎的周围移去树皮，用刀刮移去树皮后的暴露面，以完全除去韧皮部部分及形成层，以阻止上下部分再愈合。在暴露的伤口上用吲哚乙酸等处理。然后用两把稍微湿润的基质放在茎的周围包裹在环剥口上，基质可用苔藓、泥炭甚至壤土，前两者太湿可能引起茎组织的腐烂。用一块20～25cm见方的塑料薄膜小心将基质完全包住，上下两端用绳或胶布扎紧，使基质保湿。如果绑扎不紧则基质易干，需补充水分，因为生根基质需一直保持湿润。包扎完后，压条应当缚在邻近的枝条上以其作为支柱，以防被风折断。

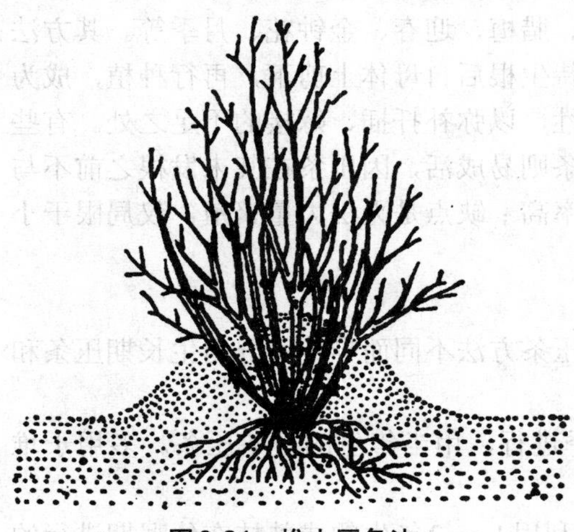

**图3-21　堆土压条法**

剪离母体移植空中压条的时间，最好是根据根的形成情况而定，可以通过透明的薄膜观察到根的生长情况。一些种类2～3个月内或更短一些时间即能生根。春季或初夏做的空中压条最好让它一直到生长缓慢或休眠时再进行移植。冬青类、丁香、杜鹃、木兰等应让其经过两个生长季节，移植时尽量保持基质完整（图3-22）。

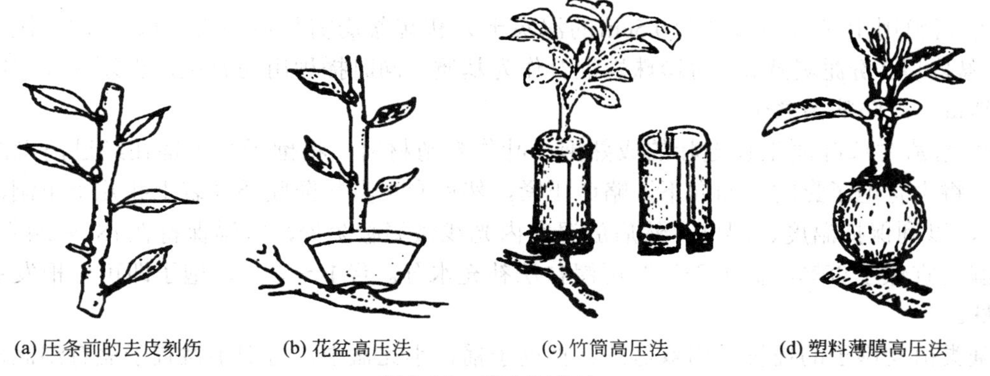
(a) 压条前的去皮刻伤　(b) 花盆高压法　(c) 竹筒高压法　(d) 塑料薄膜高压法

图3-22　空中压条法

压条由于枝条不脱离母体，因而管理比较容易，只需检查压紧与否。切离母体的时间依其生根快慢而定。有些需翌年切离，如牡丹、腊梅、桂花等；有些需当年切离，如月季等。切离之后即可分株栽植，尽量带土栽植，并注意保护新根。

压条时由于其不脱离母体，水分、养分的供应问题不大，而分离后必然会有一个转变、适应、独立的过程。所以开始分离后要先放在阴蔽的环境，切忌烈日曝晒，以后逐步增加光照。刚分离的植株也要剪去一部分枝叶，以减少蒸腾，保持水分平衡，有利其成活。移栽后应注意水分供应，空气干燥时注意叶面喷水及室内洒水，并注意保持土壤湿润。适当施肥，保证生长需要。

## 3.1.5　孢子繁殖

孢子是由蕨类植物孢子体直接产生的，它不经过两性结合，因此与种子的形成有本质的不同。

### 3.1.5.1　成熟孢子的选择

孢子是由蕨类植物的孢子体直接产生的，它不经过两性结合，因此与种子的形成有本质的不同。

在苔藓上，其孢子囊则是长在细茎上，并如蕨类植物一般会产生有性孢子。此孢子体（双倍体）的孢子囊是从卵受精后的配子体（单倍体）颈卵器长成出来的。孢子囊起初会有一些叶绿素，但之后便会转变为棕色，并改由依靠配子体提供其养分。孢子囊会从茎基部，依附着颈卵器组织的地方吸收养分。

因其发育的不同，孢子囊在维管植物中可分成厚孢子囊和薄孢子囊两种。薄孢子囊只出现在蕨类植物中，一开始只有一个细胞，并由此细胞发展成茎、壁和孢子囊内的孢子。每个薄孢子囊内有64个左右的孢子。厚孢子囊出现在所有的其他维管植物和一些原始蕨类中，一开始是一层细胞（多于一个细胞）。厚孢子囊较大（因此有较多孢子），且有多层的壁，虽然这些壁可能会伸展及损伤，导致最后只剩一层壁还残留着。

一群孢子囊可能在发展中聚合在一起，称之为聚合囊。此一结构在松叶蕨属和天星蕨属、单蕨属及合囊蕨属等合囊蕨纲中是很显著的特征。

#### 3.1.5.2 孢子繁殖的方法

孢子繁殖适用于没有两性生殖器官，叶背能产生孢子的蕨类植物。采用孢子繁殖时，应注意以下两点。

① 繁殖用土（常用直径为0.5cm的泥炭土）和花盆均需严格消毒（放高压锅中蒸1h灭菌），盆内以2份泥炭藓和1份珍珠岩混合作为基质。同时播种用的温室，也须事前密闭点燃硫黄消毒，严防病菌孳生。

② 繁殖时选叶面生长健壮的成熟孢子叶作繁殖材料。将孢子叶平铺在经过消毒的盆土表面，将生有孢子囊的一面向下，略微压紧，然后套上塑料薄膜袋（袋上扎几个小洞，以利通气），以利保持温度、湿度。然后放温室内光线微弱蔽阴处，室温保持在18～24℃之间，相对湿度宜低于90%。盆土干旱时用浸盆法补充水分。经1～2月，孢子即可生根发芽长出小植株。

蕨类植物孢子的播种常用双盆法。把孢子播在小瓦盆中，再把小盆置于盛有湿润水苔的大盆内，小瓦盆借助盆壁吸取水苔中的水分，更有利于孢子萌发。

## 3.2 生长调控

### 3.2.1 基质配制

盆栽花卉必须根据其生长需求进行人工复合配制，这种优化配制的土壤称为花卉营养土，又称培养土。

#### 3.2.1.1 基质常用的种类

一般盆栽花卉需要经常搬动，应选用疏松肥沃、容重较轻的基质为佳。培养土最主要的特点是腐殖质含量丰富，一般是由园土、堆肥土、腐叶土、草皮土、松针土、沼泽土、泥炭土、河沙、腐木屑、蛭石、珍珠岩、煤渣、园土、塘泥、陶粒等材料按一定比例配制而成的。各地在配制营养土时，本着就地取材、价格低廉、有利于植物生长的原则选用材料。

园土一般取自菜园、果园或种过豆科农作物的表层土壤，它们都具有一定的肥力和良好的团粒结构，是调制培养土的主要原料之一，但缺水时表层容易板结，湿时透气、通水性差，不能单独使用。

河沙颗粒较粗，不含杂质，通气和透水性能良好，亦是培养土的主要成分，可单独用于扦插或播种繁殖，但是河沙不具团粒结构，没有肥力，保水性能也较差。

腐叶土是植物枝叶在土壤中经过微生物分解发酵后形成的营养土。在这个由多种微生物交替活动使植物枝叶腐解的过程中，形成了肥力较充足，含腐殖质多，质地疏松，通气、排水性能良好等很多不同于自然土壤的优点，是较理想的基质材料，可用来配制培养土，也可单独使用栽培花卉，但是腐叶土中生物含量较高，呈微碱性反应，使用时应根据需要加以调整。堆积时应提供有利于发酵的条件，存贮时间不宜超过4年。

泥炭土是由许多年前沼泽地中的各种植物（大多为蕨类）死亡后经腐烂、炭化、沉积而成的草甸土，其质地松软，通气、透水及保水性能都非常好，对插条产生愈伤组织和生根极为有利，常作为培养土的成分和扦插基质，但泥炭土没有肥力。

堆肥土是用植物残落枝叶、青草、干枯植物或有机废物与园土分层堆积3年，每年翻动两次再进行堆积，经充分发酵腐熟而成。含较丰富的腐殖质和矿物质，pH=4.6～7.4；原料易得，但制备时间长。制备时需堆积疏松，保持潮湿，使用前需过筛消毒。

草皮土是由草地或牧场上层5～8cm表层土壤，经1年腐熟而成。土质疏松，营养丰富，腐殖质含量较少，pH=6.5～8，适于栽培月季、石竹、菊花等花卉。取土深度可以变化，但不易过深。

松针土是用松、柏针叶树落叶或苔藓类植物堆积腐熟，经过1年，翻动2～3次而制成。强酸性土壤，pH=3.5～4.0，腐殖质含量高，适于栽培酸性土植物，如杜鹃花。可用松林自然形成的落叶层腐熟或直接用腐殖质层。

沼泽土是取沼泽地上层10cm深土壤直接作栽培土壤或用水草腐烂而成的草炭土代用。黑色，腐殖质丰富，呈强酸性，pH=3.5～4.0，草炭土一般为微酸性。用于栽培喜酸性土花卉及针叶树等。

腐木屑是由锯末或碎木屑熟化而成。有机质含量最高，持肥、持水性好，可取自于木材加工厂的废用料。熟化期长，常加入粪尿熟化。

蛭石、珍珠岩无营养含量，保肥、保水性好，卫生洁净。应防止用过度老化的蛭石或珍珠岩。

煤烟灰通气和通水性好，不板结，并含有一定量的营养元素，用它代替河沙调制培养土时，可以减轻盆土的重量。

煤渣含矿质、通透性好、卫生洁净，多用于排水层。

塘泥取自池塘，干燥后粉碎、过筛，含有机质多，营养丰富，一般呈微碱性或中性，排水良好。有些塘泥较黏，用时常要拌沙、腐木屑、珍珠岩等。

陶粒由黏土煅烧而成。颗粒状，大小均匀；具适宜的持水量和阳离子代换量；能有效地改善土壤的通气条件；无病菌、虫卵、草籽；无养分。

#### 3.2.1.2 营养土的配制方法

首先要确定配方，由于植物生态习性不同，很难定出统一的配方，表3-1是一般花卉盆栽基质的配制比例。然后按配方准备好各种材料，将各种材料按比例混合均匀，最后视情况对基质进行消毒和调节酸碱度。若所用材料不带病菌，则可不消毒。

**表3-1 一般园林植物盆栽基质的配制比例**

| 应用范围 | 腐叶土或草炭/份 | 针叶土或兰花泥/份 | 山园土/份 | 河沙/份 | 过磷酸钙或骨粉/份 | 有机肥/份 |
|---|---|---|---|---|---|---|
| 播种或分株 | 4 | — | 6 | — | — | — |
| 草本定植或木本育苗 | 3 | — | 5.5 | — | 0.5 | 1 |
| 宿根草本或木本定植 | 3 | — | 5 | — | 0.5 | 1.5 |
| 宿根草本或木本换盆 | 2.5 | — | 5 | — | 0.5 | 2 |
| 球根及肉质类花卉 | 4 | — | 4 | 0.5 | 0.5 | 1 |
| 喜酸性土壤的花卉 | — | 4 | 4 | 0.5 | 0.5 | 1 |

在基质的用量大时，过多强调基质的肥力不实际，有些地区用山泥拌一定比例的河沙（或锯末、珍珠岩）和有机肥（如食用菌培植土、腐熟鸡粪、泥炭土等）作基质。

#### 3.2.1.3 基质消毒

消毒的方法有化学消毒、物理消毒和日光消毒三大类。

（1）化学消毒

①氯化苦药液消毒。氯化苦是一种高效的剧毒熏蒸剂，它既能杀菌，又能杀虫。消毒

时将基质一层层堆放，每层20～30cm，每堆一层每平方米均匀地撒布氯化苦50mL，最高堆3～4层，堆好后再用塑料薄膜严密覆盖。在气温20℃以上保持10d，然后揭去薄膜，并且将基质翻动多次，使氯化苦充分散尽，否则会对花卉造成危害。

② 福尔马林液消毒。在基质上喷、拌40%的福尔马林溶液，每立方米拌入400～500mL药液，然后用塑料薄膜严密覆盖，密闭24h后揭去薄膜，待药物挥发散尽后使用。

（2）物理消毒　高温蒸气消毒，把基质放在水泥地坪上，将高温蒸气通入，再用塑料薄膜覆盖进行消毒。多数病原微生物在60℃时经30min死亡，如在80℃时只需10min就死亡，故一般基质在95～100℃下消毒10min即可完成。

（3）日光消毒　将基质摊晒在烈日下，利用太阳的热量将病原微生物杀死。

### 3.2.2 上盆、换盆与翻盆

#### 3.2.2.1 上盆

盆栽花卉上盆时，注意将苗放于盆中央，填培养土于苗根的周围，将盆提起在地上敦实。

#### 3.2.2.2 换盆与翻盆

（1）换盆　就是把盆栽的花卉换到另一盆中去的过程。换盆有两种情况：其一是随着幼苗的生长，根群在盆内土壤中已无再伸长的余地，因而生长受到限制，一部分根系常从排水孔中穿出，因此必须从小盆换到大盆中，以扩大根群的营养容积，有利于植株继续健壮生长；其二是已经充分成长的植株，经过长时间养植，原来盆中的土壤物理性质变劣，养分基本利用完毕，或者盆土为根系所充满，需要修整根系和更换新的培养土，而盆的大小不需更换。

（2）翻盆　花苗植株虽未长大，但因盆土板结、养分不足等原因，需将花苗脱出修整根系，重换培养土，增施基肥，再栽回原盆，这个过程称为翻盆。

（3）换盆与翻盆的方法　换盆之前要先进行脱盆，即把盆株从原盆中取出来。较小的花盆可用左手托住盆土的中央，将花盆反扣过来，用右手的手掌磕打盆周，就可以使土团和花盆分离。较大的中型花盆只用左手常无力将整盆托住，这时可以用双手托住盆土，把花盆反翻过来，将盆沿的一侧轻轻地在地上连磕数下，即可将土团脱出。对于一些有主干的木本中型盆花，可用手握住植株主干，将它连盆提离地面，同时抬起一只脚在盆沿连蹬几下，花盆就会脱离土团而落地。大型花盆脱盆比较困难，可将盆放倒在地面滚动几圈，然后一人把住盆沿，另一人握住树干用力外拉，如此即可脱盆。

脱盆后，剥掉土球四周50%～70%的旧盆土，剪除烂根及部分老根，然后按上盆的过程进行处理。

换盆时也有不剥落原有土球，保持根系完好，放入大盆中，增加培养土，此法亦有人称之为套盆。

（4）换盆和翻盆的次数　各类花卉盆栽过程均应换盆或翻盆。一般来说，一、二年生草花生长迅速，在开花前要换盆2～3次，换盆次数较多，能使植株强健，生长充实，植株高度较低，株形紧凑，但会使花期推迟；宿根、球根花卉大都每年换盆或翻盆1次；木本花卉可1～3年换盆或翻盆1次。春秋两季适宜换盆，换盆时常结合进行分株繁殖，春季开花的宜秋季进行，秋季开花的宜春季进行。某些特殊情况如根部患病则可随时进行换盆。

（5）换盆或翻盆的时间　多在春季进行。多年生花卉和木本花卉也可在秋冬停止生长时进行；观叶植物宜在空气湿度较大的春夏间进行；观花花卉除花期不宜换盆，其他时间均可进行。生长迅速、冠幅变化较大的花卉，可以根据生长状况以及需要随时进行换盆或翻盆。

（6）换盆时要注意两个问题 一是盆的大小要选择适宜，按植株生长发育速度逐渐换到大盆中去；二是根据花卉种类来确定换盆的时间和次数，过早或过迟换盆对生长发育都不利。

## 3.2.3 倒盆与转盆

### 3.2.3.1 倒盆

由于各种原因调换盆花在栽培地摆放位置的工作，称为倒盆。由于盆花在温室中放置的位置不同，光照、温度、湿度、通风等都会有所差异，使生产的盆花规格大小有较大差异，为了使盆花产品生长均匀一致，就要经常倒盆，将生长旺盛的植株移到环境条件较差的地方，而将生长发育较差的盆花移到环境条件较好的地方，调整其生长。除以上两种原因外，还要根据盆花在不同生长发育阶段对温度、光照、水分的不同要求进行倒盆。

### 3.2.3.2 转盆

在单屋面和不等屋面温室中，光线一般都是从南侧射入，盆花放置一段时间后，由于植株的趋光性，会使植株朝向光线一侧生长，造成盆花倾斜。为防止植株偏向一方生长，破坏匀称圆整的株形，应每隔一段时间就转一次花盆的搁置方向，使植株均匀地生长。

## 3.2.4 盆花水肥调控

由于盆土的局限性，盆栽花卉比地栽花卉更容易干旱，植株更容易缺水，因此浇水是盆栽花卉很重要的一项经常性工作，有时天天需要浇水。最容易满足的水分条件却是最需精心控制的，需认真学习、观察和实践，“浇水学三年”千真万确。

### 3.2.4.1 科学浇水

浇水是养花中一项重要性的管理工作，浇水是否科学，是养花成功的关键所在。要做到科学浇水，首先要了解所养花卉的原产地，原产地不同，生态习性就不同，有的喜湿润，有的耐干旱，因此浇水次数及浇水量都不同。其次，要掌握水的质量、温度和浇水量，现介绍如下。

（1）选用优质水 水按照含盐类的状况分为硬水和软水。硬水中含有钙、镁、钠、钾等盐类，用它来浇花，常使花卉叶面产生褐斑，影响花卉观赏价值。因此，浇花用水以含盐类少的软水为好。在软水中又以雨水（或雪水）较为理想。如果能长期使用雨水浇花，则有利于提高花卉的观赏价值。例如常用雨水浇灌喜酸性土的山茶、杜鹃、含笑等花卉，不仅生长加快，植株健壮，花叶繁茂，还可延长花卉的栽培年限。为此，雨季应多设法贮存些雨水备用。我国北方寒冷地区，冬季如能用雪水浇花效果也较好，但应注意需将冰雪融化后搁置到水温接近室温的时候才可使用，否则花卉容易遭受冻害。没有雨水和雪水的季节，可用水性温和的河水、湖水或池塘水。城市自来水中含氯较多，水温偏低，不宜用来直接浇花，需先贮存1～2天，使氯气挥发后再用。另外，养鱼缸中换下来的废水和经过发酵的淘米水均含有一定养分，用来浇花是很有益的。但要切记浇花不能使用含有肥皂或洗衣粉的洗衣水，更不能使用含有油污的涮锅（碗）水，因油渍土壤，使水分分离，影响养分吸收，对花卉生长十分不利。

（2）注意水的温度 不论是炎热的夏季，还是冰冷的冬季，浇花用水的温度都需要注意，如果水温与土温相差在10℃以上，就很容易损害花卉的根系，影响水分的吸收，导致花卉生长不良。炎夏中午前后叶面温度可高达40℃左右或更高，若在此时浇冷水，由于土温突然降低，根毛受到低温的刺激，就会立即阻碍水分的正常吸收，使植株产生生理干旱现象，这种现象在一些草花（茑萝、翠菊等）中尤为明显。严冬季节，傍晚用冷水浇喜高温的花卉，容易出现寒害。因此，冬、夏季节浇花用水均需先放容器内晾晒1天，待水温接近气温时再用来浇水较为稳妥。一些地区没有自来水，使用井水、泉水等地下水也应注意不宜用来直接浇花，而应先晒置后再用，因为这类水的水温与气温相差较大，同时又缺少生物活性物质，经过晾晒，既可以提高水温，又可增加活性物质，有利于花卉生长。

（3）掌握好浇水量　盆花浇水量是否能做到适时、适量，是养花成败的关键。应根据花卉品种、植株大小、生长发育时期、气候、土壤条件、花盆大小、放置地点等各个方面进行综合判断，确定浇水的时间、次数及浇水量。在通常情况下，湿生花卉应多浇水；旱生花卉应少浇水；球根类花卉浇水不能过多；草本花卉含水量大，蒸腾强度也大，浇水量比木本花卉要多；叶片大、柔软、光滑无毛的花卉多浇；叶片小、有蜡质层、茸毛、革质的花卉少浇；生长旺盛期多浇，休眠期少浇；苗大盆小的多浇，苗小盆大的少浇；天热多浇，天冷少浇；旱天多浇，阴天少浇等。对于一般花卉来讲，一年四季的供水量是：每年开春后气温逐渐升高，花卉进入生长旺期，浇水量应逐渐加多，早春浇水宜在午前进行。夏季气温高，花卉生长旺盛，蒸腾作用强，浇水量应充足，夏季浇水宜在晨夕进行。立秋后气温渐低，花卉生长缓慢，应适当少浇水。冬季气温低，许多花卉进入休眠或半休眠期，要控制浇水，盆土不太干就不要浇水，以免因浇水过多而烂根、落叶。冬季浇水宜在午后13～14时进行。

（4）浇水方式

① 浇水。用喷壶或水管放水淋浇，将盆土浇透。在盆花养护阶段，凡盆土变干的盆花，都应全面浇水。水量以浇后能很快渗完为准，既不能积水，也不能浇半截水，掌握“见干见湿”的浇水原则。

② 喷水。用喷壶、胶管或喷雾设备向植株和叶片喷水的方式。喷水不但供给植株吸收的水分，而且能起到提高空气湿度和冲洗灰尘的作用。一些生长缓慢的花卉，在荫棚养护阶段，盆土经常保持湿润，虽然表土变干，但下层还有一定的含水量，每天叶面喷水1～2次，不浇水。在北方养护酸性土花卉常采用这种给水方式。

③ 找水。在温室或花圃中寻找缺水的盆花进行浇水的方式称找水，如早晨浇过水后，中午10～12时检查，太干的盆花再浇水1次，可避免过长时间失水造成伤害。

④ 放水。是指结合追肥对盆花加大浇水量的方式。在傍晚施肥后，次日清晨应再浇水1次。

⑤ 勒水。连阴久雨或平时浇水量过大，应停止浇水并立即松土称勒水。对水分过多的盆花停止供水，并松盆土或脱盆散发水分，以促进土壤通气，利于根系生长。

⑥ 扣水。在翻盆换土后，不立即浇水，放在荫棚下每天喷1次水，待新梢发生后再浇水称扣水。翻盆换土时修根较重，不耐水湿的植物可采用湿土上盆，不浇水，每天只对枝叶表面喷水，有利于土壤通气，促进根系生长。有时采取扣水措施促进花芽分化，如梅花、叶子花等木本花卉。

（5）浇水经验

① 判断盆土是否缺水的方法。要正确判断盆土是否缺水，可采取如下方法。

a. 敲击法。用手指关节部位轻轻敲击花盆上、中部盆壁，如发出比较清脆的声音，表示盆土已干，需要立即浇水；若发出沉闷的浊音，表示盆土潮湿，可暂不浇水。

b. 目测法。用眼睛观察一下盆土表面颜色有无变化，如颜色变浅或呈浅灰白色时，表示盆土已干，需要浇水；若颜色变深或呈现深褐色时，表示盆土是湿润的，可暂不浇水。

c.指测法。将手指轻轻插入盆土约2cm深处摸一下土壤，感觉干燥或粗糙而坚硬时，表示盆土已干，需立即浇水；若略感潮湿，细腻松软的，表示盆土湿润，可暂不浇水。

d.捏捻法。用手指捻一下盆土，如土壤成粉末状，表示盆土已干，应立即浇水；若土壤成片状或团粒状，表示盆土潮湿，可暂不浇水。

如需要准确知道盆土干湿情况，则需要土壤湿度计，将湿度计插入土壤里即可看到刻度上出现“干燥”或“湿润”等字样，便可确切地了解盆土的干湿度。

② 浇水应掌握“见干见湿”的原则。花卉种类很多，习性各异，大体上可分为水生、湿生、中性、旱生（又可细分半耐旱、耐旱）4类。而每类花卉对水分的需要量不同，因此不同的花卉应有不同的浇水原则。换句话说，给盆花浇水要根据每类花卉的生态习性加以区别对待，才能做到科学浇水。“见干见湿”方法主要适用于目前一般家庭所养的中性花卉以及半耐旱花卉。“见干”是指浇过一次水之后等到土面发白，表层土壤干了再浇第二次水，绝不能等盆土全部干了才浇水。“见湿”是指每次浇水时都要浇透，即浇到盆底排水孔有水渗出为止，千万不要浇“半截水”（即上湿下干），因为一盆生长旺盛的花卉，其根系大多集中于盆底，浇“半截水”实际上等于没浇水。采用“见干见湿”方法浇水，既满足了中性花卉生长发育所需要的水分，又保证了根部呼吸作用所需要的氧气，有利于花卉健壮生长。

#### 3.2.4.2 合理施肥

所谓合理施肥，主要是指应根据花卉的种类和不同生育期，适时、适量地施用适合其生长发育的肥料。

（1）*要根据花卉不同生育期的需要施肥* 给盆花施肥要注意各个生育期对营养元素的不同需要，合理搭配营养供给，否则易发生营养缺乏症。苗期以施氮肥为主，辅以少量钾肥，促进幼苗迅速茁壮生长；孕蕾期需多施些磷、钾肥，以促其花多色艳。施肥注意适时、适量，若施氮肥过多，易形成徒长，影响花芽分化；施钾肥过多，会阻碍生育，影响开花结果。

（2）*要根据花卉种类施肥* 如山茶、杜鹃、栀子花等喜酸性花木，应施用酸性或生理酸性肥料，如硫酸铵、硝酸钾、过磷酸钙等，而不能施碳铵、草木灰等碱性肥料，否则易患黄花病，甚至死亡。每年需要重剪的花木，如月季等，需要加大磷、钾肥的比例，以利萌发新的枝条。开大型花的花卉，如大丽花、菊花等，在开花期间需要施适量的完全肥料，才能使所有花朵都开放，形美色艳。四季开花的花木，如茉莉、米兰等，需适当多施磷、钾、硼肥，促使花香味浓。球根花卉和肉质根花卉，如百合、唐菖蒲、君子兰等，应多施些磷、钾肥，以利球根充实。一般观叶花卉应偏重于施氮肥。观叶花卉幼苗期氮、磷、钾三者的比例以1 ∶ 1 ∶ 1较好，成株期三者的比例以2 ∶ 1 ∶ 1为宜。但观叶花卉中的花叶品种三者的比例以1 ∶ 1.2 ∶ 1.2为好。若施氮肥过多，则彩斑或花纹易消失，影响观赏效果。

（3）*要根据季节施肥* 冬季气温低，大多数花卉处于生长停滞状态，一般不施肥；春、秋季正值花卉生长旺盛期，根、茎、叶增长，花芽分化，幼果膨胀，均需要较多肥料，应多施些追肥；夏季气温高，又是多数花卉生长旺盛期，施追肥浓度宜小，次数可稍多些，炎夏季节多暂停施肥。

（4）*盆栽花卉施肥时应注意的问题* 一般应采取“薄肥勤施”的原则，同时一定要施充分腐熟的液肥，切忌施浓肥和未腐熟肥料。若施液肥浓度过大，容易造成花卉枝叶枯黄，甚至整株死亡，因此，盆花施化肥时浓度不可过高，一般以0.1%左右的浓度为宜。施用沤制的液肥时也必须稀释若干倍后再用。一些花卉爱好者把臭鸡蛋或鸡、鸭、鱼的内脏及肉皮等埋入盆土中，以为这样可以增加养分，使花卉花繁叶茂，结果事与愿违，反而伤害了花。这是因为花卉生长是依靠吸收土壤中经过发酵溶解于水中的氮、磷、钾等营养元素，而上述腐败食物未经发酵即直接埋入盆内，遇到土壤水分发酵产生高温，会直接烫伤花卉根系，同时未腐熟肥料在发酵时产生臭味，招来蝇类产卵，生出蛆虫也会咬伤根系，危害花卉生长，故这种方法并不可取。

## 3.2.5 整形修剪

### 3.2.5.1 整形修剪的时期

以观花为主的盆花，凡春季开花的品种，如迎春花、梅花、碧桃等，花芽大都是在头年生的枝条上形成的，因此冬季不能修剪，否则就会将许多生有花芽的枝条剪掉，而应在花谢以后1～2周内修剪。凡是在当年生的枝条上开花的花木，如扶桑、一品红、月季、茉莉、夹竹桃、米兰、倒挂金钟、叶子花、金橘、代代、佛手、石榴等，则可在早春休眠期修剪，促使其多发新枝、多开花、多结果。大多数早春和春夏之交开花的花灌木，如玉兰、丁香、樱花、桃花、榆叶梅、金钟花、紫荆、紫藤、黄刺梅、连翘等，也都是在头一年夏秋季节进行花芽分化的，因此，这类花卉也应在花谢以后进行修剪，不能延至冬季再修剪，否则就会影响到开花数量。一些夏秋季开花的花灌木，如紫薇、凌霄、木芙蓉、木槿、枸杞等，它们都是在当年生萌发的新枝上形成花芽的，这类花木可在冬季落叶后休眠期进行短截修剪。对于一年内连续开花几次的花木，如月季、茉莉等，应在每次花谢后立即进行适度的修剪整形，促使抽生新枝，再次开花。

### 3.2.5.2 整形技术

（1）支缚　盆栽花卉中有的茎枝纤细柔长，有的为攀缘植物，有的为了整齐美观，有的为了做成盆景，常设支架或支柱，同时进行绑扎。由于植物种类和人们的要求不同，支架的形式也多种多样。

大型立柱用于有气生根的大、中型盆栽攀缘植物的整形，通常均需要在盆的中央树立一个大型立柱，供扎根、生长和攀缘之用。用作立柱的材料有许多种，可就地取材制作。在热带地区常用树蕨茎干，它疏松透气、排水保湿而且十分耐腐朽，有利于气生根的吸附，是一种理想的立柱材料。目前广东地区使用最多的是直径57cm、长80～150cm的竹竿外面捆绑一层较厚的棕皮，看起来与树干相似，也有一定的保湿能力，适于气生根的攀缘，保湿透气均好。用塑料管和钢丝网制作的立柱比较耐久，材料也比较容易得到。用这种大型支柱制作图腾柱的植物有绿萝、黄金葛、多种藤本喜林芋等。通常用直径为25～35cm的花盆，中间树立一根包好苔藓或棕皮的自立柱，沿立柱周围栽种3株高30～50cm的健壮种苗。3株苗的高度和生长势应当相似，不宜相差太大。将种苗的茎秆捆绑在立柱上，使植株必须向上生长。

许多小型的攀缘植物、茎秆比较细弱的植物和开花植物中花茎不够坚挺者，均需要给以支撑。通常用细竹竿或用包有彩色塑料皮的8号铁丝做成各种形状的支架，如圆形、方格形或直条形等，底脚插在盆土中，再将植物的茎秆捆绑在支架上。捆绑的方法也比较讲究，通常采用宽松的8字形结扎法。如果捆扎得太紧，未留植物生长的余地，随着植物的生长，会形成自缢环，使绳结以上的茎干枯死，应重新绑扎。

（2）曲枝　曲枝也称为吊扎，是整形的简易方法，多用于容易流胶、剪口较大的松柏类苗木。从12月到第二年2月间进行，利用铅丝作助力，扭曲枝干。铅丝型号根据树枝粗细决定，一般枝粗如筷子者，宜用14～16号铅丝；枝粗如钢笔杆者，宜用12号铅丝。方法是：

先将铅丝的一头插入树干基部的盆土中固定，然后将铅丝上方缠绕在树干上，再按需要的姿态将树枝扭弯，不可过急，务必使曲度自然，必要时再用细棕绳吊扎，以达到理想的曲度。先弯粗枝，后弯细枝，注意勿伤及树皮；弯扎侧枝时，改用16号铅丝，先绕主干两圈，后向侧枝缠绕，最后停留在预定的弯度上收尾。在年初吊扎整形的，到10月中下旬即可解除铅丝。如有勒痕，过一年自会消失。曲枝虽是整形的妙法，树姿苍劲优美，但需时长久，通常要3～5年。

（3）诱引　诱引是对缠绕性花木，如蔷薇、络石、扶芳藤、金银花、矮金莲、香豌豆、牵牛、茑萝等的整形方法。通常用铅丝、竹子、绳索等制成扇面式、圆柱式、屏风式等各式支架，然后把藤蔓诱引上架。

（4）高压　高压可作为辅助整形的一种手段。如有的花木很美，但主干太高，则可在适当部位进行高压，待发根后，秋季将它剪下盆栽，就可弥补这一缺点。也可用高压法截取姿态优美的枝条，制成双干或多干式盆景。母株在高压前，须先增加营养，促使生长旺盛。高压时期因树种的不同而有不同，常绿树在春季叶芽开始萌动时施行，松、柏类在3月下旬到4月上旬，金橘则在5月上旬。通常能扦插成活的树种，均可用高压方法获得所需苗木。

#### 3.2.5.3　修剪技术

修剪可采用剪枝、剪梢、摘心、摘叶、摘花、剥芽、剥蕾、疏果、去蘖、摘果、剪根等方法，节省养分，培养合理株形，提高通风透光。

（1）剪枝　剪枝主要有疏枝和短截两种方法。在花卉生长期，结合整形进行疏剪，即去掉过密枝、细弱枝、病虫枝，能改善通风透光条件，促使枝条分布均匀，养分集中于花枝上，并减少病虫害发生。开花后，多进行短截修剪，即从基部2节或3节处剪去花后枝条，促其枝条下部腋芽抽伸新的枝梢而再次开花，剪枝是延长开花期的措施之一。

① 疏枝（图3-23）。疏枝是指将枝条自基部完全剪除，疏枝主要疏除病虫枝、伤残枝，不宜利用的徒长枝、竞争枝、交叉枝、并生枝、下垂枝、重叠枝等。疏枝能使冠幅内部枝条分布趋向合理，均衡生长，改善通风透光条件，加强光合作用，增加养分积累，使枝叶生长健壮，减少病虫害等，但疏枝对全株生长有削弱作用。疏枝程度要依据花卉种类的特性、花卉的生长阶段而定。萌发力强、发枝力强的可以多疏枝，反之则要少疏枝。为了促进幼苗生长迅速，宜少疏枝。为了保持盆栽花卉的根冠平衡，根部进行了修剪的植株，地上部也应适当疏剪枝条。

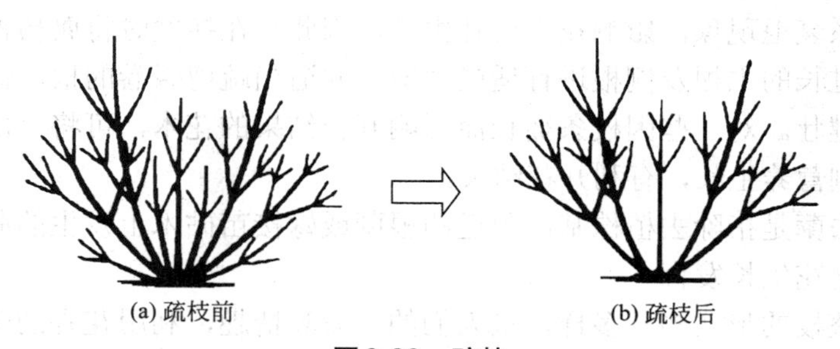
(a) 疏枝前　(b) 疏枝后

图3-23　疏枝

② 短截（图3-24）。短截是指将枝条先端剪去一部分，保持一定的树高和树形，并促进新枝萌发，是一种减少冠幅内枝条长度的修剪方法。剪时要充分了解花卉的开花习性，注意留芽的方向。短截能使留存在枝条上的芽得到更多水分和养分，刺激侧芽萌发，使其抽生新梢，增加分枝数目，加强局部生长势，并能改变枝条的生长方向和角度，调节每一分枝的

距离，使树冠紧凑和整齐；也可调节生长与发育生长的关系。在当年生枝条上开花的花卉种类，如扶桑、倒挂金钟、叶子花等，应在春季修剪，而一些在二年生枝条上开花的花卉种类，如山茶、杜鹃等，宜在花后短截枝条，使其形成更多的侧枝。留芽的方向要根据生出枝条的方向来确定，要其向上生长，留内侧芽；要其向外倾斜生长时，留外侧芽。修剪时应使剪口呈一斜面，芽在剪口的对方，距剪口斜面顶部1～2cm为度。

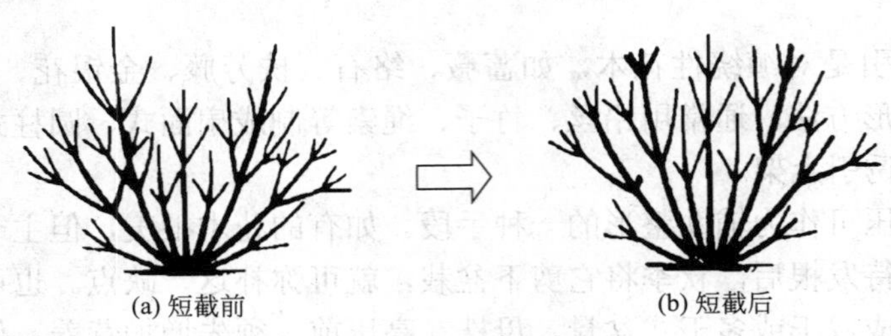


图3-24 短截

（2）摘叶　摘叶是对落叶树木进行整形的一项有效措施，主要是摘除植株下部密集、衰老、徒耗养分以及影响光照的叶片，其他发黄、破损或感染病害的叶片也应该摘除。摘叶多用于枫、槭、石榴等树苗。通过摘叶可使树苗分生小枝。对树龄大的盆花，可再度发芽，产生新叶。摘叶时间和数量与树龄、长势有关。一般以5月下旬到7月中旬为摘叶最适时期；生长季节长的树种可延迟至7月下旬到8月下旬；北方则以5月为宜。生长势旺盛的，每年可摘叶2～3次；生长较弱和树龄大的摘1次就可以了。

摘叶时注意：摘叶前宜施氮肥2～3次，放在阳光充足处，促使发根、生长。夏季宜置于无煤烟、避台风、防烈日而又通风的环境下保养；摘去叶片而留叶柄，控制盆土的湿度（保持适度干燥）；先摘强枝、徒长枝或茂盛部分的叶，再摘其他部分的叶。

（3）摘花与摘果　摘花一是摘除残花，如杜鹃的残花久存不落，影响美观及嫩芽的生长，需要摘除；二是不需结果时开谢的花及时摘去，以免其结果而消耗营养；三是残缺、僵化、有病虫损害而影响美观的花朵需要摘除。摘果是指在观果植物栽培中，有时挂果过密，为使果实生长良好，调节营养生长与生殖生长之间的关系，摘除不需要的小果，以减少养分的消耗，促使新芽的发育。

（4）剪根　剪根主要用于盆栽多年生草花和木本花卉。盆栽花卉若长期不剪去部分老根，就会出现根系衰退现象，影响花卉茁壮生长，因此宜在换盆时将腐朽根、衰老根、枯死根剪除。同时对过长的主根及侧根进行适当短剪，并适当疏剪蜷卷的根，促使萌发更多的须根，使植株生长健壮。对一些因枝条徒长而影响开花结果的花木，可将一部分根剪断，以削弱吸收能力，抑制营养生长，有利开花结果。

（5）去蘖　去蘖是指除去植株基部附近的根蘖或嫁接苗砧木上发生的萌蘖，使养分集中供给植株，促使盆花生长发育。

（6）整枝　整枝的形式多种多样，依人们的喜爱和情趣，利用花卉的生长习性，经修剪整形做成各种意想的形姿，达到源于自然又高于自然的艺术境界。在确定整枝形式前必须对植物的特性有充分了解。枝条纤细且柔韧性较好者，可整成镜面形、牌坊形、圆盘形或S形等，如常春藤、三角花、藤本天竺葵、文竹、令箭荷花等。枝条较硬者，宜做成云片形或各种动物造型，如腊梅、一品红等。整形的植物应随时修剪，以保持其优美的姿态。在实际操作中，两种整枝方式很难截然分开，大部分盆栽花卉的整枝方式是二者结合。

#### 3.2.5.4 剪后处理

锯枝干时间以生长季为宜，因此时切口容易愈合。剪口的位置应在枝的基部，并与大枝生长方向平行，不宜留下一段，否则小段因不易愈合而常造成感染腐烂。如是剪梢，则剪口应与地面垂直，以免雨水停留。剪口断面愈合的快慢因剪口是否平滑而各异，通常断面平滑者较易愈合。如第一次生长季愈合不完全，可将未愈合处再削，使其完全愈合。剪口通常在枝条剪去后马上用白色或绿色的涂料、虫漆涂抹，隔半个月再涂一次，以防感染；也可用沥青与煤油等量混合，涂于剪口背光处（因向阳处会吸热对伤口愈合不利）。易腐烂的剪口用松脂与酒精制成的蜡处理。如果伤口已烂成洞，则先用火灼烧洞口，再填塞水泥。修剪之后的植株要加强水肥管理，以促进其伤口迅速愈合。

## 3.3 盆栽观花类花卉生产技术

### 3.3.1 瓜叶菊

瓜叶菊（*Pericallis hybrida*）（图3-25），菊科、千里光属，别名千日莲、瓜叶莲。

（1）形态特征　多年生草本花，我国常作一、二年生栽培，全株被毛，茎直立，株高30～60cm，叶大，心脏状卵形，掌状脉，叶缘具多角状齿或波状锯齿，叶面皱缩，似瓜叶，叶柄长，基部呈耳状。茎生叶有翼，根出叶无翼。头状花序簇生成伞房状，花色丰富，有蓝色、紫色、红色、白色等，还有间色品种。花期为12月至翌年4月，盛花期为3～4月。

（2）生长习性　喜温暖湿润、通风凉爽的环境，冬畏严寒，夏忌高温，适宜于低温温室或冷室栽培。夜间温度保持在5℃，白天温度不超过20℃，严寒季节稍加防护，以10～15℃的温度为最佳。不耐高温，忌雨涝。生长期要求光线充足、空气流通、稍干燥的环境，但夏季忌阳光直射。喜富含腐殖质、疏松肥沃、排水良好的砂质壤土。短日照可促进花芽分化，长日照可促进花蕾发育。

（3）繁殖方法　瓜叶菊的繁殖以播种为主。对于重瓣品种为防止品种退化或自然杂交，可用扦插繁殖。

（4）栽培要点　瓜叶菊从播种到开花的过程中，需移植3～4次。当幼苗长出2～3片真叶时，进行第1次移植，可选用瓦盆移植，盆土用腐叶土3份、壤土2份、河砂1份配制而成。将幼苗自播种浅盆移入瓦盆中，根部多带宿土以利成活。移栽后用细孔喷壶浇透水，浇水后将幼苗置于阴凉处。缓苗后可每隔10天追施稀薄液肥1次。当幼苗真叶长至4～5片时，进行第二次移植，选直径为7cm的盆，盆土用腐叶土2份、壤土3份、河砂1份配制而成，缓苗后给予充足的光照。当植株长出5～6片叶子时将顶芽摘除，留3～4个侧芽，最后长出7～8片叶子时定植。用20cm的花盆，并适当施以豆饼、骨粉或过磷酸钙作基肥。定植时要注意将植株栽于花盆正中，并保持植株端正。浇足水置于阴凉处，成活后给予全光照。

图3-25　瓜叶菊

定植后的瓜叶菊每15天需追施1次氮肥，

起蕾后停止或减少施氮肥，增施1～2次磷肥，此时注意保持适当的温度，温度过高易造成植株徒长，节间伸长，影响观赏价值，温度过低会影响植株生长，花朵也发育不良。生长期的适温为10～15℃，不宜高于22℃，越冬温度为8℃以上。生长期需保持充足的水分，但又不能过湿，以叶片不凋萎为适度。

瓜叶菊喜光，不宜遮阳，栽培中要注意经常转动花盆，保持盆株生长整齐均一。随着生长，逐步拉大盆距，使植株保持合理的生长空间，避免拥挤徒长。在单屋面温室更要注意转盆，以免生长倾斜，破坏株形。

（5）园林用途　瓜叶菊是冬春时节主要的观花植物之一。其花朵鲜艳，可作花坛栽植或盆栽布置于庭廊过道，给人以清新宜人的感觉。

## 3.3.2　仙客来

仙客来（*Cyclamen persicum*）（图3-26），报春花科，仙客来属，别名兔子花、萝卜海棠、一品冠。

（1）形态特征　多年生草本，具球形或扁球形块茎，肉质，外被木栓质，“球”底生出许多纤细根。叶着生在块茎顶端的中心部，心状卵圆形，叶缘具牙状齿，叶表面深绿色，多数有灰白色或浅绿色斑块，背面紫红色。叶柄红褐色，肉质，细长。花单生，由块茎顶端抽出，花瓣蕾期先端下垂，开花时向上翻卷扭曲，状如兔耳。萼片5裂，花瓣5枚，基部联合成筒状，花色有白、粉红、红、紫红、橙红、洋红等色。花期为12月至翌年5月，但以2～3月开花最盛。蒴果球形，果熟期为4～6月，成熟后五瓣开裂，种子黄褐色。

（2）生长习性　仙客来原产于南欧及地中海一带，为世界著名花卉，各地都有栽培。仙客来喜温暖，不耐寒，生长适温为15～20℃。10℃以下，生长弱，花色暗淡易凋谢；气温达到30℃以上，植株进入休眠状态。在我国夏季炎热地区仙客来处于休眠或半休眠状态，气温超过35℃，植株易受害而导致腐烂死亡。喜阳光充足和湿润的环境，主要生长季节是秋、冬和春季。喜排水良好、富含腐殖质的酸性沙质土壤，pH值为5.0～6.5，但在石灰质土壤上也能正常生长。中性日照植物，花芽分化主要受温度的影响，其适温为15～18℃。

（3）繁殖方法　通常采用播种、分割块茎、组织培养等方法进行繁殖。播种育苗，一般在9～10月进行，从播种到开花需12～15个月。仙客来种子较大，发芽迟缓不齐，易受病毒感染。因此，在播种前要对种子进行浸种处理，方法是：将种子用0.1%升汞浸泡1～2min后，用水冲洗干净，然后用10%的磷酸钠溶液浸泡10～20min，冲洗干净，最后浸泡在30～40℃的温水中处理48h，冲净后即可播种。播种用土可用壤土、腐叶土、河沙等量配制，或草炭土和蛭石等量配制，点播，覆土0.5～1.0cm，用盆浸法浇透水，上盖玻璃，温度保持在18～20℃，30～40天发芽，发芽后置于向阳通风处。

图3-26　仙客来

结实不良的仙客来品种，可采用分割块茎法繁殖，在8月下旬块茎即将萌动时，将其自顶部纵切分成几块，每块带一个芽眼。切口应涂抹草木灰。稍微晾晒后即可分栽于花盆内，不久可展叶开花。

（4）栽培要点　栽培时土壤宜疏松，可用腐叶土（泥炭土）、壤土、粗沙加入适量骨粉、豆饼等配制，培养土最好经消毒。

仙客来的栽培管理大致可分为以下5个阶段。

① 苗期。播种的仙客来，播种苗长出1片真叶时要进行分苗，盆土以腐叶土、壤土、河沙按5∶3∶2配制，栽培深度应使小块茎顶部与土面相平，栽后浇透水，置于温度13℃左右的环境中，适当遮阳。缓苗后逐渐给以光照，加强通风，适当浇水，勿使盆土干燥，同时适量进行施肥，以氮肥为主，施肥时切忌肥水沾污叶片，否则易引起叶片腐烂，施肥后要及时洒水清洁叶面。

当小苗长至5片真叶时进行上盆定植，盆土用腐叶土、壤土、河砂按5∶3∶2配制而成。可加入厩肥或骨粉作基肥。上盆时球茎应露出土面1/3左右，以免妨碍花茎、幼芽长出，并注意勿伤根系。覆土压实后应浇透水。

② 夏季保苗阶段。第1年的小球6～8月生长停滞，处于半休眠状态。因夏季气温高，可把盆花移到室外阴凉、通风的地方，注意防雨。若仍留在室内，也要进行遮阴，并摆放在通风的地方。这个时期要适当浇水，停止施肥。北方因空气干燥，可适当喷水。

③ 第一年开花阶段。入秋后换盆，并逐步增加浇水量、施薄肥。10月应移入室内，放在阳光充足处，并适当增施磷肥、钾肥，以利开花。11月花蕾出现后，应停止施肥，给予充足的光照，保持盆土湿润。一般11月开花，翌年4月中下旬结果。留种母株春季应放在通风、光照充足处，水分、湿度不宜过大，可将花盆架高，以免果实着地、腐烂。

④ 夏季球根休眠阶段。5月后，叶片逐渐发黄，应逐渐停止浇水，两年以上的老球，夏季抵抗力弱，入夏即落叶休眠，应放在通风、遮阴、凉爽处，少浇水，停止施肥，使球根安全越夏。

⑤ 第二年开花阶段。入秋后再换盆，在温室内养护至12月又可开花。四五年以上的老球花虽多，但质量差且不好养护，一般均应淘汰。

仙客来属于中日照植物，影响花芽分化的主要环境因子是温度，其适温为15～18℃，小苗期温度可以高些，控制在20～25℃之间，因此可以通过调节播种期及利用控制环境因子或使用化学药剂打破或延迟休眠期来控制花期。

（5）园林用途　仙客来花形奇特，株形优美，花色艳丽，花期长，花期又正值春节前后，可盆栽，用以节日布置或作家庭点缀装饰，也可做切花。

### 3.3.3 一品红

一品红（*Euphorbia pulcherrima*）（图3-27），大戟科，大戟属，别名象牙红、圣诞树、猩猩木、老来娇。

（1）形态特征　茎光滑，淡黄绿色，含乳汁。单叶，互生，卵状椭圆形乃至披针形，全缘或具波状齿，有时具浅裂；顶生杯状花序，下具12～15枚披针形苞片，开花时红色，是主要观赏部位。花小，无花被，鹅黄色。着生于总苞内，花期恰逢圣诞节前后，所以又称为圣诞树。

（2）生长习性　一品红原产于墨西哥及中美洲，我国南北均有栽培，在我国云南、广东、广西等地可露地栽培，北方多为盆栽观赏。喜温暖、湿润气候及阳光充足，光照不足可造成徒长、落叶。忌干旱，怕积水，对水分要求严格，土壤湿度过大会引起根部发病，进而

图3-27 一品红

导致落叶；土壤湿度不足，植株生长不良，并会导致落叶。耐寒性弱，冬季温度不得低于15℃。为典型的短日照花卉，在日照10h左右、温度高于18℃的条件下开花。要求肥沃湿润而排水良好的微酸性土壤。

（3）繁殖方法 采用硬枝或嫩枝扦插繁殖。

① 硬枝扦插多在春季3～5月进行，剪取一年生木质化或半木质化枝条，长约10cm，作插穗；剪除插穗上的叶片，切口蘸上草木灰，待晾干切口后插入细沙中，深度约5cm，充分灌水，并保持温度在22～24℃，约一个月左右生根。

② 嫩枝扦插是选当年生嫩条生长到6～8片叶时，取6～8cm长、具3～4个节的一段嫩梢，在节下剪平，去除基部大叶后，立即投入清水中，以阻止乳汁外流，然且扦插，并保持基质潮湿，20天左右可以生根。

（4）栽培要点 扦插成活后，应及时上盆。盆土以泥炭为主，加上蛭石或陶粒或沙混合而成，基质一定要严格消毒，并将pH值调到5.5～6.5。一品红对水分十分敏感，怕涝，一定要在盆底加上一层碎瓦片。

一品红必须放在阳光充足处，如光照不足容易徒长。盆间不能太拥挤，以利通风，避免徒长，盆位置定下后，切勿移动，否则会造成黄叶。

一品红不耐寒，北方地区每年10月上旬要移入温室内栽培，冬季室温保持20℃，夜间温度不低于15℃。吐蕾开花期若低于15℃，则花、叶发育不良。进入开花期要注意通风，保持温暖和充足的光照，开花后减少浇水，进行修剪，促使其休眠。

对于普通的一品红品种为使其矮化，常采取以下措施。

① 修剪。通过修剪截顶控制高度，促进分枝。第一次在6月下旬新梢长到20cm时，保留1～2节重剪，第二次在立秋前后再保留1～2节并剥芽一次，保留5～7个高度一致的枝条。

② 生长抑制剂。每15天用5000mg/L多效唑、2500mg/L矮壮素灌根。

③ 作弯造型。新梢每生长15～20cm就要作弯1次。作弯通常在午后枝条水分较少时进行。先捏扭一下枝条，使之稍稍变软后再弯。作弯时要注意枝条分布均匀，保持同样的高度和作弯方向。最后一次整枝应在开花前20天左右，使枝条在开花前长出15cm左右。若作弯过早，枝条生长过长，容易摇摆，株态不美；过晚则枝条抽生太短，观赏价值不高。

一品红为短日照花卉，利用短日照处理可使提前开花，一般每天给8～9h光照，经45～60天便可开花。

（5）园林用途 大部分地区作盆花观赏或用于室外花坛布置，是“十一”国庆节常用花坛花卉，也可用作切花。

### 3.3.4 蒲包花

蒲包花（*Calceolaria crenatiflora*）（图3-28），玄参科，蒲包花属，别名荷包花、拖鞋花。

（1）形态特征 一或二年生草本，植株矮小，高30～40cm，茎叶具绒毛，叶对生或轮生，基部叶较大，上部叶较小，卵形或椭圆形。不规则伞形花序顶生，花具二唇，似两个囊状物，上唇小，直立，下唇膨大似荷包状，中间形成空室。花色丰富，单色品种具黄、白、红等各种深浅不同的花色，复色品种则在各种颜色的底色上，具橙色、粉色、褐红色等色斑或色点。蒴果，种子细小多数。

图3-28 蒲包花

（2）生长习性　蒲包花喜凉爽、光照充足、空气湿润、通风良好的环境。不耐严寒，又畏高温闷热，生长适温为8～16℃，最低温度5℃以上。15℃以下进行花芽分化，15℃以上进行营养生长。喜阳光充足，但忌夏季强光。要求肥沃、排水良好的微酸性轻松土壤，忌土湿。自然花期为2～5月。

（3）繁殖方法　通常采用播种繁殖，可在8月下旬进行，不宜过早。还可扦插繁殖，温室扦插一年四季均可进行，9～10月扦插则翌年5月开花，6月扦插则翌年早春开花，扦插后一般15天即可生根。

（4）栽培要点　当幼苗长出两枚真叶时及时分栽。移栽后两周，定植在口径15cm的花盆中。待苗高15cm时可摘心，促使其多分枝，并加以适当遮阴。蒲包花性喜凉爽的环境，如高温高湿，基叶会发黄腐烂，因此温度应保持在12～15℃为宜，夏季及中午应通风和遮光，可放在荫棚下，特别是苗期和5～6月种子成熟时更应注意。

蒲包花平时浇水不宜多，要见干见湿，盆土持续高湿或积水会烂根，浇水时不要洒在叶片、芽或花蕾上，否则也易造成它们腐烂。开花前每15天施稀薄液肥1次，注意施肥浓度不宜过大，无机肥浓度为0.2%。

蒲包花苗期易发猝倒病，出苗后，喷600倍代森锌预防。发病后，取少量76%敌克松加细土40倍施入盆土中，或用800倍液喷洒土面防治。另外，要及时防治蚜虫和红蜘蛛。

（5）园林用途　由于花型奇特，色泽鲜艳，花期长，观赏价值较高，作为冬季即早春主要观赏花卉之一，可作室内装饰点缀，置于阳台或室内观赏。

## 3.3.5 君子兰

君子兰（*Clivia miniata*）（图3-29），石蒜科，君子兰属，别名剑叶石蒜、大花君子兰、达木兰。

（1）形态特征　大花君子兰是多年生常绿草本，基部具叶基形成的假鳞茎，根肉质纤维状。叶二列交互生，宽带状，端圆钝，边全缘，剑形，叶色浓绿，革质而有光泽。花葶自叶丛中抽出，扁平，肉质，实心，长30～50cm。伞形花序顶生，有10～40朵花，花被6片，组成漏斗形，基部合生，花橙黄色、橙红色、深红色等。浆果，未成熟时绿色，成熟时紫红色，

图3-29 君子兰

种子大，白色，有光泽，不规则形。花期为12月至翌年5月，果熟期为7～10月。

（2）生长习性　大花君子兰性喜温暖而半阴的环境，忌炎热，怕寒冷。生长适温为15～25℃，低于5℃生长停止，高于30℃叶片薄而细长，开花时间短，色淡。生长过程中怕强光直射，夏季需置荫棚下栽培，秋、冬、春季需充分的光照。栽培过程中要保持环境湿润，空气相对湿度为70%～80%，土壤含水量为20%～30%，切忌积水，以防烂根，尤其是冬季温室更应注意。要求土壤为深厚肥沃、疏松、排水良好、富含腐殖质的微酸性砂壤土。此外，大花君子兰怕冷风、干旱风的侵袭或烟火熏烤等，应注意及时排除或防御这些不良因素，否则会引起其叶片变黄，并易发生病害。

（3）繁殖方法　大花君子兰可采用分株、播种繁殖，以播种为主。

（4）栽培要点

① 培养土。大花君子兰栽培用培养土需具备以下条件方能使其生长良好：保水性能好、保温性能好、肥性好、富含腐殖质、pH值在6.5～7.0之间的微酸性土。一年生培养土用马粪、腐叶土、河砂按照5∶4∶1的比例混合；三年生苗用腐叶土、泥炭、河砂按4∶5∶1的比例混合。培养土配制好后应进行消毒。

② 水分。水分是大花君子兰生长发育的重要条件。大花君子兰用水以雨水、雪水、无污染的河水、塘水为好，井水、自来水对水质、水温处理后，方可使用。大花君子兰根肉质，能贮藏水分，具有一定的耐旱性。空气相对湿度为70%～80%，土壤含水量为20%～30%为宜。因而应“见干见湿，不干不浇，干则浇透，透而不漏”。春、秋二季是君子兰的旺盛生长期，需水量大，浇水时间以上午8～10时为宜，视盆土干湿情况可2～3天浇1次。夏季气温高，大花君子兰处于半休眠状态，生长缓慢，浇水时间以早、晚为宜，除向盆土浇水外，还应向周围地面洒水，以保持空气湿度。冬季当温度降至10℃以下，便进入休眠期，吸水能力减弱，可减少浇水，浇水适宜在晴天的中午进行。

③ 温度。最适生长温度为15～25℃，低于10℃，生长缓慢，0℃以下植株会冻死。温度高于30℃，则会出现叶片徒长的不正常现象。因而春、秋二季旺盛生长季节，白天保持温度在15～20℃，夜间在10～12℃，越冬温度在5℃以上，在抽箭期间，温度应保持18℃左右，否则易夹箭。夏季要做好三方面工作：一是防止烂根，因温度高，光照强，生长弱，肥水管理不当易烂根，应遮阴降温，少施肥，盆土中应加入半量河砂，防止烂根。二是防止叶片徒长，降温，降低空气湿度，减肥是防止徒长的措施，同时，将大花君子兰放在通风阴凉处，控制浇水也有作用。三是夏季不换盆不分芽。如此可安全度夏。

④ 光照。大花君子兰稍耐阴，不宜强光直射，夏季要放在阴凉处，秋、冬、春季需充分的光照。同时为使大花君子兰“侧视一条线，正视如面扇”，叶面整齐美观，须注意光照方向。使光照方向与叶方向平行，同时每隔7～10天旋转花盆180°，就可保持叶形美观。如叶子七扭八歪，可采取光照整形和机械整形。机械整形可用竹篾条、厚纸板辅助整形。

⑤ 肥料。大花君子兰喜肥但不耐肥，要施腐熟的有机肥或肥水，要做到“薄肥勤施”。盆栽君子兰基肥可用豆饼、麻渣和动物蹄角，3月份结合换盆施足基肥；在室外生长期间也应多施追肥，化肥一般作追肥使用，用磷酸二氢钾或尿素作根外追肥效果好，使用浓度为0.1%～0.5%，生长季节每15天左右一次。

（5）园林用途　大花君子兰四季观叶，三季看果，一季赏花，叶花果皆美，“不与百花争炎夏，隆冬时节始开花”，颇有“君子”风度，是布置会场、厅堂、美化家庭环境的名贵花卉。

### 3.3.6 四季海棠

四季海棠（*Begonia semperflorens*）（图3-30），别名四季秋海棠、蚬肉海棠、玻璃海棠，秋海棠科，秋海棠属，多作为草本花卉布置花坛。

（1）形态特征　多年生常绿草本，茎直立，稍肉质，高25～40cm，有发达的须根；叶卵圆形至广卵圆形，基部斜生，绿色或紫红色；雌雄同株异花，聚伞花序腋生，花色有红、粉红和白等色，单瓣或重瓣，品种甚多。

（2）生长习性　四季海棠性喜阳光，稍耐阴，怕寒冷，喜温暖，喜稍阴湿的环境和湿润的土壤，但怕热及水涝，夏天应注意遮阴、通风排水。

（3）繁殖方法

① 播种法。华东地区一般在春季4～5月及秋季8～9月最适宜。应将种子均匀撒播在盆内的细泥上（不需要覆土），再将播种盆用盆底吸水法吸足水，然后盖上一块玻璃放在半阴处，10天后就能发芽。春播的苗，当年秋季就能开花。

② 扦插法。一年四季均可进行，但成苗后分枝较少，除重瓣品种外，一般不采用此法繁殖。

（4）栽培要点　养好四季海棠水肥管理是关键。浇水工作的要求是"二多二少"，即春、秋季节是生长开花期，水分要适当多一些，盆土稍微湿润一些；在夏季和冬季是四季秋海棠的半休眠或休眠期，水分可以少些，特别是冬季更要少浇水，盆土要始终保持稍干状态。浇水的时间在不同的季节也要注意，冬季浇水在中午前后阳光下进行，夏季浇水要在早晨或傍晚进行为好，这样气温和盆土的温差较小，对植株的生长有利。浇水的原则为"不干不浇，干则浇透"。

四季海棠在生长期每隔10～15天施1次腐熟发酵过的20%豆饼水，鸡、鸽粪水或人粪尿液肥即可。施肥时，要掌握"薄肥多施"的原则。如果肥液过浓或施以未完全发酵的生肥，会造成肥害，轻则叶片发焦，重则植株枯死。施肥后要用喷壶在植株上喷水，以防止肥液粘在叶片上而引起黄叶。生长缓慢的夏季和冬季，少施或停止施肥，可避免因茎叶发嫩和减弱抗热及抗寒能力而发生腐烂病症。

四季海棠养护的另一特性就是摘心。它同茉莉花、月季等花卉一样，当花谢后，一定要及时修剪残花、摘心，才能促使其多分枝、多开花。如果忽略摘心修剪工作，植株容易长得瘦长，株形不美观，开花也较少。

清明后，盆栽的可移到室外荫棚下养护。华东地区4～10月都要在全日遮阴的条件下养护，但在早晨和傍晚最好稍见阳光；若发现叶片卷缩并出现焦斑，这是受日光灼伤后的症状。到了霜降之后，就要移入室内防冻保暖，否则遭受霜冻，就会冻死，室内摆设应放在向阳处。若室温持续在15℃以上，施以追肥，仍能继续开花。

（5）园林用途　园林应用上是良好的盆栽室内花卉，开花极茂，体形较小，适于美化室内，也可用作花坛用花。

图3-30　四季海棠

### 3.3.7 绣球

绣球（*Hydrangea macrophylla*）又名八仙花、紫阳花（图3-31），为虎耳草科绣球属植物。绣球花洁白丰满，大而美丽，其花色能红能蓝，令人悦目怡神，是常见的盆栽观赏花木。

（1）形态特征　灌木，高1～4m；茎常于基部发出多数放射枝而形成一圆形灌丛；枝圆柱形，粗壮，紫灰色至淡灰色，无毛，具少数长形皮孔。叶纸质或近革质，倒卵形或阔椭圆形，长6～15cm，宽4～11.5cm；伞房状聚伞花序近球形，直径8～20cm，具短的总花梗，花密集，多数不育；不育花萼片4，阔物卵形、近圆形或阔卵形，粉红色、淡蓝色或白色；孕性花极少数；花期6～8月。

（2）生长习性　绣球原产于中国和日本。喜温暖、湿润和半阴环境。绣球盆土要保持湿润，但浇水不宜过多，特别是雨季要注意排水，防止受涝引起烂根。土壤以疏松、肥沃和排水良好的沙质壤土为好。但土壤pH值的变化使绣球的花色变化较大。为了加深蓝色，可在花蕾形成期施用硫酸铝。为保持粉红色，可在土壤中施用石灰。冬季室内盆栽绣球以稍干燥为好。过于潮湿则叶片易腐烂。绣球为短日照植物，每天黑暗处理10h以上，45～50天形成花芽。平时栽培要避开烈日照射，以60%～70%遮阴最为理想。

（3）繁殖方法　可以种子繁殖，但以扦插繁殖为主，除夏季外其余时间均可以进行，插穗最好选用带有顶梢的枝条，切口宜稍干燥后再插，插好后应置于半阴处，并使室温保持在13～18℃，大约两周便可生根。

（4）栽培要点　在春季，盆栽的应修剪枯枝及翻盆换土，待服盆后可施以一两次以氮肥为主的稀薄液肥，能促枝叶萌发。在夏秋季，应放置于半阴处或帘棚下，防止烈日直晒，避免叶片泛黄焦灼。花前花后各施一两次追肥，以促使叶绿花繁。花谢之后应及时修去花梗，保持姿态美观。盆土常保湿润，但要防止雨后积水，以防绣球的肉质根因水分过多而腐烂。入冬后，露地栽培的植株要壅土保暖，使之安全越冬；盆栽的可置于朝南向阳、无寒风吹袭的暖和处。冬季虽枯叶脱落，但根枝仍成活，翌春又有新叶萌发。

图3-31　绣球

（5）园林用途　绣球株丛紧密，花极繁密，花团锦簇，花期长，是重要的园林花卉和盆栽观赏植物。绣球可通过暗处理和温度调节促进开花，可供春节市场。

### 3.3.8 倒挂金钟

倒挂金钟（*Fuchsia hybrida*）（图3-32），柳叶菜科，倒挂金钟属，别名短筒倒挂金钟、吊钟海棠、灯笼海棠、吊钟花。

（1）形态特征　常绿丛生亚灌木或灌木花卉，株高约1m。枝条稍下垂，带紫红色。叶对生或轮生，卵状披针形，叶缘具疏齿牙，有缘毛，叶面鲜绿色，具紫红色条纹。花单生于叶腋，花梗细长下垂，长约5cm，红色，被毛，萼筒绯红色，较短，约为萼裂片长度的1/3，花瓣也比萼裂片短，呈倒卵形稍反卷，莲青色。

（2）生长习性 倒挂金钟原产于南美。性喜凉爽湿润的环境，不耐炎热高温，温度超过30℃时对生长极为不利，常呈半休眠状态。生长期适宜温度为15%～25%，冬季最低温度应保持在10℃以上。喜冬季阳光充足，夏季凉爽、半阴的环境。要求肥沃的沙质壤土。倒挂金钟为长日照植物，延长日照可促进花芽分化和开花。

图3-32 倒挂金钟

（3）繁殖方法 以扦插为主。以1～2月及10月扦插为宜。剪取5～8cm生长充实的顶梢作插穗，应随剪随插，适宜的扦插温度为15～20℃，约20天生根，生根后及时分苗上盆，否则根易腐烂。也可播种，但采种不易。

（4）栽培要点 小苗上盆恢复生长后摘心，待分枝长到3～4节后再次摘心，每株保留5～7个分枝。每次摘心2～3周后即可开花，因此常用摘心来控制花期。

栽培管理的关键是安全度夏问题，倒挂金钟性喜凉爽气候，最怕夏季高温，气温超过30℃时，生长处于停滞状态，会出现落叶和烂根现象，因此，一定要安全度夏。将花盆移置于避雨、通风的荫棚下，每天向叶面喷水，或向花盆周围地面洒水，增湿降温。同时停止施肥，节制浇水，使其逐渐进入休眠。

倒挂金钟最怕雨淋，开花的成株遇雨，很快会落叶、落花。平时浇水要掌握见干见湿的原则，盆土过干易落叶落花，盆土过湿会烂根黄叶，冬季越冬，要严格控水。倒挂金钟趋光性强，生长期内要经常转盆，以免植株长偏。10月下旬入温室，室温保持在10～15℃，不能低于0～5℃，否则极易冻死。每年春季开始生长前要修剪枝条，以后定期修剪，易于着花。

（5）园林用途 倒挂金钟花形奇特，花色浓艳，华贵而富丽，开花时朵朵下垂的花朵宛如一个个悬垂倒挂的彩色灯笼或金钟，是难得的一种室内花卉，很受大众喜爱。

### 3.3.9 大岩桐

大岩桐（*Sinningia speciosa*），苦苣苔科，大岩桐属，别名落雪泥（图3-33）。

（1）形态特征 多年生草本。地下部分具有块茎，初为圆形，后为扁圆形，中部下凹。地上茎极短，全株密被白色绒毛，株高15～25cm。叶对生，卵圆形或长椭圆形，肥厚而大，有锯齿，叶背稍带红色。花顶生或腋生，花冠钟状，5～6个浅裂，有粉红、红、紫蓝、白、复色等色，花期为4～11月，夏季盛花。蒴果，花后1个月种子成熟，种子极细，褐色。

（2）生长习性 喜温暖、潮湿，忌阳光直射，生长适温为18～32℃。在生长期，要求高温、湿润及半阴的环境。有一定的抗炎热能力，但夏季宜保持凉爽，23℃左右有利于开花，冬季休眠期应保持干燥，温度控制在8～10℃

图3-33 大岩桐

之间。不喜大水，应避免雨水侵入。喜疏松、肥沃的微酸性土壤，冬季落叶休眠，块茎在5℃左右的环境中可以安全过冬。

（3）繁殖方法

① 扦插法。可用芽插和叶插。块茎栽植后常发生数枚新芽，当芽长4cm左右时，选留1～2个芽生长开花，其余的可取之扦插，保持21～25℃的温度及较高的空气湿度和半阴的条件，半个月可生根。叶插在温室中全年都可进行，但以5～6月及8～9月扦插最好。选生长充实的叶片，带叶柄切下，斜插入干净的基质中，基质可用河沙、蛭石或珍珠岩等，10天后开始生根。为了提高叶片的利用率，增加繁殖系数，可把叶片沿主脉和侧脉切割成许多小块，逐一插入基质中，这样一片叶可分插为50株左右，大大提高繁殖率。

② 分球法。选生长2～3年的植株，在新芽生出时进行。用利刀将块茎分割成数块，每块都带芽眼，切口涂抹草木灰后栽植。初栽时不可施肥，也不可浇水过多，以免切口腐烂。

③ 播种。温室中周年均可进行，以10～12月播种最佳。从播种到开花需5～8个月。播前用温水将种子浸泡24h，以促其提早发芽。在18.5℃的温度条件下约10天出苗，出苗后让其逐渐见阳光，当幼苗长出2枚真叶时及时分苗。待幼苗长出5～6枚真叶时，移植到7cm口径的盆中，最后定植于14～16cm口径的盆中。定植时给予充足基肥，每次移植后1周开始追施稀薄液肥，每周1次即可。

（4）栽培要点

① 温度。大岩桐生长适温：1～10月为18～32℃，10月至翌年1月为10～12℃。冬季休眠期盆土宜保持稍干燥，若温度低于8℃，空气湿度又大，会引起块茎腐烂。

② 湿度。大岩桐喜湿润环境，生长期要维持较高的空气湿度，应根据花盆干湿程度每天浇1～2次水。

③ 光照。大岩桐喜半阴环境，故生长期要注意避免强烈的日光照射。

④ 施肥。大岩桐喜肥，从叶片伸展后到开花前每隔10～15天应施稀薄的饼肥水一次。当花芽形成时，需增施一次骨粉或过磷酸钙。花期要注意避免雨淋。开花后若培养土肥沃加上管理得当，不久又会抽出第二批花蕾，从5月到9月可开花不断。

大岩桐叶面上生有许多绒毛，因此，注意肥水不可施在叶面上，以免引起叶片腐烂。

大岩桐不耐寒，在冬季植株的叶片会逐渐枯死而进入休眠期。此时，可把地下的块茎挖出贮藏于阴凉干燥的沙中越冬，温度不低于8℃，待到翌年春暖时再用新土栽植。

生长过程中要注意防治腐烂病和疫病，腐烂病主要以预防为主，栽植前用甲醛对土壤进行消毒，浇水时避免把水浇到植株上。疫病防治，浇水避免顶浇，盆土不能过湿，发病初期喷施72.2%普力克水剂600倍液。

（5）园林用途　大岩桐植物小巧玲珑，花大色艳，花期夏季，堪称夏季室内佳品。

## 3.4 盆栽观叶类花卉生产技术

### 3.4.1 吊兰

吊兰（*Chlorophytum comosum*），百合科，吊兰属，别名桂兰、葡萄兰、钓兰、树蕉瓜、浙鹤兰、兰草、倒吊兰、土洋参、八叶兰、丛毛吊兰（图3-34）。

（1）形态特征　多年生草本。根茎短而肥厚，呈纺锤状。叶自根际丛生，多数叶细长而尖，绿色或有黄色条纹，长10～30cm，宽1～2cm，向两端稍变狭。花葶比叶长，有时长达50cm，常变为匍匐枝，近顶部有叶束或生幼小植株；花小，白色，常2～4朵簇生，排成疏散的总状花序或圆锥花序，花梗关节位于中部至上部；花被叶状，裂片6枚；雄蕊6个，稍短于花被片，花药开裂后常卷曲；子房无柄，3室，花柱线形。蒴果三角状扁球形，每室具种子3～5颗。花期为5月，果期为8月。

图3-34 吊兰

（2）生长习性　喜温暖湿润的环境，畏寒，好疏松肥沃的砂质壤土，宜在半阴处生长。

（3）繁殖方法

① 分株法。一般在春季3～4月翻盆换土时进行。将整株从盆中倒出后，用小花铲从土球中部自然分丛的部位顺势切开，用于轻轻分开，分植上盆即可。

② 分蘖法。一般不受季节限制，如有温室，冬季也可进行。吊兰每年8～9月从叶间抽出细长柔软而下垂的枝条，在枝条的顶端或节上会萌发新芽，长出小苗及气生根，将小苗剪下，分栽在盆中即可成一盆新植株。

（4）栽培要点　吊兰在华东地区多作盆栽。培养土可用4份腐叶土和6份园土混合后使用。春、秋季节可以放在有阳光的窗台、阳台上或室外疏荫的树下。5～9月天气炎热，如果太阳直射，会使叶色泛黄、叶发焦，而长时间将其放在光线弱的室内，又会使叶片徒长。因此，吊兰长期放在通风的窗口或阳台上较为合适。吊兰对水肥的要求要适宜。夏天天气炎热，温度高，水分蒸发快，盆土易干，一般每天早、晚各浇1次透水；冬季在室内过冬，盆土宜偏干些。只要在20℃以上的室内就可安全过冬。春、秋生长季节每20天左右施1次15%～25%的腐熟有机肥，对于金心吊兰、金边吊兰，冬季每月也可施1次薄液肥。平时要注意及时清除沿盆枯叶、修剪花茎和保持枝叶姿态匀称。

（5）园林用途　一般多用于盆栽，置于几架阳台，或悬挂于室内，温暖地区还可以植于树下做地被。

## 3.4.2 绿萝

绿萝（*Epipremnum aureum*），天南星科，绿萝属，别名绿萝、黄金葛、飞来凤（图3-35）。

（1）形态特征　多年生常绿蔓性草本。茎叶肉质，攀援附生于它物上。茎上具有节，节上有气根。叶广椭圆形，蜡质，浓绿，有光泽，亮绿色，镶嵌着金黄色不规则的斑点或条纹。幼叶较小，成熟叶逐渐变大，越往上生长的茎叶逐节变大，向下悬垂的茎叶则逐节变小。肉穗花序生于顶端的叶腋间。

（2）生长习性　生长于热带地区，常攀援生长在雨林的岩石和树干上，其缠绕性强，气

图3-35 绿萝

根发达，可以水培种植。喜高温多湿和半阴的环境，散光照射，彩斑明艳。强光曝晒，叶尾易枯焦。生长适温为20～28℃。

（3）繁殖方法 主要用扦插法繁殖。剪取15cm长的茎，只留上部1片叶子，直接插入一般培养土中，入土深度为全长的1/3，每盆2～3株，保持土壤和空气湿度，遮阳，在25℃条件下，3周即可生根发芽，长成新株。大量繁殖，可用插床扦插，极易成活，待长出一片小叶后分栽上盆。另外，剪取较长枝条插在水瓶中，适时更换新水，便可保持枝条鲜绿，数月不凋，取出时，枝条下部已经生根，盆栽便成新株。也可用压条繁殖。

（4）栽培要点 对土质要求不严，但以肥沃、疏松的腐殖土为好。光照为50%～70%，经常洒水保持湿润，生长期每月追肥1～2次，氮、磷、钾均衡施放。成品植株在生长期喷洒1～2次叶面肥，叶色较为亮丽。越冬保温12℃以上。盆栽多年植株老化，需更新栽植。栽培形式多样，如桩柱栽培、吊挂栽培、假山附石栽培、插瓶均可。可全年放在明亮通风的室内。如光线较暗，应在摆放一段时间后移至室外无直射阳光处，并给予足够的水、肥，使其得以恢复后再移入室内。冬季可放在室内直射阳光下，控水，只要保持温度在10℃以上，就可正常生长。

（5）园林用途 绿萝喜阴，叶色四季青翠，有的品种有花纹，是极好的室内观叶植物。中大型植株可用来布置客厅、会议室、办公室等地，华南地区可在室外阴蔽处地栽，附植于大树、墙壁棚架、篱垣旁，让其攀附向上伸展。

### 3.4.3 万年青

万年青（*Rohdea japonica*），百合科，万年青属，别名乌木毒（图3-36）。

（1）形态特征 多年生常绿草本。地下根茎短粗，叶丛四季常青，叶基生，带状或倒披针形，长15～50cm，宽2.5～7.0cm，顶端急尖，下部稍窄，纸质，基部扩展，抱茎。穗状花序侧生，花序长3～5cm，宽1.2～2.0cm。多花密生，花被球状钟形，白绿色。浆果圆球形，直径约8mm，成熟时橘红色，果实秋冬不凋。花期为6～7月份。果期为8～10月份。

（2）生长习性 性喜温暖湿润及半阴环境。夏季宜半阴，常于荫棚下或林下栽培，冬天可多见日光，但也不宜强光直晒。不耐积水，用土以微酸性排水良好的沙质壤土和腐殖质壤土为宜。稍耐寒，在华东地区可以露地越冬，华北地区于温室或冷室盆栽，冬季室温不得低于5℃。

图3-36 万年青

（3）繁殖方法 播种或分株繁殖，以分株为主。分株宜于春、秋两季进行。通常在春、秋两季天气不太热时将生长3年以上的盆倒出，去掉旧培养土，将母株分切成2至数丛分别盆栽。也可切取老的根状茎，单独栽植，促其萌发成为新株。开花后经人工授粉，容易得到种子。首先应去掉抑制种子发芽的果肉，于3～4月盆播，覆土深度应是种子直径的3倍左右，经常保持盆土湿润，在温度20～30℃时，4～5周可以出苗。苗高1cm后分苗，栽培3年后开花。花叶品种只能用分株法繁殖。

（4）栽培要点　盆栽可用腐叶土或泥炭土加1/4左右的河沙和少量基肥作培养土。盆栽时底部1/3左右应填颗粒状的碎砖块，以利盆土排水。生长时期每2～3周施1次稀薄的液体肥。万年青比较耐寒，可以在0～5℃的房间内越冬，适宜的生长温度为13～18℃。冬季休眠期的温度以10℃为宜。在长江流域可露天过冬，叶子虽有冻害，但翌春仍重新发新叶。花叶品种抗寒能力稍差。在明亮的房间内可长年欣赏，在较暗的室内观赏2～3周更换1次。温室栽培，春、夏、秋三季应遮去70%以上的阳光；冬季遮光50%。花叶品种更怕阳光直射，光稍强便会产生日灼病，光线太弱不易开花结果。注意经常保持盆土湿润和较高的空气湿度并适当通风，以利生长。通风不好易发生介壳虫，可用人工刷或喷洒100～200倍的20号石油乳剂或用40%氧化乐果乳油1000倍液喷杀。

（5）园林用途　万年青叶丛四季青翠，红果秋冬经久不落，比较耐阴，常作盆栽陈设于室内，十分庄重大方，为优美的观叶观果盆栽花卉。万年青是我国和日本的传统观叶植物，可用以布置中式大客厅或书房，在我国南方是良好的林下、路边地被植物。

### 3.4.4　龟背竹

龟背竹（*Monstera deliciosa*），天南星科，龟背竹属，别名蓬莱蕉、电线兰（图3-37）。

（1）形态特征　常绿藤本。茎绿色，粗壮，生有深褐色气生根，长而下垂。叶厚革质，幼时心脏形，无孔，长大后广卵形、具不规则羽状深裂，叶脉间有椭圆形穿孔，极像龟背，具长柄。佛焰苞花序，花期为8～9月，淡黄色。变种有斑叶龟背竹，叶片带有黄白色不规则斑纹，极美丽。

图3-37　龟背竹

（2）生长习性　龟背竹原产于南美热带雨林中，以墨西哥最多，常附生于高大的榕树上。喜温暖潮湿的环境，切忌强光曝晒和干燥。土壤以腐叶土最好。夏季需经常喷水。冬季温度需保持5℃以上。植株生长迅速，栽培空间要宽敞，否则会影响茎叶伸展。

（3）繁殖方法　常用压条和扦插繁殖。压条在5～8月进行，经过3个月左右可切离母株，成为新的植株。扦插在4～5月进行。从基节先端剪取插条，每段带2～3个基节，去除气生根，带叶或去叶插于沙床中，保持一定的温度及湿度，待生根后移入盆钵。还可以在春、秋季将龟背竹的侧枝整枝劈下，带部分气生根，直接栽植于木桶或水缸中，成活率高，成形迅速。

（4）栽培要点　盆栽时，需立支柱于盆中，让它攀附。土壤以腐叶土最好，也可以用水苔种植。温室越冬要求温度在5℃以上。夏季移至室外，宜半阴，避免阳光直射。在夏季生长期间，需每天浇水2次，叶面常喷水，保持较高的空气湿度。生长期间，每隔半个月施1次稀薄饼肥水。室内栽培，如通风不好，易遭蚧壳虫危害，要及时防治。

（5）园林用途　龟背竹宜植于花坛、花境中。

### 3.4.5　白鹤芋

白鹤芋（*Spathiphyllum kochii*），天南星科，苞叶芋（白鹤芋）属，别名白掌、苞叶芋、

图3-38 白鹤芋

异柄白鹤芋、银苞芋、一帆风顺（图3-38）。

（1）形态特征 多年生常绿草本植物。株高30～40cm。叶基生，革质，长椭圆形或阔披针形，有长尖，叶色浓绿。叶长20～30cm，宽10cm左右，叶柄长30cm左右，叶脉明显。因卷曲成匙状的花苞白如雪莲，形同合掌，故又称为白掌。

（2）生长习性 喜温暖湿润和半阴环境，切忌阳光直射，怕寒冷。忌黏重土壤，宜富含腐殖质的砂质壤土。

（3）繁殖方法 白鹤芋可用分株和播种繁殖。生长健壮的植株两年左右可以分株一次，一般于春季结合换盆时或秋后进行。在新芽生出前将整个植株从盆中倒出，去掉旧培养土，在株丛基部将根茎分割成数丛（每丛含有3个以上的芽），用新培养土重新上盆种植。开花后的白鹤芋经人工授粉可以得到种子，可随采随播，用于繁殖。但由于白鹤芋株丛分蘖速度很快，故繁殖多用分株法。大量生产常采用组织培养法繁殖，增殖迅速，株丛整齐。

① 分株繁殖。由于白鹤芋易产生萌蘖，故多用此法繁殖。生长健壮的植株2年左右可以分株一次。早春新芽生出之前整株从盆中倒出，去掉宿土，在株丛基部将根茎切开。每一小丛最好能有3个以上的茎和芽，应尽量多带些根群，以利新株较快地抽生新叶和株形丰满。

② 播种繁殖。此法繁殖也不难。在温室中经人工授粉，可以得到种子。种子成熟后，随采收随播，播种温度应在25℃左右，温度低种子易腐烂。

（4）栽培要点 白鹤芋较耐阴，只要有60%左右的散射光即可满足其生长需要，因此可常年放在室内具有明亮散射光处培养。夏季可遮去60%～70%的阳光，忌强光直射，否则叶片就会变黄，严重时出现日灼病。北方冬季温室栽培可不遮光或少遮光。若长期光线太暗则不易开花。白鹤芋为喜高温种类，应在高温温室栽培。冬季夜间最低温度应在14～16℃之间，白天应在25℃左右。长期低温，易引起叶片脱落或焦黄状。

生长期间应经常保持盆土湿润，但要避免浇水过多，盆土长期潮湿，否则易引起烂根和植株枯黄。夏季和干旱季节应经常用细眼喷雾器往叶面上喷水，并向植株周围的地面上洒水，以保持空气湿润，这样对其生长发育十分有益。气候干燥，空气湿度低，新生叶片会变小发黄，严重时枯黄脱落。冬季要控制浇水，以盆土微湿为宜。

生长旺季每1～2周施一次稀薄的复合肥或腐熟饼肥水，这样既利于植株生长健壮，又利于不断开花。北方冬季温度低，应停止施肥。

盆栽用土可用腐叶土或泥炭土加1/4左右河砂或珍珠岩均匀配成，另外加少量骨粉或饼沫作基肥。盆土要求疏松、排水和透气性良好。一般每年早春新芽大量萌发前要换盆1次，换盆时去掉部分宿土，修整根系，添加新的培养土并栽植在大一号的盆中，以利根系发育，利于生长茁壮。

（5）园林用途 白鹤芋是优良的观叶植物，在南方地区可地栽，其他地区多盆栽观赏。白鹤芋是抑制人体呼出的废气如氨气和丙酮的“专家”，同时它也可以过滤空气中的苯、三氯乙烯和甲醛，它的高蒸发速度可以防止鼻黏膜干燥，使患病的可能性大大降低。

### 3.4.6 印度橡皮树

印度橡皮树（*Ficus elastica*），桑科，榕属，别名印度榕、橡皮树、印度榕树、橡胶树（图3-39）。

（1）形态特征　常绿乔木，树皮平滑，树冠卵形，全株光滑，有乳汁，茎上生气根。叶宽大具长柄，厚革质，叶面亮绿色，叶背淡黄绿色，长椭圆形或矩圆形，先端渐尖，全缘。幼芽红色，具苞片。夏日由枝梢叶腋开花。隐花果长椭圆形，无果梗，熟时黄色。

（2）生长习性　喜温暖湿润环境，喜充足光照，耐阴，耐旱，不耐寒，生长适温为22～32℃。

（3）繁殖方法　扦插或压条繁殖。扦插在3～10月进行，选植株上部和中部的健壮枝条作插穗，长20～30cm，留茎上叶片2枚，上部两叶须合拢起来，用细绳捆在一起。切口待流胶凝结或用硫黄粉吸干，再插入以沙质土为介质的插床上，蔽阴保湿约30天出根，即可移栽。压条法在夏季选择生长充实的壮枝，在枝条上环剥0.5～1cm宽，用青苔或糊状泥裹实，外包薄膜，保持湿度1个月后，连泥团一起剪下放到沙地中排植，先行催根10～15天，见新根伸出泥团，再行种植，另成新株。幼苗置于半阴处养护。

（4）栽培要点　盆栽对土壤要求不严，但以肥沃疏松、排水性好的土壤最佳，春、夏、秋三季生长旺盛，每1～2个月需施肥1次。秋后要逐渐减少施肥和浇水，促使枝条生长充实。每年秋季修剪整枝1次，这对盆栽尤为重要，可促使来年多发新枝，达到枝叶饱满的观赏效果。注意截顶促枝，修剪造型，越冬保温10℃以上。橡皮树抗旱性较强，北方寒冷地区则宜盆栽，其生育适温为22～32℃；温度低于10℃时，应移入室内越冬；若长期处于低温和盆土潮湿处易造成根部腐烂死亡。

图3-39　印度橡皮树

（5）园林用途　橡皮树生性强健，叶大光亮，四季葱绿，为常见的观叶树种。幼树可盆栽装饰厅堂与书房。北方地区常用成株桶植，布置大型建筑物的门厅两侧与节日广场；南方地区则多露天种植于溪畔、路旁，浓荫蔽日，给路人以凉爽清风，遮阴纳凉效果非常好。

### 3.4.7 富贵竹

富贵竹（*Dracaena sanderiana*），百合科，龙血树属，别名仙达龙血树（图3-40）。

（1）形态特征　富贵竹属常绿小乔木，茎干直立，株态玲珑，茎干粗壮，高达2m以上，叶长披针形，叶片浓绿，生长强健，水栽易活。其品种有绿叶、绿叶白边（称为银边）、绿叶黄边（称为金边）、绿叶银心（称为银心）。绿叶富贵竹又称为万年竹，其叶片浓绿色，长势旺，栽培较为广泛。

（2）生长习性　性喜高温高湿环境，对光照要求不严，喜光也能耐阴，可以长期置于室内无需日照，不用刻意养护，只要有足够的水分就能旺盛生长。

图3-40 富贵竹

（3）繁殖方法 富贵竹长势、发根长芽力强，常采用扦插繁殖，只要气温适宜整年都可进行。一般剪取不带叶的茎段作插穗，长5～10cm，最好有3个节间，插于砂床中或半泥沙土中。在南方春、秋季一般25～30天可萌生根、芽，35天可上盘或移栽大田。水插也可生根，还可进行无土栽培。

（4）栽培要点 富贵竹耐肥力强，喜高氮、高磷、高钾。施肥以前轻、中重、后轻为原则。在大田种植，可选择深厚肥沃的沙壤土或半泥沙土为宜，也可选择冲积层黏土。首先犁土深翻两次，起畦种植，5～6月可施一次花生麸，亩施40～50kg，可沤腐淋施或打碎撒施，并施磷肥50kg。8～9月可视富贵竹长势酌情追肥，以复合肥为主，少施氮肥，防叶片徒长，应增施磷肥、钾肥及叶面肥。

富贵竹耐湿、耐涝力强，在生长期以湿润为宜，垄沟保持浅水层。高温干旱时，应灌水于垄沟，并洒水降温保湿，使植株生长旺盛。每施一次肥应洒薄水一次，促进肥料溶解以令根系快吸肥。遇大雨或暴雨时，应排去田间积水，不宜施肥，防止病害发生，注意台风袭击，加固荫棚，并用竹竿扶稳植株防倒伏。冬季吹干北风时，土壤应保持湿润，洒水或灌水垄沟。

（5）园林用途 富贵竹适于作小型盆栽，用于布置居室、书房、客厅等处，可置于案头、茶几和台面上，富贵典雅，玲珑别致，有很好的观赏性。

### 3.4.8 马拉巴栗

马拉巴栗（*Pachira aquatica*），木棉科，瓜栗属，别名美国花生、大果木棉、发财树、美国土豆（图3-41）。

（1）形态特征 常绿小乔木。掌状复叶，小叶5～11片，小叶近无柄，长圆形至倒卵圆形，先端渐尖，基部楔形，一般中央小叶较外侧小叶大。花白色、粉红色，花筒内为浅黄色，外面为褐色或绿色，花期为5～11月。

图3-41 马拉巴栗

（2）生长习性 喜温暖气候，为阳性树种，有一定的耐阴能力，在室内光线比较弱的地方可以连续欣赏2～4周，光线弱生长停止或新生长出的叶片纤细，时间太久会引起老叶脱落。低温对其有致命的危害，冬季应放在16～18℃以上的环境中，低于这个温度叶片变黄，进而脱落，10℃以下容易死亡。对土壤要求不严，具有弱酸性的一般土壤就能生长良好。

（3）繁殖方法 繁殖方法可用播种、嫁接、扦插法。大批繁殖均采用播种法。目前我国多从国外进口种子，在海南岛和广东等地露地或塑料棚播种。种子播于沙质土壤，保持湿润，温度在15℃以上，经7～10天可发芽。当真叶长出3～5片，高度约30cm时上盆或定植，出苗后以30cm×100cm的株行距定植在田间，用高畦法种植，注意除草和施肥。在南方1～2年可以长成茎基部直径5cm以上的成苗，于10月份带根挖起，剪掉顶部的枝叶，盆栽，经3～4个月的培养可以在顶部生长出3～4个分枝和翠绿的新叶。花叶发财树需用嫁接法繁殖，砧木用普通的发财树，于8～9月份嫁接，每株接3芽，用嫩枝劈接法嫁接，嫁接后放置于塑料棚中防雨，当年即可成苗。少量繁殖，也可以用大枝条扦插法，上面用塑料膜保湿，或春、夏季可用截顶枝条作插枝，插后约30天可发根。

（4）栽培要点 用泥炭土、腐叶土加1/4左右的河沙和少量的农家肥配成盆栽用土，栽种在直径为18～35cm的中、大型盆中。栽植不宜过深，以膨大的茎外露较美观。可单株栽植，也可3～5株栽于同一盆内，将其茎干编成辫状。中等的盆栽植株于每年春季换到大一号的盆中，换盆时可以去掉部分旧土。生长季节每30～40天施1次薄液态肥。以含氮、磷、钾全肥为好，以利于加速生长和促使茎基部加粗。幼苗期应适当增加遮阴量。发财树在高温生长时期需充足的水分，干燥往往容易造成叶片脱落，但不易因干旱而致死。在冬季低温时，必须保持盆土适当的干燥，直到盆土大部分变干时再浇水。

（5）园林用途 发财树深受商家及市民的欢迎，加之株形优美，叶色亮绿，树干呈纺锤形，盆栽后适于在室内布置和美化使用。所以，近十几年来，发财树的种植和出售在我国南方发展较快。每逢节日，各宾馆、饭店、商家及市民多进行采购，以图吉祥如意。北方各城市也受其影响，盆栽于室内观赏。

### 3.4.9 散尾葵

散尾葵（*Chrysalidocarpus lutescens*），棕榈科，散尾葵属，别名小黄椰子（图3-42）。

（1）形态特征 常绿灌木。丛生状，茎高3～8m，大多不分枝，偶有分枝。茎干光滑黄绿色，嫩时被蜡粉，环状鞘痕明显。叶羽状全裂，叶稍曲拱，裂片条状披针形，先端柔软，黄绿色。叶柄、叶轴、叶鞘均为淡黄绿色，叶鞘圆筒形，抱茎。花小，成串黄色，肉穗花序圆锥状。花期为3～6月。浆果圆形，金黄色，成熟时紫黑色，种子1～3粒，卵形至阔椭圆形，腹面平坦，背具纵向深槽。

图3-42 散尾葵

（2）生长习性 喜高温高湿和半阴环境，耐寒力较弱，对低温十分敏感，生长适温为25～35℃。

（3）繁殖方法 通常采用播种和分株方法繁殖。播种繁殖，每年8～11月可以从南方引进种子。种子发芽温度为25℃左右，播种前浸种，条播到苗床内，上加1cm厚的河砂覆盖，保温10℃以上越冬，翌年4～5月，苗高3～5cm，可移植于小盆或育苗袋栽植。分株繁殖可于每年春、夏季进行，结合换盆进行分株。选取分蘖较多的植株，去掉部分旧土，从基部连接处分割成多丛，每丛苗3～5株，分盆栽植，置于20℃以上温度条件下养护即可。

（4）栽培要点 盆栽培养土要求疏松肥沃，富含有机质的沙质壤土，可掺少量椰糠、发酵的木糠更好。每盆种植3～5株，丛植或品字形栽植，成形较快。由于散尾葵的蘖芽生长比较靠上，故盆栽时应较原来栽得稍深些，以利于新芽更好地扎根生长。置于半阴通风处养护，经常洒水保湿。生长期每1～2周追肥1次，促进生长。肥料以腐熟的饼肥最佳，也可用尿素和过磷酸钙。若有条件定期用磷酸二氢钾稀薄液喷洒叶片，可保持叶片翠绿，生长旺盛，增加观赏效果。注意修残叶，2～3年换盆1次。越冬保温10℃以上。

（5）园林用途 散尾葵植株枝叶茂密，四季常青，分蘖较多，呈丛状生长在一起，形态优美悦目。它较耐阴，中幼苗盆栽后是布置客厅、书房、卧室、会议室等的高档观叶植物；成苗在南方作庭园绿化使用，可丛植于成片草地之上、假山石旁或水塘边上，观赏效果极佳。盆栽陈设于室内半阴的角落。

## 3.5 盆栽观果类花卉生产技术

### 3.5.1 金橘

金橘（*Fortunella margarita*），芸香科，柑橘属，别名金柑、罗浮（图3-43）。

（1）形态特征 常绿小灌木，多分枝，无枝刺。叶革质，长圆状披针形，表面深绿光亮，背面散生腺点，叶柄具狭翅。花1～3朵着生于叶腋，白色，芳香。果实长圆形或圆形，长圆形的称为金橘，味酸；圆形的称为金弹，味甜，熟时金黄色，有香气。

（2）生长习性 喜阳光充足、温暖、湿润、通风良好的环境。在强光、高温、干燥等因素的作用下生长不良，宜生长于疏松、肥沃的酸性沙质壤土。金橘喜湿润，但不耐积水，最适生长温度为15～25℃，冬季低于0℃易受伤害，高于10℃不能正常休眠。金橘每年6～8月开花，12月果熟。

（3）繁殖方法 采用嫁接法繁殖。以一、二年生实生苗为砧木，以隔年的春梢或夏梢为接穗。每年春季3～4月用切接法进行枝接，芽接在6～9月进行。

图3-43 金橘

（4）栽培要点 金橘盆栽宜选用疏松而肥沃的沙质壤土或腐叶土。每年在早春发芽前进行换盆、上盆，2～3年换一次盆。栽后浇透水，放在通风背阴处；经常向叶面喷水，防止植株体内水分蒸发。缓苗一周后，逐渐恢复正常。

生长期盆土应经常保持湿润，忌长时间的过干过湿，否则易引起落花落果。特别是6月上旬，金橘第一次开花时，很容易落花。在夏季雨水过多时，应防止盆内积水，及时扣水。冬季浇水，不干不浇，浇必浇透。

盆栽金橘只要做好4月重施催芽肥，6～7月花谢结幼果时期注意养分补充，8～9月再追施磷肥、钾肥，就能结出好果实。

金橘每年春、秋两季抽出枝条，在5～6

月间，由当年生的春梢萌发结果枝，并在结果枝叶腋开花结果。6～7月开花最盛，果实12月成熟。所以每年在春季萌芽前进行一次重剪，剪去过密枝、重叠枝及病弱枝，健壮枝条只保留下部的3～4个芽，其余部分全部剪去，每盆留3～4枝。这样就可萌发出许多健壮、生长充实的春梢，当新梢长到15～20cm长时，及时摘心，限制枝叶徒长，有利于养分积累，促使枝条饱满。在6月份开花后，适当疏花。秋季8月份当秋梢长出时要及时剪去，这样不仅能提高坐果率，而且果实大小均匀，成熟整齐。在北方一般不进行重剪，每年只修剪干枯枝、病虫枝、交叉枝，注意保持树冠圆满。

冬季移入室内向阳处，室温保持在0℃以上，不宜过高。控制浇水，清明节后移出室外。

（5）园林用途　金橘四季常青，枝叶茂密，冠姿秀雅，花朵皎洁雪白，娇小玲珑，芳香远溢，果实熟时金黄色，垂挂枝梢，味甜色丽。金橘可丛植于庭院，盆栽可陈列于室内观赏。

## 3.5.2 代代

代代（*Citrus aurantium*），芸香科，柑橘属，别名代代花、回青橙（图3-44）。

（1）形态特征　常绿小乔木，是酸橙的变种。树干灰色，有纵纹，嫩枝扁平，浓绿色，具短刺。叶革质，互生椭圆形至卵状椭圆形，叶柄具宽翅。总状花序，白色，单朵或数朵簇生于叶腋，极芳香。花期为5～6月。果实扁圆形，冬季呈橙黄色，果实不脱落，次年春夏又变为青绿色，故有“回青橙”之美称。

（2）生长习性　喜温暖、湿润的环境，喜光，喜肥，稍耐寒，冬季放入室内，0℃以上可安全越冬。对土壤要求不严，以富含有机质的微酸性沙质壤土最适。忌土壤过湿，尤忌积水。

（3）繁殖方法　以扦插和嫁接法繁殖为主。在6月下旬至7月上旬，选取一、二年生健壮枝条，基质用60%壤土和40%沙混合。插后要遮阴、保湿，两个月可生根。嫁接可在4月下旬至5月上旬进行，可用任何柑橘类植物的实生苗作砧木，进行劈接。

（4）栽培要点　南方可进行露地栽培，华北及长江流域中下游各地多盆栽。盆土宜选用疏松、肥沃、排水良好、富含有机质的微酸性培养土。

平时浇水要适量，勿使盆土过干或过湿。夏天天气炎热，要适当遮阴，早晚各浇1次水，雨季淋雨后要及时排水，不使花盆积水。代代喜肥，生长季节每隔10天施1次腐熟的有机液肥，以矾肥水为佳。花芽分化期，增施一次速效磷肥，以利于孕育和结果。开花时停止施肥，以免花叶脱落。生长适温为20～30℃，越冬保持在0℃以上，不宜过高。盆栽代代2～3年需换盆1次，在早春萌芽前进行。可结合换盆，对植株进行1次较强的整形修剪，并施以基肥等管理，以促进新枝萌发，多开花结果。

（5）园林用途　代代春夏之交开花，花色洁白如琼，瓣质浑厚如玉，香浓扑鼻，花后结出橙黄色果实，挂满树枝。代代是庭院中珍贵的芳香观果树，也是室内优异的观花、观果盆栽花卉。南方可露地栽培，北方可盆栽观赏。

图3-44　代代

## 3.6 盆栽肉质类花卉生产技术

### 3.6.1 仙人掌

仙人掌（*Opuntia stricta*），仙人掌科，仙人掌属，别名仙巴掌（图3-45）。

（1）形态特征　多年生常绿肉质植物。茎直立扁平多分枝，扁平枝密生刺窝，刺的颜色、长短、形状数量、排列方式因种而异。花色鲜艳，花期为4～6月。肉质浆果，成熟时为暗红色。

（2）生态习性　喜温暖和阳光充足的环境，不耐寒，冬季需保持干燥，忌水涝，要求排水良好的沙质土壤。

（3）繁殖方法　常用扦插法繁殖，一年四季均可进行，以春、夏季最好。选取母株上成熟的茎节，用利刀从茎基部割下，晾1～2天，伤口稍干后，插入湿润的砂中即可。也可用嫁接、播种法繁殖，但因扦插法繁殖简易，所以嫁接和播种不常使用。

图3-45　仙人掌

（4）栽培要点　仙人掌的盆栽用土，要求是排水透气良好、含石灰质的沙土或沙壤土。新栽的仙人掌先不要浇水，也不可暴晒，每天喷雾几次即可。半个月后才可少量浇水，一个月后新根长出才能正常浇水。冬季气温低，植株进入休眠时，应节制浇水。开春后随着气温升高，植株休眠逐渐解除，这时浇水可逐步增加。每10天到半个月施一次腐熟的稀薄液肥，冬季则不要施肥。

（5）园林用途　仙人掌姿态独特，花色鲜艳，常用于盆栽观赏。

### 3.6.2 令箭荷花

令箭荷花（*Nopalxochia ackermannii*），仙人掌科，令箭荷花属，别名孔雀仙人掌、孔雀兰（图3-46）。

（1）形态特征　灌木状，形似昙花。主杆细圆，分枝扁平，叶片状，有时三棱，边缘具疏锯齿，齿间有短刺，中脉明显，并具气生根。花着生在茎先端两侧，花大而美，白天开放，花色有紫色、粉色、红色、黄色、白色等。花期为4月。

图3-46　令箭荷花

（2）生长习性　喜温暖、湿润的气候及富含腐殖质的土壤，不耐寒。

（3）繁殖方法　扦插繁殖，温室内一年四季均可进行，以5～9月最好。取二年生叶状枝，剪下后阴干1～2天，待切口稍干后插于沙床，保持湿润，20～30天生根。

（4）栽培要点　生长期要求湿度较大，需勤浇水，增加喷雾。生长期每半月施一次稀薄液肥，现蕾期增施一次磷肥，促使花大色艳。夏季需遮阴，冬季需阳光充足。冬季保持室温10℃左右。

（5）园林用途　以盆栽观赏为主，用来点缀客厅、书房的窗前、阳台、门廊，为色彩、姿态、香气俱佳的室内优良盆花。

## 3.6.3 金琥

金琥（*Echinocactus grusonii*），仙人掌科，金琥属，别名象牙球（图3-47）。

图3-47　金琥

（1）形态特征　茎球形、深绿色，多棱。刺窝甚大，刺多而密，金黄色扁平硬刺放射状，顶端新刺座上密生黄色棉毛。花着生于茎顶，长4～6cm，黄色。花期为6～10月。

（2）生长习性　性强健，要求阳光充足，夏季应置于半阴处。不耐寒，冬天温度维持在8～10℃之间。喜含石灰质的沙砾土。

（3）繁殖方法　金琥易于播种繁殖，种子发芽容易，但种子不易取得。扦插、嫁接繁育也容易，但不易产生小球。可在生长季节将大球顶部生长点切除，促生仔球，待仔球长至1cm左右时，切下扦插或嫁接。嫁接常用量天尺作砧木，接于较长的砧木上，生长快些，嫁接一年的金琥直径可达5cm，2～3年可达10cm。这时可带5cm左右砧木切下扦插，既不伤球体，也更易生根。

（4）栽培要点　欲使金琥快速生长成大球，应注意肥水供给，在生长期每隔10天左右施1次含磷为主的肥料。金琥生长快，每年需换盆一次。栽培时需通风良好及阳光充足，夏季给予适当的遮阴。

（5）园林用途　金琥形、刺兼美，适合单株盆栽观赏，还可建成专类园。

## 3.6.4 昙花

昙花（*Epiphyllum oxypetalum*），仙人掌科，昙花属，别名月下美人（图3-48）。

图3-48　昙花

（1）形态特征　昙花为多年生灌木。无叶，主茎圆柱形，木质；分枝扁平呈叶状，肉质，长阔椭圆形，边缘具波状圆齿。刺座生于圆齿缺刻处，无刺。花着生于叶状枝的边缘，花大，重瓣，近白色。花期为7～8月，一般于夜间9时左右开放，每朵花仅开放几小时。

（2）生长习性　昙花原产于墨西哥及中、南美洲的热带森林中，为附生类型的仙人掌科植物。其喜温暖、湿润及半阴的环境，不耐曝晒，不耐霜冻，冬季能耐5℃以上的低温。喜排水透气良好、含丰富腐殖质的沙质壤土。

（3）繁殖方法　以扦插繁殖为主，在温室内一年四季都可进行，但以4～9月为最好。选用健壮肥厚的叶状枝，长20～30cm插入沙床，18～24℃下，3周后生根。播种繁殖常用于杂交育种。

（4）栽培要点　上盆栽植时应施足基肥，在生长期每半月施一次腐熟的饼肥水。现蕾期增施一次磷肥、钾肥。但过量的肥水，尤其是过量的氮肥，往往造成植株徒长，反而不开花或开花很少。阳光过强则使叶状枝萎缩、发黄。应保持良好的通风条件，还应注意防积水。昙花叶状枝柔软，盆栽时应设立支架，并注意造型，提高观赏价值。

（5）园林用途　昙花常作盆栽观赏，在华南也常栽于园地一隅。

### 3.6.5 虎皮兰

虎皮兰（*Sansevieria trifasciata*），龙舌兰科，虎尾兰属，别名千岁兰（图3-49）。

（1）形态特征　多年生草本花卉，叶片直立，质地肥厚，线状披针形，叶面上有白色和深绿相间的虎尾状横带斑纹，奇特有趣。栽培的还有其变种金边虎尾兰以及短叶虎尾兰等。

（2）生长习性　适应性特别强，喜温暖湿润，耐干旱，既喜光又耐阴，对土壤要求不严，以排水性较好的沙质土壤最好。

（3）繁殖方法　虎皮兰用分株和扦插法繁殖。扦插在气温15℃以上时就可进行，做法是取叶5～10cm长，稍晾后插入沙中，扦插时切不可颠倒。注意保持一定的湿度，一个月后就能生根，但若对金边虎尾兰来说，用扦插法繁殖，金边容易消失，所以最好采用分株法。分株的做法是：在生长期将植株扣盆，从根茎处分割开进行另植即可。但分株不宜过勤，否则影响长势，一般要待满盆后才分。

（4）栽培要点　由于虎皮兰适应性强，管理也方便，盆栽的土壤要选排水性能特好的，可用3份肥沃园土与1份煤渣混合，再加少量豆饼或鸡粪作基肥。光线以明亮的散射光较好，夏季应稍背烈日。若放置在室内光线太暗处时间过长，叶子会发暗，缺乏生机。此外，如长期在室内的，不要突然直接移至阳光下，应先移放在光线较好处让其有个适应过程，否则叶片容易被灼伤。浇水要掌握宁干勿湿的原则，春季根颈处萌发新株时，要适当多浇水，保持盆土湿润，雨季切忌让盆中积水。平时可用清水擦洗叶面灰尘，保持叶片清洁光亮。对肥料要求不高，生长季每隔半月施一次15%饼肥水即可。11月上旬入室，室温保持在0℃以上就能安全越冬，但在这一时期盆土不要过湿，并要让它多接受阳光。

图3-49　虎皮兰

（5）园林用途　虎皮兰叶片直立，气质刚强，叶色常青，斑纹奇特，庄重而典雅，是良好的室内观叶植物，也是独特的切叶材料。

### 3.6.6 龙舌兰

龙舌兰（*Agave americana*），龙舌兰科，龙舌兰属，别名龙舌掌、番麻（图3-50）。

（1）形态特征　多年生常绿大型草本，肉质，茎极短。叶丛生，肥厚，匙状披针形，灰绿色，带白粉，先端具硬刺尖，缘有钩刺。花葶粗壮，圆锥花序顶生。花淡黄绿色。蒴果椭圆形或球形。

（2）生长习性 龙舌兰原产于墨西哥，性强健，喜阳光，不耐阴，稍耐寒，在5℃以上的气温下可露 地栽培，成年龙舌兰在–5℃的低温下叶片仅受轻度冻害，–13℃地上部受冻腐烂。地下茎不死，翌年能萌发展叶，正常生长。耐旱力强，喜排水良好、肥沃而湿润的沙壤土。原产地一般要几十年后才开花，开花后母株枯死，在南京地区不开花。异花授粉才能结实。

图3-50 龙舌兰

（3）繁殖方法 常用分株法繁殖。于春季3～4月将根际处萌生的萌蘖苗带根挖掘另栽。如根蘖苗没有根系，可扦插于沙土中发根后再种。也可以在春季换盆或移栽时，切取带有4～6个芽的根株盆栽。

（4）栽培要点 龙舌兰栽培管理较简便，除热带、亚热带地区外，其他地区盆栽，冬季要放入低温温室保护过冬，翌年清明后移至室外。彩叶变种，在夏季要适当遮阳。生长季节应保持盆土湿润，浇水时不可将水洒在叶片上，以防发生褐斑病。随着新叶的生长，要将下部枯黄的老叶及时修除。

盆栽常用腐叶土和粗沙的混合土。生长期每月施肥一次。夏季增加浇水量，以保持叶片绿柔嫩，对具白边或黄边的龙舌兰，遇烈日时，稍加遮阴。10月以后，龙舌兰生长速度缓慢，这时应控制浇水，使土壤保持干燥，并且停止施肥，加以适当的培土。如果是盆栽观赏，要及时去除旁生蘖芽，保持株态美观。

（5）园林用途 龙舌兰叶片挺拔，株形高大雄伟，终年翠绿，小盆栽植陈设于厅堂或庭园观赏，也可做大型盆栽，装饰大厅、大门和会议室等。

## 3.7 蕨类植物生产技术

### 3.7.1 波士顿蕨

波士顿蕨（*Nephrolepis exaltata*），肾蕨科，肾蕨属，别名高肾蕨（图3-51）。

（1）形态特征 波士顿蕨是肾蕨属的突变种。一回羽状复叶，其羽片较原种宽阔、弯垂，羽片长90～100cm，披针形，黄绿色。小叶平出，叶缘波状，叶尖扭曲。

（2）生长习性 喜阴湿，对温度要求不严格，抗寒性较强，忌阳光直射。栽培土要求疏松、通气性良好。

（3）繁殖方法 波士顿蕨不产生孢子叶，只能用分株或走茎繁殖。分株周年均可进行，以春、秋季为好。分株后浇透水，置于阴处，能很快恢复生长。

图3-51 波士顿蕨

（4）栽培要点　波士顿蕨室外栽培可在普通培养土中掺入一半左右（体积比）的膨化塑料人造土，拌匀。室内盆栽可完全用质轻、清洁卫生的纯膨化塑料人造土。波士顿蕨宜置于荫棚中栽培，荫棚上遮一层遮阴帘，再盖一层无色薄膜更好，既防雨淋，又可避阳光直射。生长期每天浇水一次，宜滴灌，以免叶片沾上水珠而枯黄、腐烂。炎夏还可在盆花周围喷水，以提高湿度。冬天应适当控制水分，保持湿润即可。生长期须追施氮肥。室外栽培，可每月施2次稀薄有机肥水，切忌污染叶片；室内栽培，可每隔2个月左右补充以氮素为主的营养液一次。为保证株形美观，促进空气流通，应结合整形剪除枯黄老叶。

（5）园林用途　波士顿蕨叶色鲜绿，株形秀雅，盆栽作为室内摆设或作壁挂式、镶嵌式植物装饰材料别具特色。

### 3.7.2　鸟巢蕨

鸟巢蕨（*Asplenium nidus*），铁角蕨科，铁角蕨属，别名山苏花（图3-52）。

（1）形态特征　附生或生于岩石上，根状茎粗短，直立，木质，深褐色。叶簇生，灰绿色，叶片为阔披针形，长95～115cm，中部最宽处为9～15cm，全缘并有软骨质的边，叶纸质，两面均光滑。孢子囊群线形，生于小脉上侧边，囊群盖线形，淡棕色，厚膜质，全缘，宿存。

（2）生长习性　喜温暖湿润和半阴环境。不耐寒，怕干旱和强光曝晒。在高温多湿条件下，全年都可生长。生长适温，3～9月为22～27℃，9月至翌年3月为16～22℃，冬季温度不低于5℃。以泥炭土或腐叶土最好。

（3）繁殖方法

① 分株。春季将密集簇生的营养叶切开或掰下旁生的子株，分别盆栽，并以少量腐叶土覆盖。如排水和通风性好，分株成活率高。

② 孢子繁殖。播种基质用砖屑和泥炭各半配制，消毒压实，均匀撒入成熟孢子。播后盆口盖上玻璃保湿，7～10天萌发，10周后原叶体发育成熟，3个月形成幼苗。

（4）栽培要点　在夏季高温多湿条件下，新叶生长旺盛，需在叶面多喷水，保持较高湿度，这对孢子叶的萌发十分有利。幼叶切忌触摸。每月施肥1次。盛夏避开强光曝晒，放于室外半阴处，并经常喷水洗刷叶面灰尘，保持叶色碧绿。每年春季在盆架中添加腐叶土和少许碎石灰，有益于旁生子株的生长发育。盆栽2～3年后从盆内托出，剪除残根和基部枯萎孢子叶，以保持叶姿优美的鸟窝状株形。

图3-52　鸟巢蕨

（5）园林用途　鸟巢蕨为大型观叶蕨类，盆栽悬挂于室内，极具热带风情；植于热带园林之树下，可增添几分野趣。

## 3.8　兰科花卉生产技术

### 3.8.1　春兰

春兰（*Cymbidium goeringii*），兰科，兰属，别名草兰或山兰（图3-53）。

图3-53 春兰

（1）形态特征 有肉质根及球状的拟球茎，叶丛生而刚韧，长20～25cm，狭长而尖，边缘粗糙。在春分前后，根际抽花茎，在花茎上有白色的膜质苞叶，顶端着生一花。

（2）生长习性 兰花是我国的名花之一，有悠久的栽培历史，多进行盆栽，作为室内观赏用，开花时有特别幽雅的香气，全年均有花，故为室内布置的佳品，其根、叶、花均可入药。

（3）繁殖方法 春兰常以分株繁殖为主，在春、秋季进行。春季在植株休眠期至新芽未出土前为好。去除盆内宿土，用清水将肉质根洗净，晾干，修剪断根、枯叶，注意不损伤嫩芽和折断叶片。一般每盆栽植2～3筒叶。

（4）栽培要点

① 选盆。用土栽培春兰宜在秋末进行。栽植前宜选用清水浸洗数小时的新瓦盆，如用紫砂盆或塑料盆时需注意排水，盆的大小以花根能在盆内舒展为宜。培养土以兰花泥最为理想，或用腐叶土（即针叶土是最为理想的腐殖土）和沙壤土混匀使用，切忌用碱性土。

② 上盆。先在盆底排水孔上垫好瓦片，再垫上碎石子、碎木块等物，约占盆的1/5。其上铺一层粗沙，然后放入培养土，最后将兰苗放入盆中，把根理直，让其自然舒展，填土至一半时，轻提兰苗，同时摇动花盆，使兰根与盆土紧密结合，继续填土至盆面和压紧，距离沿口约3cm，以便施肥与浇水。

③ 遮阴。上盆后浇透水放于阴蔽处。早春与冬季放于室内养护，其余时间放于室外荫棚下（最好放在树底下），夏天早晨8点至下午6点遮光，春兰在夏季遮光阴蔽度宜在90%左右，春、秋季为70%～80%即可。

④ 浇水。春兰叶片有较厚的角质层和下陷的气孔，比较耐旱，因此需水分不多，以经常保持兰土“七分干、三分湿”为好。春季，2～3天浇水1次，花后宜保持盆土稍干一些，夏季气温高，可每天浇水1次，秋季则见干见湿，冬季少浇水。

春兰在花后宜保持盆土稍干一些，但也不能过湿，干旱和炎热季节，傍晚应向花盆周围地面喷雾，增加空气湿度。

⑤ 施肥。一般从4月起至立秋止，每隔15～20天施1次充分腐熟的稀薄饼肥水。当春兰叶子上有黑斑时，可以用稀薄食用醋液喷雾。

## 3.8.2 蕙兰

图3-54 蕙兰

蕙兰（*Cymbidium faberi*），兰科，蕙兰属，别名虎头兰、黄蝉兰（图3-54）。

（1）形态特征 蕙兰的假鳞茎不明显，根粗而长，叶5～9枚，长20～120cm，宽0.6～1.4cm。直立性强，基部常对褶，横切面呈“V”形，边缘有较粗的锯齿。花茎直立，高30～80cm，有花6～12朵；花浅黄绿色，有香味，稍逊于春兰。花直径5～6cm，花瓣稍小于萼片，唇瓣不明显，3裂，中裂片长椭圆形，上面有许多晶莹明亮的小乳突状毛，顶端反卷，边缘有短绒毛；唇瓣白色，有紫红色斑点。花期为3～5月份。

（2）生长习性　家庭养蕙兰，要重视解决光照问题，为它设置一个类似的生态环境。把兰盆放在朝东南面向阳的位置上，使它常年享受到充足的阳光。除了夏季、初秋要用遮阳网遮去中午前后的烈日曝晒外，其余季节都可以让阳光普照，以利增强光合作用，加速养料制造，促进植株生长。

（3）繁殖方法

① 分株繁殖。在植株开花后，新芽尚未长大之前，处于短暂的休眠期。分株前使基质适当干燥，让大花蕙兰根部略发白、略柔软，这样操作时不易折断根部。将母株分割成2～3筒一丛盆栽，操作时抓住假鳞茎，不要碰伤新芽，剪除黄叶和腐烂老根。

② 播种繁殖。播种繁殖主要用于原生种大量繁殖和杂交育种。种子细小，在无菌条件下极易发芽，发芽率在90%以上。

③ 组培繁殖。选取健壮母株基部发出的嫩芽为外植体。将芽段切成直径0.5mm的茎尖，接种在制备好的培养基上。用MS培养基加6-苄氨基腺嘌呤0.5mg/L，52天形成原球茎。将原球茎从培养基中取出，切割成小块，接种在添加6-苄氨基腺嘌呤2mg/L和萘乙酸0.2mg/L的MS培养基中，使原球茎增殖，20天左右在原球茎顶端形成芽，在芽基部分化根。90天左右，分化出的植株长出具3～4片叶的完整小苗。

（4）栽培要点　大花蕙兰植株生长旺盛，根群粗而多，如果假球茎已接近拥挤整个盆面，就要换盆，以免根部纠结。大花蕙兰属于地生兰，喜欢富含有机质的植料，通常采用树皮、细木屑、木炭、水苔、椰衣、陶粒、火山石等材料中的一种或多种混合作植料。

它对温度的适应性较强，10～35℃皆可生长，所以在广东栽培，许多地方无需花很大的投资建增温、降温设备。但是，它喜欢昼夜温差大的环境，以日间20～30℃，夜间8～20℃最适宜生长。

空气湿度高和植料微湿的水分状态最适合它的生长要求。在管理上不能以时间来定浇水措施，而应以植株、植料、天气等因素来决定，植料干了才浇水，浇则浇透，使污浊空气和有害物质随水排去。

蕙兰吃肥较多，施肥应低浓度、常供应。可置缓效性肥料于植料中，同时每周施液体肥料1次；氮、磷、钾肥的比例为小苗2∶1∶2，中苗1∶1∶1，大苗1∶2∶2。在花期前半年停施氮肥，促进植株从营养体生长转向开花。

图3-55　建兰

### 3.8.3　建兰

建兰（*Cymbidium ensifolium*），兰科，蕙兰属，别名四季兰、雄兰、骏河兰、剑蕙等（图3-55）。

（1）形态特征　假鳞茎卵球形，包藏于叶基之内。叶2～6枚，带形，有光泽，长30～60cm，宽1～2.5cm。花葶从假鳞茎基部发出，直立，一般短于叶；总状花序具3～9朵花；花常有香气，色泽变化较大，通常为浅黄绿色而具紫斑；萼片近狭长圆形或狭椭圆形；

花瓣狭椭圆形或狭卵状椭圆形，长1.5～2.4cm，宽5～8mm，近平展；唇瓣近卵形，长1.5～2.3cm，略3裂。蒴果狭椭圆形，长5～6cm，宽约2cm。花期通常为6～10月。

（2）生长习性　生于疏林下、灌丛中、山谷旁或草丛中，海拔600～1800m。产自中国多地，广泛分布于东南亚和南亚各国，北至日本。此具有较高的园艺和草药价值。

繁殖方法和栽培要点见蕙兰。

### 3.8.4 大花蕙兰

大花蕙兰（*Cymbidium hubridum*）（图3-56），是对兰属中通过人工杂交培育出的、色泽艳丽、花朵硕大的品种的一个统称。兰属植物约48种，目前用来作杂交亲本的原生种有近20种，主要是大花的附生类以及少量的地生类。

（1）形态特征　常绿多年生附生草本，假鳞茎粗壮，属合轴性兰花。假鳞茎上通常有12～14节（不同品种有差异）；叶片2列，长披针形，叶片长度、宽度不同品种差异很大。根系发达，根多为圆柱状，肉质，粗壮肥大；大花蕙兰花序较长，小花数一般大于10朵，品种之间有较大差异；花被片6，外轮3枚为萼片，花瓣状。内轮为花瓣，下方的花瓣特化为唇瓣。

（2）生长习性　大花蕙兰原产于我国西南地区。常野生于溪沟边和林下的半阴环境。喜冬季温暖和夏季凉爽。生长适温为10～25℃，叶片呈绿色，花芽生长发育正常，花茎正常伸长，在2～3月开花；若温度低于5℃，叶片呈黄色，花芽不生长，花期推迟到4～5月份，而且花茎不伸长，影响开花质量。总之，大花蕙兰花芽形成、花茎抽出和开花，都要求白天和夜间温差大。

大花蕙花对水质要求比较高，喜微酸性水，对水中的钙、镁离子比较敏感。以雨水浇灌最为理想，生长期需较高的空气湿度。如湿度过低，植株生长发育不良，根系生长慢而细小，叶片变厚而窄，叶色偏黄。大花蕙兰在兰科植物中属喜光的一类，光照充足有利于叶片生产，形成花茎和开花。过多遮阴，叶片细长而薄，不能直立，假鳞茎变小，容易生病，影响开花。

（3）繁殖方法　大花蕙兰可以通过组织培养和分根繁殖。

（4）栽培要点

① 培养基质。大花蕙兰的栽培中，应选用一些颗粒较大的培养基质，一般可选用蛭石、椰子屑、碎砖粒、陶烧土和水苔等来种植。

② 光照的控制。大花蕙兰对光照的要求要高。光照的不足除将导致植株纤细瘦小，抗病力弱外，还明显影响大花蕙兰的生殖生长；春季遮光20%～30%，夏季遮光40%～50%，秋季多见阳光，有利于花芽形成与分化。温室大花蕙兰种植冬季及雨雪天如增加辅助光，对开花极为有利。

图3-56　大花蕙兰

③ 肥料管理。大花蕙兰的栽培多选用非土壤的基质，所以在大花蕙兰的栽培中肥料的施用非常重要。一般3～9月宜选用含氮较多的肥料，10月应施用含磷、钾较多的种类，也可用兰花的专用肥。浓度一般以0.1%～0.3%为

好。花后的4～5月和秋天的9～10月可每月施加1～2次新沤熟的饼肥，适当添加骨粉、鱼粉、青草沤水等。

④ 水分管理。在冬季盆土以偏干为好，因这时气温较低，植株细胞的含水量低些会更有利于大花蕙兰的越冬。春季开始，浇水量应逐步增加，至初夏每日浇透水一次，一直持续至秋季，再逐步减少。

越冬：大花蕙兰在冬季应移入温室内越冬，并保持有5～8℃以上的温度。

（5）花期调控　6～10月，白天20～25℃，夜间15～20℃，大于30℃高温不利于花芽分化和发育，昼夜温差大有利于花芽分化。较强光照可提高开花率，但太强会导致幼嫩花芽的枯死，一般控制在6万勒克斯以下。花芽发育期间适当控水能促进花芽分化和花序的形成。肥料的选择，1～6月，保持N、P、K均衡施肥；6～10月增加P、K比例，全年抹芽并提高P、K比例，提高植株体内的C/N比。可通过海拔800～1000m以上的高山催花，大花蕙兰不怕雨水，露地栽培即可，只需临时搭建一层50%左右的遮阳网，高温下，大花蕙兰需水量大，要备有充足的水源，电导率需小于0.3mS/m。

## 思考题

1. 盆栽花卉扦插育苗的方法有哪些？
2. 嫁接育苗方法可分为哪几类？并举例介绍其中一类。
3. 简述压条繁殖的方法。
4. 换盆与翻盆指什么？又有哪些要求？
5. 举例说明盆栽观花类花卉生产技术（至少三种）。
6. 举例说明盆栽肉质类花卉生产技术（至少三种）。

# 4 切花花卉生产技术

切花又称鲜切花，是指从活体植株上切取的具有观赏价值，用于花卉装饰的茎、叶、花、果等植物材料。鲜切花包括切花、切叶、切枝、切果。经保护地栽培或露地栽培，运用现代化栽培技术，达到规模生产，并能周年生产供应鲜花的栽培方式，称为切花生产。

## 4.1 切花苗培育技术

### 4.1.1 常见切花种类

在切花生产和应用实践中，依据其观赏部位大致可分为四类。

（1）切花类　以花为主体，即平常所指的鲜切花，生产、销售量最大，这类切花是切花栽培与运用的主导产品，观赏运用的对象包括花朵、花序、苞片或花枝。以花朵大或数量多、花色艳丽、花姿优美为主要特征，有的还有诱人的香气，是花艺装饰的主要花材。

主要的切花有月季、菊花、香石竹、百合、唐菖蒲、鹤望兰、红掌、非洲菊、霞草、补血草等。

（2）切叶类　以剪切叶色鲜艳、叶形美丽或奇特的叶片为主。花艺装饰中多用作配材，作为背景或填充材料，起烘托主体、突出焦点的作用。

主要的切叶类切花有肾蕨、变叶木、龟背竹、绿萝、富贵竹、文竹、天门冬等。

（3）切枝类　剪截未带叶、花、果的美丽枝条，常作为插花和花卉装饰的主枝或衬托。中国传统插花多用姿态优美的切枝作为主枝，欣赏其造型和线条美。

主要的切枝类切花有松、柏、梅花、榆叶梅等。

（4）切果类　以果实作为观赏对象的一类切花。这类切花多数硕果累累，色彩鲜艳或果形奇特，观赏期长。花艺装饰中，摘下形色美的果实，摆放在作品中，常有很强的观赏效果，可单独作为主体或作为配材运用。

主要的切果类切花有佛手、冬珊瑚、五色椒、火棘、乳茄、观赏南瓜等。

### 4.1.2 各种因素与切花品质的关系

切花品质的含义包括观赏寿命、花姿、花朵大小、小花发育状况、鲜度、颜色、茎和花梗的支撑力、叶色和质地等。一般来说，切花品质取决于采前，但如果采收时或采后处理不当，也会损伤原有品质，因而降低或丧失观赏价值。要提高切花花卉的品质，必须从提高切花的栽培管理水平入手，科学合理地养护，才能提高切花的商品率，适应国内外市场的需求，使鲜切花产业实现优质、高产、高效的目标，发挥其应有的市场竞争力。

（1）切花内含物与品质的关系　切花的含水量一般为70%～80%，其余部分为干物质，如碳水化合物、有机酸、挥发性物质、色素、矿质元素和维生素、植物激素等。这些化学成分的性质、含量及变化与切花品质、采后生理变化和储藏保鲜有着十分密切的关系。

（2）栽培管理水平与品质的关系　栽培水平直接影响切花生产发育和品质形成，以及采后品质的变化。

① 肥水管理的影响。合理施肥和灌溉对于优质切花生产尤为重要。在切花的栽培过程中，切忌施氮肥过量，否则，将会影响切花的品质和寿命。试验表明，菊花在花蕾着色之前，要停止使用氮肥，同时适量增施钾肥，有利于增强花枝的耐折性，提高切花的品质。在切花生长期间，要保持土壤的相对干燥，水分过多，不利于根系发育和采后品质的保持。如果在低温时期，水分过多或磷肥过量，会导致香石竹花萼破裂；如果在花芽分化期，肥料过多，易导致香石竹花头弯曲，影响切花品质；施用钙镁磷肥，能使金鱼草花大色艳；菊花生长期间，施用硝态氮肥要比氨态氮肥更有利于提高切花的品质。

② 环境条件的影响。环境条件直接影响到切花的生长和品质，其中最重要的是光和温度的影响。光通过切花的光合作用，使切花体内碳水化合物增加，促使色素形成，切花花色鲜艳，观赏寿命延长。温度也较明显地影响切花的品质和寿命，如在高温高湿条件下栽培的菊花和香石竹，切花的观赏寿命缩短。切花月季在采前10天，温度从20℃升到27℃，切花的观赏寿命比对照明显缩短。因此，在生长期内，适当增加光照，保持适当的低温，有利于提高切花的品质和观赏寿命。

③ 病虫害的影响。病虫害直接影响到切花的生长，降低切花品质，许多切花品种如百合、菊花等易受病毒病的危害，使得花卉植株生长受阻，叶、花变色或畸形，枝条节间缩短，花蕾萎缩，难以开放。另外，切花植株一旦受到病虫害危害，如不及时防治，优质切花的产花率极低，严重影响切花品质。因此，在栽培管理过程中，加强切花的病虫害防治，掌握发生规律，抓住防治关键时期，对提高切花的品质尤为重要。

④ 激素的影响。应用激素能有效地增加花枝的长度和硬度。如用4mg/LGA在菊花栽植后3天和3周后各喷1次，能使优质花朵的比率增加1倍以上。在菊花现蕾后3～8周内喷洒2.5%的B9 1～2次，切花寿命可延长5天左右。百合花在开花前1～2周用500～1000mg/LGA处理，切花寿命比对照延长2～3天。

⑤ 矿质元素的影响。适量施用矿质元素，提高切花品质。切花中含有多种矿质元素，主要为N、P、K、Ca、Mg等，它们是切花组织细胞组成、功能和代谢的重要物质，矿质的含量对切花的品质有直接或间接影响。缺钙的花卉植株，其切花枝条较软，缺钾的月季切花花头容易下垂。

（3）品种与品质的关系　不同种类切花的观赏性是有差异的，目前世界上最为流行的切花种类主要有月季、菊花、香石竹等。

### 4.1.3 切花苗的繁殖

花卉植物种类繁多，其繁殖方法也各不相同，通常可分为有性繁殖和无性繁殖两大类。一般根据实际情况采取相应的繁殖方式。

① 有性繁殖。可参见“2.1 育苗技术”的有关内容。

② 无性繁殖。包括扦插育苗、嫁接育苗、分生繁殖、压条繁殖、孢子繁殖等，参见“3.1 繁殖技术”的有关内容。

## 4.2 生长调控

### 4.2.1 整地

在设施切花栽培中，由于设施内部相对封闭的特点，使设施内的土壤缺少严寒、雨淋、曝晒等自然因素的影响。加之长时间栽培单一植物种类、施肥多、浇水少等一系列因素的影响，使得土壤的理化性状发生变化，土壤病原微生物大量积累，即使在正常管理的情况下，切花产量也会降低，品质变劣，生育状况变差，无法再继续生产，出现连作障碍。

#### 4.2.1.1 设施内土壤调控

（1）*切花连作障碍防治* 切花种植中，要避免连作障碍的产生，往往需要采取一些综合性措施，才能取得明显成效。常用的措施如下。

① 合理施肥。根据不同切花对肥料的需求特点，以及不同生育时期需肥的规律，采取科学的施肥方法，提供作物所需的各种肥料，实行完全施肥，不偏施氮肥。

② 增施有机肥。有机肥能供给切花生长发育所需的各种元素，同时能够改善土壤结构，提高土壤的保水保肥能力。针对不同的有机肥，在施肥时可采用分层施用的方法，迟效的、肥力低的施在最底层，肥效快的、肥力高的施在中层，随着作物根系的不断扩展，逐渐吸收各层肥料，避免肥料过分集中而伤害根系。

③ 合理轮作。在有条件的情况下，要实行严格的轮作制度。利用不同种类切花对土壤中不同养分的吸收，平衡土壤中各种元素的比例，避免作物根系分泌物的自毒作用，还能有效地控制各种病害的发生。

④ 灌水洗盐。土壤中的含盐量偏高时，可利用土地休闲时间引水灌田降盐，也可间隔3～4年在夏季休闲一次，揭开覆盖物，利用自然降雨洗盐。

除以上措施外，还可在切花生产中采用地膜覆盖抑制水分的蒸发；进行中耕松土，促进根系生长，提高根的吸收能力；以及对根系活动层进行客土、换土等措施进行调控。

（2）*土壤酸碱性调控* 不同种类切花对土壤的pH值要求不同，可采用撒施石灰粉、硫酸亚铁和硫黄粉来调整土壤的酸碱性。碱性土壤改良，可撒施硫黄粉250g/m$^2$或者硫酸亚铁1.5kg/m$^2$，使用后可降低pH值0.5～1.0，黏重土壤可适当增加用量。

酸性土改良一般采用施石灰或石灰石粉的方法。一般每亩使用石灰的量在30～120kg之间。当土壤已经酸化或必须施用生理酸性肥时，可在肥料中掺入生石灰来调节。当土壤酸化严重并想迅速增加pH值时，可施加熟石灰，但用量为生石灰的1/3～1/2，且不可对正在种植切花的土壤施用。

（3）*土壤质地改良* 沙土保水保肥能力低，黏土通气、透水性差，土壤质地改良工程量大，一般仅仅针对不适宜于切花种植的粗沙土和重黏土才进行质地改良。改良的深度范围为土壤耕作层。改良的措施为沙土掺黏、黏土掺沙。沙土掺黏的比例范围较宽，而黏土掺沙要求沙的掺入量比需要改良的黏土量大，否则效果不好。其次，通过多年大量使用有机肥，也可使土壤质地逐步改变至壤土范围内，还可利用土壤改良剂进行改土。土壤改良常与土壤耕作结合起来进行。

#### 4.2.1.2 整地

（1）土地选择　切花播种或定植以前，选择光照充足、土地肥沃平整、水源方便和排水良好的土地进行整地。整地的质量与花卉生长发育有重要关系，不但可以改进土壤物理性质，使水分、空气流通良好，使种子发芽顺利，根系易于伸展，而且土壤松软，有利于土壤水分的保持，促进土壤风化和有益微生物的活动，有利于可溶性养分含量的增加。通过整地可以将土壤病菌、害虫等翻于表层，暴露于空气中，经日光与严寒等灭杀，有预防病虫害发生的效果。一般情况下露地切花生产在秋天耕地，经过冬季休闲到次年春季再进行整地作畦。

（2）整地深度　整地深度一般为30～40cm，根据花卉种类及土壤情况而定。一、二年生花卉生长期短，根系较浅，整地深度宜为20～30cm，宿根和球根花卉可适当深些，为40～50cm。整地应先翻起土壤、打碎土块，清除石块、瓦片、残留作物及杂草等，以利种子发芽及根系生长。土地使用多年后，常导致病虫害频繁发生，此时应利用机械进行深翻，将新土翻上，表土翻下，并结合土壤耕作大量施入有机肥，调整土壤质地，补充土壤养分。新开垦的土地也应进行深耕，先种一二季农作物或绿肥，如甘薯、大豆等，并施予适量的腐熟有机肥，对酸性土还要施入石灰、草木灰等，调节土壤酸碱度，然后再栽植切花。

（3）作畦　切花栽培一般都采用畦栽方式，依地区和地势的不同而异，常用高畦与低畦两种方式。高畦多用于多雨及低湿地区，以及春季栽培。高畦畦面高出地表，有利于接受早春阳光照射，可提高土温，且便于排水，同时扩大了与空气的接触面积，提高了土壤中的氧气含量，对于地下部分需氧量较多的球根类切花有良好的促进作用。通常高畦畦高20～30cm，畦宽0.8～1.2m，沟宽40～50cm。低畦用于北方干旱地区以及需水量较多的切花。低畦畦面低于地表，两侧留有畦埂，以蓄留雨水及便于灌溉。畦面一般宽度为100～120cm。

### 4.2.2 定植

#### 4.2.2.1 定植时间

保护地切花的定植时间确定是以切花采收日期为界限，根据植株的生长周期加上一定的机动天数向前推算，得到的时间就是定植时间。露地切花定植则主要根据切花植物的生长发育要求的气候条件来确定，尤其是温度条件。

切花是商品性非常强的园艺产品，要想获得高的经济效益，一定要结合市场需求来综合考虑。首先，尽量将采收期安排在市场需求量比较大的时期；其次定植时间的确定还要兼顾生产条件、技术水平和生产设施，设施完备、技术成熟、生产条件好则可适当提前定植，反之则推后；最后还要考虑用工、定植时的天气情况以及其他不可预见因素的干扰，适当增加4～5天的机动时间。

常见切花植物中，百合的生长周期一般为95～120天，切花菊的生长周期一般为90～110天，唐菖蒲的生长周期一般为75～100天，香石竹的生长周期一般为80～95天。

#### 4.2.2.2 分期栽植

露地草本切花的播种期通常分为春、秋两季。在春天播种，当年夏秋季节开花结实的一年生草本花卉，称为春播花卉，有百日草、孔雀草等；在秋天播种，第二年春夏开花结实的二年生草本花卉，称为秋播花卉，有金盏菊、紫罗兰等。有些春播一年生草花，生育期较短，开花期在一定程度上由播种期而定，往往早播早开花，迟播迟开花，例如百日草于春季播种，夏季开花，初夏播种则推迟到秋季开花，分期播栽则能依播栽次序接连不断地开花。

对部分切花而言，在保护地切花栽培过程中，如能充分利用棚室内水热条件较好的优势，可通过分期（播种）栽植实现花期调控。

有些秋播的二年生草本花卉，利用低温环境促使其通过春化阶段，则可改秋播为春播，实现当年播种当年开花。对此类型的草本花卉，可利用人工低温分批处理，然后在春季分期栽种，达到连续产花，例如将霞草（满天星）生根插条1～2℃下储藏30～40天，经处理的插条从定植到开花只需70天左右。

对于一些球根类切花也可采用分期栽植来催延花期。例如唐菖蒲的球根自3月下旬开始定植，到7月底为止，每隔10天定植一批，能使其切花供应时期从6月一直延续到10月。

#### 4.2.2.3 定植密度

确定定植密度的总体原则，是要给花卉的生长发育提供一定的土壤营养面积，进而获得较高的群体产量和良好的品质。

通常切花栽培适宜于密植。株行距大小应根据切花种类、株形大小以及土壤条件等来决定。一般一、二年生花卉和球根花卉株行距宜小，多年生宿根花卉和木本花卉株行距宜大；肥沃土壤株行距宜大，土壤贫瘠时株行距宜小。如月季每平方米9～12株，百合每平方米30～40粒，香石竹每平方米36～42株等。

#### 4.2.2.4 定植方法

切花定植方法分为明水定植和暗水定植两种。

（1）*明水定植法* 明水定植法是先在畦面开沟，按株距将种苗逐一栽入定植沟中，然后覆土轻压，再逐畦放明水灌溉。优点是定植速度快，省工，根际水量充足。缺点是易降低地温，表土易板结，定植水量不宜过大。一般用于夏秋季高温季节切花定植，且选择阴天、无风的下午或傍晚定植为宜。

（2）*暗水定植法* 暗水定植法是先在畦面按行距开沟，随即在定植沟中灌水，在水快渗完时将种苗按株距栽入定植沟内，待水全部渗下后覆土封沟。这种定植方法用水量少，地温下降幅度小，种苗根系与土壤结合的程度好，覆土后表土不板结，土壤透气性好，有利于缓苗。但较费工，对土地平整度要求高，常用于冬春低温季节切花定植。暗水定植选择在晴朗、无风的中午定植为宜。为使定植后快速缓苗，也可以在定植前1～2天先进行土壤灌溉，让土壤吸足水分，经阳光照射土温上升后，再进行栽植。

#### 4.2.2.5 定植步骤

（1）*起苗* 从苗床或圃地把种苗挖掘出来叫作起苗。起苗应在土壤湿润状态下进行，如土壤干燥，应在起苗前1天充分灌水。种苗一般有5～6片真叶时即可起苗定植，苗过大不易恢复正常生长，个别不耐移栽的花卉，应于苗更小时进行。裸根起苗通常用于小苗及一些容易成活的大苗，起苗时要尽量多保存一些完好的根系，若不能立即栽植，应将裸根蘸上泥浆，以延长须根的寿命。带土起苗多用于大苗，起苗时应保持完整的土坨，勿令破碎，土坨的大小应以保留大部分须根系为准，并经得起运输。如苗床培养土偏沙，会导致土坨松散，应取旧报纸等材料包裹后运输。种苗或种球最好随取随栽，低温期注意保暖防冻，高温期注意遮阳补水，避免种苗或种球长时间暴露在外而受冻或失水萎蔫。

（2）*栽植* 栽植方法分为沟植法与穴植法。沟植法是依一定的行距开沟栽植，穴植法是依一定的株行距掘穴栽植。裸根栽植时应将根系舒展于定植穴中，然后覆土并稍微压实；带土坨的苗栽植时，应在土坨四周填土并压实，但不可重压，以免土坨被压碎，影响成活。

春季定植宜浅不宜过深，以充分利用早春表土温度较高的特点，利于快速缓苗。若栽种过深，土温较低，易造成缓苗时间拖长的情况。覆土一般至起苗时的深度为宜，尤其注意覆土时不要埋住生长点。对营养钵育成的切花苗，覆土与营养土坨平齐即可，对嫁接苗覆土的高度应在嫁接口1～3cm以下，以免接穗长出不定根，形成假嫁接苗。

（3）*覆盖薄膜* 球根类切花可在种球定植后覆盖薄膜，在幼苗出土期必须经常检查幼苗出土情况，发现幼苗开始出土应及时划膜放苗，并用湿土将划膜口封好。其他种类切花采用大苗定植的，则先在畦面覆盖薄膜，然后按株行距在膜上打孔，再将种苗栽入畦中，也可直接采用厂家生产的开孔薄膜。大面积切花栽培可利用覆膜机械进行此项工作，以提高效率。覆盖薄膜首先须注意畦面一定要平整，不可有大的土块，以免气、热、水等因子分布不均，导致切花生长不一致；其次，划膜口要用细土镇压填实，以免晴天膜下高温气体从孔口逸出，灼伤花苗。

#### 4.2.2.6 定植后的管理

定植前与定植后相比，种苗的生活环境变化比较大（例如土壤温度的变化、土壤溶液浓度的变化、空气湿度和光照度的变化等），种苗适应这些变化要有一个过程，加之根系可能受到不同程度的损伤，种苗吸收水分能力和蒸腾失水的平衡被打破，容易失水萎蔫，甚至干枯死亡。此外。春季定植期的低地温、多风，夏秋季定植期的高温、干旱等，对定植后缓苗都不利。定植后的管理就是减轻这些危害，促进缓苗，缩短缓苗期，使植株尽快恢复生长。

对于种苗，定植后的第一次浇水以刚浇透为宜，对于种球，定植后的第一次浇水要浇透，浇水少易造成种球失水，不利于发新根。低温季节定植后要注意防寒保温，可采用小拱棚覆盖；高温季节则要注意遮阴保湿，可采用遮阳网等对幼嫩种苗进行保护。当植株开始发出新叶，表明种苗已过了缓苗期，根系开始恢复生长，为弥补定植后水分的不足，要浇一次大水，并进行一次浅中耕，以促进根的发生和下扎，防止徒长，为以后快速生长打下良好的基础。同时要注意检查缺苗情况，发现缺苗、死苗现象时，要及时补栽。

### 4.2.3 切花肥水调控

肥料和水分是切花生产发育和切花品质形成的重要保证，合理施肥和灌溉是极其重要的。肥水管理不当则会对切花品质有不良的影响。若氮肥过量会降低切花的品质和缩短切花的瓶插寿命。如菊花及其叶片中的干物质随氮肥用量的增多而减少。氮含量过高，还容易促使乙烯的产生。因此在花蕾现色之前要停止使用氮肥，同时适量地使用钾肥，可以适当地增强花枝的耐折性及同化物的输送能力。在切花生长期间水分不宜过多，保持土壤的相对干燥，往往有利于根系发育，并可增加花体内CTK等激素的含量，从而利于采收后品质的保持。另外，若在低温时期水肥过多，或者N、P、K失调，都能影响香石竹正常开花，增加裂苞，影响切花品质；如在花芽分化期肥分过多，还易导致香石竹花头弯曲。菊花生长期间用硝态氮肥要比氨态氮肥更有利于提高切花品质。

目前，鲜切花生产很讲究配比施肥，即N、P、K等要素按一定配比施入土壤中，如此能够充分利用各种元素，使植物的需要达到彼此间的平衡，以利于植物健康茁壮地生长。

### 4.2.4 松土与除草

#### 4.2.4.1 松土

松土一般通过中耕来实现，并和人工除草工作一同进行。中耕能疏松表土，减少水分的蒸发，提高土温，促使土壤内的空气流通以及土壤中有益微生物的繁殖和活动，从而促进土壤中养分的分解，为根系的生长和养分的吸收创造良好的条件。中耕还有利于防除杂草，尤其在切花栽植初期，枝叶尚未封垄时，大部分土表暴露于阳光下，除了土面极易干燥外，还容易孳生杂草，此时中耕起到了保墒、松土与除草的多重效果。

中耕深度依花卉根系的深浅及生长时期而定。幼苗期间，中耕应浅，随着苗的生长而逐渐加深；远离植株的地方中耕应深，离植株近的地方应浅。随着幼苗逐渐长大，根系在地表下大量分布，地面上枝叶封垄，此时中耕应停止，否则容易锄断根系，造成生长受阻。中耕深度一般为3～5cm。

#### 4.2.4.2 除草

除草是除去田间杂草，不使其与花卉争夺水分、养分和阳光，杂草往往还是病虫害的寄主，容易孳生病虫害。除草的方法有人工除草、覆盖除草和化学除草三种。

（1）人工除草　人工除草一般结合中耕同时进行，在花苗栽植初期，特别是在植株郁闭畦面之前将杂草除尽。除草应在杂草发生的初期进行，在杂草结实之前必须清除干净，以免落下草籽，多年生宿根杂草必须连同地上部分全部拔除。

（2）覆盖除草　利用地面覆盖可防止杂草发生，兼收中耕保墒、保持土壤疏松的效果，后期覆盖材料腐烂分解后还可培肥地力。常用的覆盖材料有农作物秸秆、腐殖土、泥炭土以及其他特制的覆盖材料。杂草在厚度为4～5cm的农作物秸秆、腐殖土及泥炭土下因无法进行光合作用而死亡。也可用地膜覆盖防除杂草，尤以黑色膜效果最佳。

（3）化学除草

① 除草剂种类

a.选择性除草剂。此类除草剂在一定剂量范围内使用，可以有选择地杀灭某些有害植物，而对切花是安全的，在切花地里正确使用，可以达到只杀灭杂草而不伤害切花的目的，如盖草能、氟乐灵、扑草净、果尔等。

b.灭生性除草剂。此类除草剂对所有植物不加区别均有灭杀作用，仅限于作为休闲田、空闲地的灭草。主要在播种前、播种后出苗前、苗圃主副道上使用，如无氯酚钠、百草枯、草甘膦等。

c.触杀性除草剂。药剂与杂草接触时，只杀死与药剂接触的部分，起到局部杀伤作用，此类除草剂在植物体内不能传导，只能杀死杂草的地上部分，对杂草的地下部分或有地下茎的多年生深根性杂草则效果较差，如除草醚、百草枯等。

d.内吸性除草剂。此类除草剂的有效成分可被杂草的根、茎、叶吸收，并迅速传导到全株，从而杀灭杂草，如草甘膦、扑草净、西玛津等。

② 除草剂的使用方法

a.土壤处理。将除草剂喷施于土表，施药后一般不翻动土层，以免影响药效，但对于易挥发、光解和移动性差的除草剂，在土壤干旱时施药后应立即翻耙土表（3～5cm深）。氟乐灵、拉索、地乐胺等是常用的土壤处理剂。

b.茎叶处理。选用选择性强的除草剂，喷施于杂草茎叶上。

c.涂抹施药。在杂草高于切花植株时，把内吸性除草剂涂抹在杂草上，涂抹时用药浓度要加大。此法只适于杂草较少的切花地灭草。

d.覆膜除草。在播种后喷施除草剂稀释液，然后覆盖地膜。此种方法用药量一般较常规用药量减少1/4～1/3，提高了化学除草的安全性。

③ 除草剂的安全使用。在使用化学除草剂时一定要注意用药安全。首先要根据花卉种类选用适合的除草剂种类，其次要根据花卉的生长情况和除草剂的性能选择恰当的施用时期，并严格按照使用说明书的要求，掌握正确的使用方法、药剂浓度及药量。

a.正确选用除草剂的种类。应根据除草剂的类型选择使用，因为除草剂一般都具有选择性。如2, 4-D丁酯可防除双子叶杂草；茅草枯可防除单子叶杂草；西玛津、阿特拉津能防除一年生杂草；百草枯、敌草隆可防除一般杂草及灌木等；草甘膦能有效防除一、二年生禾本科杂草。选择性除草剂不能用于与被除杂草同科的花卉。

b.选择最佳施药时间。化学除草应该把握“除早、除小”的原则。杂草的株龄越大，抗药性也就越强，就要相应增加药量，这样既会增加成本，也更容易产生药害。杂草出苗率达到90%左右时，组织幼嫩、抗药性弱，易被杀死。进行茎叶处理时，以在杂草2～6叶期喷施为好。残效期长的除草剂，应在切花定植前提前施用。

c.严格掌握用药量。严格按照规定的用量、方法和程序配制使用，不得随意加大或减少药量，且喷洒要均匀，不漏施，不重施。有机质含量高、黏壤花田，对除草剂的吸附量大，土壤微生物数量多，活动旺盛，药剂容易被降解，可适当加大用药量；而沙壤对药剂的吸附量小，容易发生药害，用药量可适当减少。除草剂的药效和对切花的药害，是以沙土、壤土、黏重土的次序递减的，故在正常用量范围内，沙性土壤的用药量可少些，黏重土壤的用药量可大些。

d.注意施药时的温度。温度直接影响除草剂的药效。所有除草剂都应在晴天气温较高时使用，才能充分发挥药效。在日平均气温10℃以上时，用推荐用药量的下限便能取得较好的防除效果。

e.保证适宜湿度。不论是苗前土壤施药还是在生长期进行叶面施药，都应选择土壤湿度大的时候进行。土壤潮湿、杂草生长旺盛，有利于杂草对除草药剂的吸收，药效发挥快，除草效果好。因此土壤处理剂施药后要保持土壤湿润以提高药效。

f.提高施药技术。施用除草剂一定要施药均匀，不能重喷、漏喷，注意规避药害。要避开作物敏感期用药，如果相邻地块是除草剂的敏感植物，则要采取隔离措施，切记有风时不能喷药，以免危害相邻的敏感作物。喷过药的喷雾器要用漂白粉冲洗几遍后再使用。不宜在高温、高湿或大风天气喷施，而应选择气温在20～30℃的晴朗无风或微风天气喷施。

### 4.2.5 整形修剪

整形修剪是切花生产过程中技术性很强的措施，它包括摘心、除芽、剥芽与剥蕾、修枝、剥叶、疏剪等工作。修剪能够增加分枝数，从而提高产花量；可以调节营养生长和生殖生长，作为控制花期的技术措施；还可以除去徒长枝、老弱枝和病虫枝，减少养分消耗，协调各部分器官的生理机能，促进切花的生长发育。

（1）**摘心** 将草本切花枝梢顶芽摘除，称为摘心。其目的在于解除顶端优势，抑制枝条徒长，使枝条充实；促进分枝生长，增加枝条数目，从而增加着花的部位和数量；同时，摘心可在一定程度上延迟花期，如香石竹每摘一次心，花期延长30天左右，每分枝可增加三四个开花枝。

（2）除芽　除芽也称为抹芽，是将切花的侧芽、腋芽和脚芽抹掉。其目的是为了集中养分，防止因分枝过多、着花量过大而造成的营养分散，可使主茎粗壮挺直，花朵饱满艳丽。抹芽要及时，抹芽太晚，伤口大，影响切花品质；抹芽过早，不便于操作。操作时尽量不要伤及附近的成熟叶片，茎叶生长旺盛期要经常进行此项工作。

（3）剥芽与剥蕾（除蕾）　剥芽就是将侧芽剥除，剥蕾就是将花蕾剥除。除蕾工作要在便于操作时进行，过早不好操作，过迟伤口大，影响外观。其目的是使营养集中供应保留下来的花蕾，以保证花朵的质量。在香石竹和菊花栽培中，这项工作量相当大，致使有的国家采用化学方法去代替人工。香石竹侧芽很多，常影响主芽生长，造成通风透光不良，妨碍开花，必须经常进行剥芽。菊花在花蕾形成后，侧枝经常生出许多小蕾，也要及时除掉。有时为了调整全株花朵同时开放，也要剥去生长势强的主蕾而留下侧蕾。除蕾操作时动作要轻柔准确，切勿碰伤主蕾。

（4）修枝　剪除已经成熟硬化的枝梢，称为修枝。其目的是改进通风透光条件并减少养分消耗，或者促使萌发侧枝，增加开花枝数和朵数。修枝的对象主要是枯枝、病虫害枝、徒长枝、花后残枝。

（5）剥叶　剥叶是指将多余的黄叶、病虫危害的叶片摘除，其目的是节省养分，改善植株的通风透光条件，消除病虫危害，从而提高切花产量和品质。

（6）疏剪　疏剪是指从枝条的基部疏除，能防止株丛过密，有利于通风透光。一般常将枯枝、病虫枝、纤细枝、平行枝、徒长枝、密生枝等剪除掉。修剪要选择适宜的时间，晴天中午前后进行，以利伤口愈合。

### 4.2.6 张网

对花蕾硕大沉重、花枝细高、支撑力差的切花，生长到一定阶段时需要设支柱或支撑网来扶持，以防花枝倒伏，从而使花枝挺拔直立，提高切花品质。需要花网扶持的切花有唐菖蒲、香石竹、满天星、菊花等，由于花朵太重或茎干柔软或细长质脆，易弯曲、倒伏及被风吹折，因此需要设立支柱或支架进行支撑绑缚。支撑的材料有细竹、竹签、硬塑料棒等，绑扎材料可用棕线、尼龙绳等。支撑绑缚的方法有以下3种。

① 每枝设立一个支柱，将枝条缚于支柱上。为避免支柱磨损花枝，可将枝条与支柱分开绑扎。

② 用3～4根支柱，分插在植株周围，然后用绑扎材料在植株外围将每根支柱连扎成一圈，使植株居于中央。

③ 张网。花网是用尼龙线或金属丝按网格大小编织而成，水平张在切花畦上。可按植株大小选择相应规格，以使花枝顺利通过。

在畦的两头安支柱，畦的两边设立纵向竹竿，然后用绑扎材料组成纵横网络，网孔为10～15cm，使植株枝条在自然生长中伸出网孔，待网上枝长至25～30cm时，再增加一层，需要者再加第三层。如果用预制的尼龙网来代替，则更为省工。花网设置有多层网和单层网两种方式，可根据切花高度灵活运用。

a. 多层网。搭建时先将花网的两边穿入金属线，两端绷紧，中间用木棍支撑。当花枝高度达到25cm时张第一层网，以后每隔30cm张一层网，共设3～4层。

b. 单层网。只设一层花网，当网上植株高度达到25cm左右时将花网提高一次。

拉网时应注意，网上部分长度应保持在15cm左右，网上部分过长，植株容易弯曲；相反网上部分过短，由于植株未完全木质化，也容易弯曲。提网最好在晴天的下午进行，因为这时叶子比较柔软，提网时不易受损伤。提网时把花网向外侧绷紧，同时向上提起。提网工作一定要及时，以免花枝弯曲。

## 4.3 切花的采收、保鲜、加工与运输

### 4.3.1 切花采收时间

采收时间要尽量避开高温和高强度光照，一般以清晨和傍晚为宜，有利切花保鲜。通常选择在上午露水刚刚完全蒸发时进行。但在夏季，也可选择在傍晚19～20时进行，因为经过一天的光合作用，切花茎中积累了较多质量较高的碳水化合物。若菊花采后直接放在含糖的保鲜液中，则可以在一天的大部分时间内进行采收。

### 4.3.2 切花保鲜方法

（1）鲜切花预冷　采用冷库预冷。直接把鲜切花放入冷库中，不进行包装。预冷结合保鲜液处理同时进行，使其温度降至2℃。完成预冷后，鲜切花应在冷库中包装起来，以防鲜切花温度回升。

（2）保鲜剂处理　经采摘后的鲜切花要立即放入水中或直接放入保鲜剂中处理，常见的鲜切花保鲜剂处理方法：鲜切花基部在25mg/L或1000mg/L的硝酸银溶液中速浸10min，然后再用2%～5%的糖溶液处理3～4h，温度为19～21℃，又转至冷室中再处理12～16h为好。处理时光照强度为1000klx，相对湿度为40%～70%。目的是为鲜切花补充外来糖源，提高其瓶插寿命。

### 4.3.3 切花加工与运输

切花采收后先清除所带的杂物，丢掉损伤、腐烂、病虫感染和畸形花，然后根据分级标准进行分级、包装，按不同等级让花头和基部整齐，10枝一扎，每层5扎，计50枝，每箱装100枝或200枝。各层切花反向叠放箱中，花朵朝外，离箱边5cm；装箱时，中间须以绳索捆绑固定；封箱须用胶带或绳索捆绑；纸箱两侧须打孔，孔口距离箱口8cm。包装箱上应清楚地标明种类、品种、等级和数量等。

采用保冷包装，为使预冷后的鲜切花在运输中保持低温，在装箱时，沿箱内四周衬一层泡沫板，同时在花材中间放冰袋。

鲜切花经过以上处理后运输到各销售地，运输过程中包装箱应水平放置，运输时温度最好能保持在2～4℃，且最好不超过8℃；空气相对湿度保持在85%～95%。一般采用干运的方式，即切花的茎基不给予任何给水措施。

## 4.4 四大鲜切花生产技术

### 4.4.1 切花月季

切花月季（*Rosa hybrida*），蔷薇科蔷薇属，别名现代月季（图4-1）。

#### 4.4.1.1 形态特征

株高20～200cm以上，茎有刺或少刺，无刺。叶互生，奇数复叶，小叶3～5枚。花单生，花瓣多数，花色丰富。

#### 4.4.1.2 生长习性

喜阳光充足、温暖、空气流通良好的环境，要求疏松、肥沃、排水良好的沙质壤土，土壤酸碱度pH值以6～7为宜。条件适宜，一年四季均可开花。生育适温白天20～25℃，夜间13～15℃。夏季高温不利生长，30℃以上的高温加上多湿易发生病害。冬季5℃以下能继续生长，但影响开花。最适宜的空气相对湿度为75%～80%，过于干燥，植株易休眠、落叶或不开花。

图4-1 切花月季

#### 4.4.1.3 繁殖方法

用得较多的是嫁接育苗和扦插育苗。嫁接苗生长势好，切花质量和产量高；扦插苗前期生长慢，产量低，而后期生长稳，产量高，多用于无土栽培。

（1）嫁接育苗 芽接或枝接，砧木可采用十姊妹、野蔷薇（粉团）的实生苗或扦插苗，芽接适宜在15～25℃的生长季节内进行，枝接适宜在每年的生长开始之前或即将休眠前不久进行。

（2）扦插育苗 整个发育期内均可进行，一般在4～10月份较适宜。选开花1周左右的半成熟健壮枝条，注意不可选没开花的“盲枝”。将枝条剪成具有2～3个芽的小段，扦插时保留1片复叶，以减少水分蒸发，插条基部沾一些生长调节物质，如IBA或NAA，以促进生根。插条间距3～5cm，插入基质25～30cm，插后喷透水。采用全光照喷雾育苗，可提高育苗成活率。

#### 4.4.1.4 栽培管理

（1）定植及壮苗养护 月季种植地应选择耕作层深厚、土壤肥沃的园地。定植前应深翻土壤至40～50cm，并施入充分腐熟的有机肥。耕翻后作定植床，南方多雨潮湿宜作高床，北方干旱宜作低床。月季定植的最佳时间是5～6月份，当年可产花。栽植密度为9～10株/$m^2$，定植后3～4个月内为营养体养护阶段，在此时期内，随时将花蕾摘除，当植株基部开始抽出竖直向上的粗壮枝条时，即可留做开花母枝，其粗度应大于0.6cm。

（2）作型 月季一次定植，连续收获4～5年，其作型有周年切花型、冬季切花型和夏秋切花型等。

（3）肥水管理 月季是喜肥植物。定植时除施足基肥外，还可以结合每年冬剪在行间挖条沟施有机肥。有机肥可选用腐熟的鸡粪、牛粪等。追肥在生长季节内进行，每隔2～3周结合浇水追施一次薄肥。切花月季对磷肥需求量较高，氮、磷、钾比例以1∶3∶1为好，同时需要注意钙、镁及微量元素的配合施用。定植初期应使土壤见干见湿，肥料以氮肥为主，促成新根。在培养开花母枝阶段应加大水肥的供应，使植株枝叶充分生长，为开花打好物质基础。进入孕蕾开花期，水肥需要量增大，通常2～3天浇一次水，施肥次数和每次施肥量均应增加。

（4）植株管理　植株管理主要有摘心、摘蕾、抹芽和修剪等。从定植到开花，绿枝小苗至少要进行3～4次摘心修剪。为培育更新枝，从主干基部抽出的粗壮枝条顶端长出的花蕾及嫁接成活的苗新梢长出的花蕾，一般都应及时摘除，使枝干发育充实。盛夏形成的花蕾无商品价值，也要及时摘除。

修剪是月季栽培中一项十分重要的措施，也是月季栽培中经常进行的操作。日常的主要修剪工作有：

① 剪除生长弱的枝条。

② 剪除植株的内交叉枝、重叠枝、枯枝及病枝、病叶等，以改善光照条件。

③ 根据生长需要，抹去影响整体生长的腋芽。

④ 及时摘除侧蕾。

⑤ 夏季采取折枝方法越夏，冬季可采取强修剪。

⑥ 每次采花应在花枝基部以上第3～4个芽点处剪断，注意尽量保留方向朝外的芽。

根据月季对温度敏感的特点，修剪的时期主要是冬、秋两季。夏季多不修剪，只摘蕾和折枝。冬剪待月季进入休眠后、发芽之前进行，冬剪的目的主要是整修树型，控制高度。秋剪是在月季生长季节进行，主要目的是促进枝条发育，更新老枝条，控制开花期，决定出花量。月季的花期控制主要采用修剪的方法来达到。在日温25～28℃的条件，剪枝后40～45天可以第二次采花。修剪时保留2～3片绿叶，萌芽后每枝留1～2个健壮萌芽生长，其余抹去。

（5）温湿度管理　切花月季大多采用温室栽培和大棚栽培。夏季温度超过30℃以上，不利于月季生长，可通过设遮阳网、充分打开窗户或拆除薄膜来降温；同时通过减少浇水来迫使月季处于休眠状态。入秋后，温度逐渐下降，月季生长又处于高峰期，应注意通风透气，晚间注意保温。冬季产花，要求晚上最低温度不低于10℃。此外，冬季一般棚室内温度高，空气不流通，易引发月季病害大发生，需要选择晴朗的中午开窗，降低空气湿度。

（6）采收　春秋两季以花瓣露色为宜，冬季以花瓣伸长，开放1/3为宜，花枝剪下后，立即插入盛有水的桶内，水中可放0.8‰的杀菌剂，然后运到装花间进行分级包装，每10支或20支成一束。为保护花头，现多用特制的尼龙网套扎花头以保护。

#### 4.4.1.5　园林用途

园林布置花坛、花境、庭园花材，也可制作月季盆景，做切花、花篮、花束等。

图4-2　唐菖蒲

### 4.4.2　唐菖蒲

唐菖蒲（*Gladiolus gandavensis*），鸢尾科唐菖蒲属，别名菖兰、剑兰、扁竹莲、十样锦、十三太保（图4-2）。

#### 4.4.2.1　形态特征

球茎扁圆形，有褐色皮膜，基生叶剑形，互生。花葶自叶丛中抽出，穗状花序顶生，花色丰富。

#### 4.4.2.2　生长习性

唐菖蒲属于喜光性的长日照植物，生育适温为20～25℃，球茎在4～5℃时萌动。日平均气温在27℃以上，生长不良。不耐涝，适宜的土壤pH值为6.0 ～ 7.0。

#### 4.4.2.3 繁殖方法

以分球繁殖为主，将子球（直径小于1cm）和小球（直径2.5cm以下）作材料。3月初冬播。繁殖期间及时锄草，每两周施一次肥。经2 ～ 3年栽培后，球茎膨大成为开花的商品球（直径在4cm以上）。

#### 4.4.2.4 栽培管理

（1）种植前准备　选择四周空旷、无障碍物造成阴蔽、无空气污染、地势高燥的土地种植。土壤用福尔马林消毒，球茎用托布津或高锰酸钾浸泡消毒。

（2）定植　唐菖蒲常规栽培的时间，要根据地域、品种、供花时间等因素而确定。花期要避开高温季节。地下水位高的地方，宜采用垄栽或高畦栽种，畦宽1.0 ～ 1.2m、高15 ～ 20cm。唐菖蒲的种植密度视球茎大小而定，球茎越大，种植密度宜稀些；小球可适当密植。一般种植密度为50 ～ 80个/$m^2$球茎。

种埴深度可根据球茎大小、季节及土壤性质作适当调整。覆土标准为球茎高的1 ～ 2倍。球茎越大，种植应越深；土质黏重，种植要浅些，沙质土则深些；冬春季宜浅种，夏秋季宜深种。

（3）施肥　唐菖蒲球茎在生长前12周，本身可提供足够的养分使植株生长得很好，而且新种植球茎的根对盐分很敏感。除非土壤特别贫瘠，一般不需额外施基肥。但在生长期间，为保证唐菖蒲的生长发育，应注意按时追肥。

追肥分为三次：第一次在2片叶时施，以促进茎叶生长；第二次在3 ～ 4片叶时施，促进茎生长、孕蕾；第三次在开花后施，以促进新球发育。唐菖蒲不耐盐，施肥要适量。含氟的磷酸盐不宜使用。

（4）浇水　若土壤干燥，在种植唐菖蒲球茎前几天应先灌水，使土壤湿润而又便于栽种操作。球茎栽植于水分适中的土壤环境中，12 ～ 14天内可以少灌水或不灌水，既可使土壤的物理结构保持良好，又能使球茎顺利生根。

栽植后就要使球茎迅速生根。唐菖蒲根系对土壤通气孔隙的要求在5% ～ 10%，为使根迅速生长，土壤持水量应控制在25%左右。若栽植后土壤干燥，要进行灌溉。若有覆盖物，可避免土壤水分蒸发。生长期适时浇水，经常保持土壤湿润，避免土壤干湿度变化过大，否则易引起叶尖枯干现象。在植株3 ～ 4片叶时，应控制浇水，以利花芽分化。

（5）锄草培土　经常锄草，减少病虫害来源。一般在长到3片叶时适当培土，以防止倒伏并兼有锄草功能，还可促进球茎发育。

（6）防止生理病害　栽培唐菖蒲要注意预防两种生理病害。

① 叶尖干枯病。症状主要是自第三片叶以后，由于植株生长迅速，感受空气氟化物的污染，加上天气骤变、缺水、偏施氮肥影响叶尖细胞的抵抗力，使叶尖干枯。应选择远离工业区、砖厂的场地进行栽培，同时，要合理施用肥水，防止过干过湿变化太大。

② 盲花。盲花是指花穗孕育好以后抽不出来的现象，是唐菖蒲切花促成或抑制栽培中常发生的生理病害，使开花率降低。产生原因是由于花芽发育期间遇低温、短日照或光照不足。防治要选用在低温、短日、弱光条件下都能开花的品种，采用体积较大的种球，避免栽植过密，限制一球一芽，抽穗前适当提高温度和光照，有必要可以进行加光。

（7）采收　花茎伸长出来，小花1 ～ 2朵着色即可剪花。唐菖蒲切花储藏时要注意直立向上，以免花茎弯曲。因为唐菖蒲的向光性较强，若长时间平放，花穗顶端会向上弯曲。

#### 4.4.2.5 园林用途

唐菖蒲为重要的鲜切花，可做花篮、花束、瓶插等，也可布置花境及专类花坛。

### 4.4.3 香石竹

香石竹（*Dianthus caryophyllus*），石竹科石竹属，别名康乃馨、麝香石竹（图4-3）。

图4-3 香石竹

#### 4.4.3.1 形态特征

株高50～100cm，多分枝，茎秆硬而脆，节膨大。叶对生，呈披针形。花顶生，聚散状花序，花萼分裂。

#### 4.4.3.2 生长习性

香石竹多为四季性开花，长日照促进生育和开花，短日照条件下侧枝生长多，日照不足影响生育和开花。适宜的生长温度为昼温21℃，夜温12℃。夏季温度超过30℃时明显生育不良，冬季5℃以下生育迟缓。香石竹喜肥沃、通气和排水性好、腐殖质丰富的黏壤土，忌连作。土壤pH值为6.0～6.5。

#### 4.4.3.3 繁殖方法

香石竹可用扦插、播种或组织培养等方法繁殖。生产上用苗多以扦插为主。扦插法繁殖香石竹要建立优良的母本采穗圃。采穗圃应设防虫网，防止害虫侵入感染病毒，导致种性退化。扦插最好采用母本茎中的二、三节生出的侧芽作插穗。当侧枝长到6对叶时，即可采下3～4对叶；经整理后，保留“三叶一心”，即三对叶一个中心，基部浸生根剂处理。在温度20℃左右，15～20天能生根起苗。

#### 4.4.3.4 栽培管理

（1）栽培类型　香石竹的作型有春作型、冬作型和秋作型。春作型4～5月份定植，10月份以后出花，是目前栽培面积最广的作型；冬作型主要是12月份定植，次年6～7月份出花；秋作型9月份定植，3～4月份出花。除此之外，还有多年作型，即一次定植，连续2～3年收获。

（2）定植　香石竹喜肥，不耐水湿，忌连作。连作时，应对土壤进行消毒，定植前最好测一下EC值和pH值。深翻土壤，施足基肥，基肥以腐熟的有机肥为好。香石竹定植后到开花所需时间，会因光强、温度与光周期长短而变化，最短100～110天，最长约150天。根据市场供花需求，可以适当调节定植的时间。考虑到气候、市场等因素，上海地区一般大多采用4～5月份定植模式。香石竹定植床一般宽90～120cm，种6行，密度为15cm×18cm，定植深度以浅栽为好，即栽植后原有插条生根介质稍露出土表为宜。

（3）摘心及花期控制　香石竹定植后经1周即可正常生长，2～3周可第一次摘心，促侧芽生长，第一次摘心后保留3～4个侧芽，以后根据需要可再摘心1～2次。

不同的摘心方式对切花产量、品质及花期等有不同的影响，生产中常采用以下三种摘心方式。

① 单摘心（1次摘心）。仅摘去原栽植株的茎顶尖，可使4～5个营养枝延长生长、开花，从种植到开花的时间最短。

② 半单摘心（1.5次摘心）。即原主茎单摘心后，侧枝延伸足够长时，每株上有一半侧枝再摘心，即后期每株上有2～3个侧枝摘心，这种方式使第一次收花数减少，但产花量稳定，避免出现采花的高峰与低潮问题。

③ 双摘心（2次摘心）。即主茎摘心后，当侧枝生长到足够长时，对全部侧枝（3～4个）再摘心。双摘心造成同一时间内形成较多数量的花枝（6～8个），初次收花数量集中，易使下次花的花茎变弱，在实践中应少采用。

香石竹可通过摘心控制花期，一般4～6月份做最后一次摘心，可在80～90天后形成盛花期；7月中下旬最后一次摘心，可在110～120天后形成盛花期；8月中旬最后一次摘心，可在120～150天后形成盛花期。为保证12月至来年1月份为盛花期，最后一次摘心时间为8月初。

为了达到周年均衡供花，除了控制定植时期外，还须配合摘心处理，调节香石竹开花高峰。

（4）张网　香石竹在生长过程中需张网3～4层。当苗高距畦面15cm时，张第一层网。以后随着茎的生长而张第二、第三层网。网层之间间隔25cm左右。张网要求拉正、拉直、拉平，以免生育的后半期整个植株的质量都落在下部的茎上，引发病虫害。

（5）肥水管理　小苗定植后即浇透水。定植初期，多行间浇水，以保持根际土壤干燥。生长旺盛期，可适当增加浇水量。

香石竹施肥苗期要掌握薄肥勤施。从幼苗定植到切花收获的整个生育期，都要有充足肥料的供应。基肥要充足，追肥要淡而勤施。可施稀薄的有机液肥。生长旺盛期，结合供水进行追肥，在生长中后期逐渐减少氮肥用量，适当增加磷、钾肥用量。花蕾形成后，可每隔一星期喷一次磷酸二氢钾，以提高茎秆硬度。

（6）抹芽和摘蕾　香石竹摘心后，除保留作为花枝的目标分枝外，其余的应全部抹去。植株拔节后在茎干的中下方发生侧枝，也应及时抹去。除多头型香石竹外，主蕾以外的花蕾应及时剥除，以保证足够的养分供主蕾发育。

（7）环境控制

① 温湿度管理。香石竹喜湿润，但不耐涝，生长过程中应避雨栽培。10月中旬以后应覆盖薄膜，进行保温，白天应充分换气和通风，冬季温度寒冷地区可通过棚内设置2～3层膜进行保温，必要时进行加温，但应注意充分通风，以防止病害发生。温度调控应由栽培者掌握，科学地控制日夜温度变换模式。湿度在夏、秋、冬、春随光照强弱而调整。光强时，湿度可略高。

② 光强管理。香石竹对光的要求是已知植物中最高的一种。强光适合香石竹健壮生长。过度遮阴，光强仅2000～4000lx则引起生长缓慢、茎秆软弱等现象。

③ 光照长度管理。白天加长光照到16h，或22：00到凌晨2：00用电照光来间断黑夜，或全夜用低光强度光照，都会对香石竹产生较好的效果。随着光照时间与强度的增加，光合作用加强，有利于加速营养生长，促进花芽分化，提早开花期，提高产花量。

（8）病虫害防治　香石竹在高温高湿条件下易发病，一旦发病后较难控制，所以在整个生育过程中必须十分注意防病工作，一般每隔7～10天防病一次，并经常注意棚室的通气管理。

（9）采收　香石竹花苞裂开，花瓣伸长1～2cm时，为采收最佳时期。蕾期采收的香石竹需放在催花液中处理，每20枝或30枝成一束，去除基部10～15cm残叶后水养出售。

#### 4.4.3.5 园林用途

香石竹应用以切花为主，是世界上产量最大、产值最高、应用最普遍的四大切花之一，园林布置中偶然用于花坛。

### 4.4.4 切花菊

切花菊（*Dendranthema grandiflorum*），菊科菊属，别名黄花、节花、秋菊、金蕊、寿客、金英（图4-4）。

图4-4 切花菊

#### 4.4.4.1 形态特征

多年生草本花卉，茎直立多分枝，小枝绿色或带灰褐色，被灰色柔毛。单叶互生，有柄，边缘有缺刻状锯齿，托叶有或无，叶表有腺毛，分泌一种菊叶香气，叶形变化较大，常为识别品种依据之一。头状花序单生或数个聚生于茎顶，花序边缘为舌状花，俗称“花瓣”，多为不孕花，中心为筒状花，俗称“花心”。花色丰富，有黄、白、红、紫、灰、绿等色，浓淡皆备。花期一般在10～12月，也有夏季、冬季及四季开花等不同生态型。瘦果细小褐色。

#### 4.4.4.2 生长习性

适应性很强，喜凉，较耐寒，地下根茎耐低温极限一般为-10℃。喜充足阳光，但也稍耐阴。较耐干，最忌积涝。喜地势高燥、土层深厚、富含腐殖质、轻松肥沃而排水良好的沙壤土，在微酸性到中性的土壤中均能生长。忌连作。菊花为短日照花卉。

#### 4.4.4.3 繁殖方法

以扦插为主，也可用播种、嫁接和分株的方法繁殖。扦插每年春季取宿根萌芽条作插穗，插时用竹扦开洞，插后浇透水，保持湿润即可。嫁接多采用黄蒿和青蒿作砧木。黄蒿的抗性比青蒿强，生长强健，而青蒿茎较高大，最宜嫁接塔菊。每年于11～12月从野外选取健壮植株，于3～6月，多采用劈接法。播种繁殖一般用于培养新品种。菊花花后根际多蘖芽，每年11～12月或次年清明前将母株掘起，分成若干小株，适当修除基部老根，即可移栽。

#### 4.4.4.4 栽培管理

（1）品种选择 切花菊一般选择平瓣内曲、花型丰满的莲座型和半莲座型的品种，要求瓣质厚硬。茎秆粗壮挺拔，节间均匀，叶片肉厚平展，鲜绿有光泽，并适合长途运输和贮存，吸水后能挺拔复壮。我国作为切花菊栽培的大多数品种都是从日本和欧美引进的，如“秀芳系列”和“精元系列”等。

（2）栽培类型

① 电照栽培。主要用于短日照秋菊的抑制栽培，通过电照抑制茎顶端花芽分化，延迟开花，以达到花期控制的目的。电照处理一般可以在初夜或深夜进行，深夜间歇性电照效果好，8～9月每夜电照2h，10月上旬以后每夜电照3～4h。电照停光前1周至停光后3周这段时期内，须保持夜温15～17℃以上，才能保持花芽分化正常进行。

菊花电照装置一般采用白炽灯、荧光灯等。近几年试用高压汞灯、高压钠灯等节能灯用于菊花电照栽培，取得了较好的效果。在电照装置配置过程中，必须保持菊花生长点处达到

50lx以上的照度，才可有效抑制花芽分化。

② 遮光栽培。主要用于短日照秋菊的促成栽培，一般用黑膜或银灰色遮光膜遮盖来延长黑暗的时间，促进花芽分化，提早开花，以调节花卉市场。

遮光栽培应保持茎顶端照度5lx以下时，才可有效促进花芽分化。遮光栽培中，遮光的时间取决于花期控制目标及遮光时植株的高度。一般典型秋菊遮光时间可在开花目标期前60天，株高35～45cm时处理为宜，每日保持短日照10h以下，一般傍晚17：00时开始遮光，凌晨7：00左右揭幕。遮光栽培常用于夏秋菊出花。

③ 两度切栽培。两度切栽培为秋菊年末采花后，选择基部优良的吸芽2～3支，整理后再次栽培开花的一种形式。两度切栽培的品种应选择早春开花性较好的品种，如黄秀芳、白秀芳等。一般在第一次采花后，从近地表部选择吸芽2～3个进行培养，其余全部剥除，并保持10℃左右的温度和14.5h以上的日长（每晚灯照3～4h）。低于10℃应进行加温处理，花芽分化前1周及分化后3周保持16℃以上的夜温，如目标花期在5月份之前，则无须进行遮光处理；5月份以后出花的，应在3月下旬进行遮光处理，方法同遮光栽培。

（3）定植

① 定植期。根据不同系统和栽培的类型（多本或独本）、摘心的次数及供花时间，选择适宜的定植期。一般秋菊摘心栽培的定植期控制在目标花期前15周左右。另外，定植期选择还需要考虑花芽分化期的温度条件是否适宜。

② 定植密度。一般多本栽培的每平方米栽植20株左右，每株留3～4个分枝；独本的每平方米栽培60株左右。采用宽窄行，每畦种3～4行，株距8～10cm。

③ 定植方法。将专门制作的菊花网铺设在已整好的种植床上，根据已设计好的密度在网格孔中定植，以后随着植株的生长，逐渐将网格上移。在60cm高度时将网格固定，保持植株直立生长。定植后要立即浇定根水。夏季炎热时定植，要适当遮阴，成活后再揭除。

（4）肥水管理 菊花喜肥沃土壤。秋菊每100m$^2$施有效成分氮2.0～2.5kg，磷15～18kg，钾1.8～2.0kg。施肥分基肥和追肥。一般秋菊及电照菊基肥量为全年标准施肥量的1/3～2/3，夏菊为70%，促成栽培为60%。夏菊集中在3月份、4月份分1～2次追肥；秋菊摘心后2周及花芽分化时分2次施入；1～3月份出花的补光菊，在摘蕾期再补施一次。一般现蕾前以氮肥为主，适当增施磷、钾肥。植株转向生殖生长时，可暂停施肥，待现蕾后，可重施追肥。追肥宜薄肥勤施。菊花忌水涝，喜湿润，必须经常保持土壤一定持水量，土壤干燥易造成菊花根系损伤。

（5）整枝、抹芽、摘蕾 多本栽培的切花菊摘心后萌发多个分枝，留3～4个，其余的全部除去。以后分枝上的叶腋再萌发后的芽及独本菊的腋芽都要及时抹去，以减少养分消耗。现蕾后，对独本栽培的，要将侧蕾剥除，仅保留植株顶端主蕾；而多头菊及小菊一般不摘蕾或少量摘蕾。菊花摘蕾时，用工量集中，需短时间内完成，不可拖延，否则影响切花质量。

（6）立柱、张网 切花菊茎高，生长期长，易产生倒状现象，在生长期确保茎干挺直，生长均匀，必须立柱架网。每当菊花苗生长到30cm高时架第一网，网眼为10cm×10cm，每网眼中1枝；以后随植株每生长30cm时，架第二层网；出现花蕾时架第三层网。

（7）采收 剪取花的适期，应根据气温、储藏时间、运输地点等综合考虑，一般在花开5～8成情况下剪取。剪花应在离地面约10cm处切断，采收后去除下部1/4～1/3的叶片，按标准分级。当多头型中枝上的花盛开，侧枝上有2～3朵透色时采收。同级花枝每10枝或

20枝绑成一束，为保护花头，用薄膜或特制的尼龙网包扎花头。

#### 4.4.4.5 园林用途

菊花是园林应用中的重要花卉之一，广泛用于花坛、地被、盆花和切花等。

## 思考题

1. 常见的切花种类有哪些？具体说明。
2. 切花栽培中对整地的要求有哪些？
3. 切花定植有哪些方法？
4. 简要介绍切花保鲜的方法。
5. 举例说明切花生产技术（至少两种）。

5

# 花卉常见病虫害防治

## 5.1 花卉生产的病虫害防治原则

### 5.1.1 防治病害的原则

（1）*严格遵守植物检疫规定* 随着市场经济的发展，花卉进出口商贸及种质资源交换利用等日趋频繁。引种、运出、调进的花卉种子、插条、球根、苗木，必须严格检查。必须严格遵守植物检疫规定，发现检疫对象，绝对禁止引进或输出，从源头上杜绝病害蔓延。

（2）*加强栽培管理* 充分利用各种保护设施，创造有利于花卉生长发育的环境条件，促使花卉植株生长健壮，减少病原生物发生和传播的机会，不但可以降低侵染性病害发生概率，更能杜绝生理病害。

（3）*选用抗病品种* 鲜切花和草本花卉种类繁多，品种也很多，其中不乏抗病品种，在引种栽培时，应尽量选用抗病品种。

（4）*物理防治* 利用温汤浸种，用45～60℃的温水浸泡花卉种子，可杀死病原生物，利用38～40℃热处理可钝化病毒，利用太阳能高温进行土壤消毒，都是行之有效的方法。

（5）*药剂防治* 选用适合药剂，正确掌握施药时期和技术。

### 5.1.2 防治害虫的原则

（1）*严格检疫* 防止害虫传播蔓延，特别是远距离的传播。

（2）*清除虫源* 花圃及生产花卉的各种保护设施四周都要清除杂草，不留害虫滋生之处，及时剪除枯枝、病叶，清洁生产环境，减少害虫来源。

（3）*生物防治* 利用生物或其他代谢物可防治害虫。目前正在研究、开发的新防治方法，如微生物药剂，可以防治害虫，如苏云金杆菌对鳞翅目昆虫的幼虫有很强的毒性。一些生物农药已开始进行工厂化生产。

（4）*物理防治* 利用昆虫的趋光性，用灯光诱杀成虫；利用成虫的趋化性，用糖醋液（糖：醋：水为3：1：6）诱杀成虫。

（5）*应用防虫网防治* 利用各种保护设施覆盖防虫网，可阻挡害虫进入网内危害花卉。

双目银灰色防虫网，防虫效果可达95%以上。

（6）*药剂防治* 选用高效、低毒、低残留生物农药；掌握防治适期和正确用药方法；注意保护和利用天敌。

总之，花卉生产防治病虫害的原则是以加强管理，改善环境，创造花卉生长最佳条件，杜绝或减少病虫害的发生为主，化学防治为辅，既不污染环境，提高产品质量，又降低生产成本，节省人工。

## 5.2 病害防治

### 5.2.1 白粉病

白粉病是花卉生长过程中普遍的病害，如为害月季、蔷薇、凤仙花、菊花、大丽花等，可侵害叶片、枝条、花柄、花蕾，在叶背面或两面出现一层白色粉状物。受害植株叶片卷曲，不能开花或开畸形花。严重时植株矮小，花小而少，叶片萎缩干枯，甚至死亡，参见图5-1。

（1）*发病规律* 病菌的菌丝体在病芽、病枝或落叶上越冬。在温室中白粉病可周年发生。露地春天温度达到20℃左右时适合白粉病发生和传播，并产生大量的分生孢子进行传播和侵染。6～8月高温又产生大量分生孢子，扩大再侵染。分生孢子从叶片气孔进入吸取水分。栽植过密、施氮肥多、浇水多、光照不足、通风不良可加重白粉病发生。

图5-1 芍药白粉病

（2）*防治方法* 选用不带病菌的材料种植，及时剪除病枝、病芽、病叶，清理腐枝烂叶，减少侵染来源。注意通风透光，增施磷、钾肥，氮肥适量。在休眠期喷洒2～4波美度石硫合剂；在生长季节喷70%甲基托布津可湿性粉剂700～800倍液，或50%多菌灵可湿性粉剂800～1000倍液、50%代森铵粉剂800～1000倍液。

### 5.2.2 灰霉病

图5-2 月季灰霉病

灰霉病（图5-2）是草本花卉上常见病害，为害仙客来、四季海棠、牡丹、菊花、芍药、天竺葵、郁金香、紫露草等。在温室条件下更容易发生，为害叶、茎、花、果。灰霉病症状较明显，在潮湿条件下可见到灰色霉层。如仙客来灰霉病，受害部位是叶、叶柄及花瓣。发病时在叶边缘产生褐色病斑。叶柄、花柄先软化，后腐烂。在湿度大时，出现灰色霉层，即病原菌分孢子及分生孢子梗。花瓣受害时变色，如白色品种变为淡褐色，红色品种变为浅红色，严重时花瓣腐烂，密生灰霉层。

（1）*发病规律* 病原菌的分生孢子、菌丝体、菌核在病株或病残体上越冬。高温、多雨有利于分生孢子大量形成和传播。在湿度大的棚室中，灰霉病可周年发生。另外，栽植过密、摆放过密、光照不足、湿度大、偏施氮肥、生长嫩弱均容易加重灰霉病的发生。

（2）*防治方法* 花圃和设施内注意通风透光，栽植和摆放不宜过密，不偏施氮肥；露地栽培雨后及时排水，及时清除病株。发现灰霉病用160倍液等量式波尔多液，或喷施50%多菌灵可湿性粉剂500倍液、50%代森铵水剂800倍液。

### 5.2.3 锈病

锈病（图5-3）也是花卉上一种比较严重的病害，为害玫瑰、菊花、海棠、萱草、结缕草等。主要为害叶片、茎、花柄和芽，以能形成一定颜色的锈粉堆为其特点。如玫瑰锈病，病芽早春开展时就有鲜黄色粉状物，叶背面出现黄色稍隆起的斑点，后变成橘黄色粉堆——夏孢子堆。严重时叶背布满一层黄粉，叶片焦枯，提早脱落。夏孢子堆在生长末期，产生大量的黑褐色粉堆——冬孢子堆。又如结缕草锈病，主要发生在叶片上，发病初期，叶片上产生疱状斑点，并逐渐扩展为黄褐色稍隆起病斑，进一步变为橘黄色的夏孢子堆。在结缕草生长末期形成黑褐色线条状的冬孢子堆。锈病严重时，常造成全株叶片枯黄、卷曲而死亡。

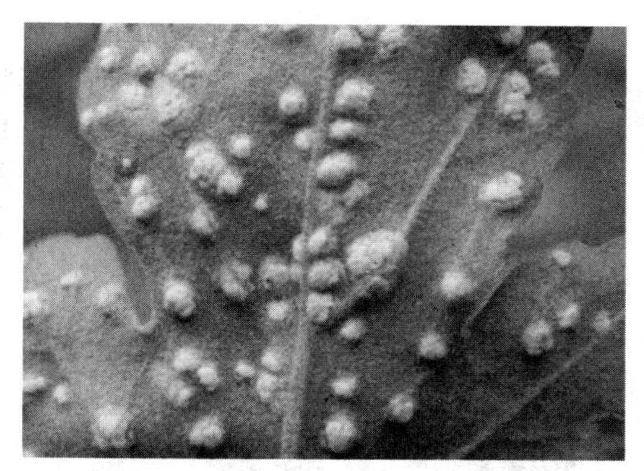

图5-3 菊花锈病

（1）*发病规律* 病原菌以菌丝或冬孢子堆在病株感病器官或枯枝、落叶上越冬。玫瑰锈病为单主寄主，夏孢子在夏季多次重复侵染。夏季高温、冬天寒冷的地方锈病一般不严重，四季温暖多雨、多雾的地方发生比较严重。栽植太密，通风透光不良，排水不畅，施氮肥过多或缺肥，植株生长不健壮，都会加重锈病发生。

（2）*防治方法* 选用抗病品种，减少侵染来源，及时清理病芽、病叶、病枝，集中烧毁。加强管理，合理施肥，氮、磷、钾配合适量，加强通风透光，降低空气湿度。发现锈病用25%粉锈宁可湿性粉剂1500倍液，或65%代森锌可湿性粉剂500～600倍液防治。

### 5.2.4 炭疽病

炭疽病（图5-4）能为害多种花卉，如仙客来、兰花、橡皮树、绣球花、茉莉、梅花、米兰、山茶等。主要为害叶片，也可为害枝、茎。叶片受害时，出现中部呈淡褐色或灰白色，边缘呈紫褐色或暗褐色的近圆形病斑。病斑常出现于叶缘和叶尖，并可扩展。后期病斑上有黑色小点，即病菌的分生孢子盘。茎上也产生圆形或近圆形的淡褐色斑点，其上也长黑色小点。炭疽病的病斑多凹陷。

图5-4 栀子花炭疽病

（1）*发病规律* 兰花炭疽病以菌丝体及分生孢子盘在病残体、假鳞茎上或土壤中越冬。一般自伤口侵入，也可在幼嫩叶片上直接侵入。通常靠病株、带病土壤进行传播，使病害蔓延。适宜分生孢子萌发的温度为22～25℃，空气相对湿度95%以上，土壤pH=5.5～6.0。高温闷热、通风不良、株丛过密可加重病害发生。

（2）*防治方法* 选用抗病品种，剪除病叶、病枝，加强通风透光，避免栽植或摆放过密。发现炭疽病可喷洒50%多菌灵可湿性粉剂500倍液，或70%甲基托布津可湿性粉剂800倍液。

### 5.2.5 叶斑病

叶斑病（图5-5）是叶片斑点病的总称，包括褐斑病、黑斑病、角斑病、斑枯病、轮斑病、圆斑病等。它们是根据病斑的色泽、形状、大小和有无轮纹区分的。叶斑病降低了花卉的观赏性。绝大多数花卉均可感染一种或几种叶斑病，如月季、菊花、榆叶梅、香石竹、水仙、鸡冠花、芍药、山茶、杜鹃、丁香等。菊花不论在露地或盆栽，均易发生褐斑病。发病初期，叶片上出现浅黄色或紫褐色小斑点，逐渐扩大呈圆形或近圆形病斑。病斑长大后，边缘为黑褐色，中央为灰白色，并散生小黑点。严重时多个病斑相连，使整个叶片焦黑脱落或倒挂于茎秆上。又如月季黑斑病，发病初期，叶片正面出现褐色小点，逐渐扩展成圆形或近圆形病斑，紫黑色，病斑边缘呈放射状。病斑长大后，边缘为黑褐色，中央灰白色，产生许多黑色小点粒。

图5-5 月季叶斑病

（1）*发病规律* 叶斑病主要由真菌侵染，有少数由细菌侵染。不同叶斑病由于病原菌不同，发生规律也不相同，但仍有相似之处。病原菌通常以分生孢子、菌丝体在病残体、发病部位或土壤中越冬。分生孢子可借风、雨传播，从春到秋为害。雨水多，光照不足，多年连作病害发生严重。

（2）*防治方法* 及时清除病枝、病叶，减少翌年病源。加强通风透光，注意排水，降低温度。发现病害可喷洒65%代森锌可湿性粉剂600倍液，或50%多菌灵可湿性粉剂500倍液防治。

### 5.2.6 立枯病和猝倒病

图5-6 菊花立枯病

立枯病（图5-6）和猝倒病都是幼苗期的病害。当幼苗刚出土，茎基部被病菌感染，茎基部呈水渍状腐烂、萎缩，引起倒伏，幼叶仍呈绿色，叫猝倒病。当幼苗已有一定程度的木质化时，茎基部出现褐色病斑，病斑逐渐扩大，韧皮部坏死，造成病部干枯，幼苗直立枯死，叫立枯病。猝倒病是由腐霉菌真菌侵染引起的；立枯病是由立枯丝核菌引起的。

（1）*发病规律*　猝倒病的病原菌主要侵染花卉幼苗的根茎部位，种子或幼芽的嫩茎基部，在未出土前已遭侵染。幼苗发病时地表下的茎基部呈水渍状腐烂。接着病部变褐，继续绕茎扩展，组织坏死，很快自地面倒伏。病株附近长出白色棉絮状菌丝。立枯病菌最适地温24℃，20～27℃都适宜生长，最低13～15℃，对出土20天左右的幼苗为害最严重。

（2）*防治方法*　花卉育苗需进行床土消毒。用40%福尔马林50mL，加水10L，浇1$m^2$的苗床，覆盖塑料薄膜4～5天，撤薄膜，2周后播种。也可用五氯硝基苯粉剂等量混合，每平方米苗床8～10g与床土混合，播种后覆土，或下铺上盖，可有效防治猝倒病。发现立枯病立即拔掉病株烧毁或深埋，同时用65%代森锌可湿性粉剂500倍液浇灌，或50%多菌灵可湿性粉剂500倍液喷洒。

## 5.2.7　细菌性病害

细菌性病害（图5-7）主要为害鸢尾、仙客来、马蹄莲、百合、郁金香等花卉。主要为害根茎、球茎、鳞茎、块根等营养器官，也为害叶片。感病植株叶片黄化、干枯，严重时植株死亡。在干燥条件下，感病的球茎、根茎等器官成粉状干瘪；湿度大时，球茎、根茎腐败，外有松软壳裹着，有腐臭味。

（1）*发病规律*　病原菌在土壤中和病残体上越冬。病原菌从伤口侵入寄主，分泌毒素使细胞或组织坏死，从中吸取养分，并向周围扩展，使组织细胞受害，引起腐烂。病菌借雨水、灌溉水、昆虫等传播。温度高、湿度大时发病严重。在高温和低洼排水不良的黏土地上往往发病严重。在繁殖器官的贮藏期，高温、高湿，通风不良，有利于病原菌繁殖为害，造成大量腐烂。有伤口或受虫害的更容易感病。

（2）*防治方法*　繁殖材料贮藏期间可用1：80倍的40%福尔马林消毒杀菌。贮藏期间注意通风，及时剔除感病的球茎、鳞茎。播前切除病块的材料也要消毒，可用农用链霉素500单位/mL浸0.5～1h，工具应用沸水或0.1%高锰酸钾消毒。发现细菌病害可用农用链霉素1000倍液喷洒。在栽培上避免植株受损伤害，以切断细菌的传播途径，达到防治的目的。

图5-7　细菌性病害

## 5.2.8　线虫病

线虫为害的花卉有翠菊、大丽花、飞燕草、唐菖蒲、水仙、金鱼草、仙客来、凤仙花、蔷薇等。线虫能为害根、茎、叶、花芽和花。为害症状有两种类型：一种形成瘤状虫瘿；一种是叶片短缩褪绿、畸形。前者是线虫侵入幼苗根部时，形成大小不等的瘤状虫瘿，并逐渐增大到5～10mm。虫瘿初期与根表皮相似，以后变得较为粗糙，呈褐色或深褐色。受害时细根变褐腐烂，根瘤也腐烂破裂，植株生长衰弱，

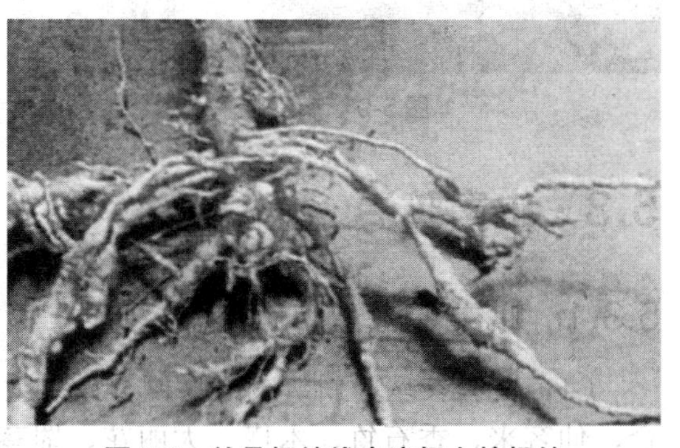

图5-8　牡丹根结线虫病根上的根结

叶片枯黄。后者受害叶片枯黄，并有浅黄色斑点，这些斑点后来变褐色，叶片干枯变黑，病叶短缩、扭曲、畸形。严重时器官发育畸形，花、果变小或畸形，或不能结果，或在花期就枯萎，参见图5-8。

（1）*发病规律* 线虫一般在土壤耕作层最多。重茬地发病严重，生荒地发病轻；浅翻发病重，深翻发病轻。线虫也能存在于植物的器官中，以叶片最多。线虫可以通过病株、叶片、茎、花、种子、土壤等广为传播。降雨、浇水或土壤湿度大时容易发病。仙客来根结线虫病在南方较普遍。雌虫在寄主植物体内或土壤中产卵，卵在温暖的土壤中2～3日孵化为成幼虫，遇到嫩根幼虫侵入。由于幼虫分泌物的刺激，根部被害处肿大形成瘤状物。

（2）*防治方法* 严格实行植物检疫，防止病害传入无病区。选无根结线虫的土壤育苗，实行轮作。合理调节水肥，促进植株生长健壮，增强抗病能力。对发病严重的花圃进行土壤消毒。发现病株，用40%花果乳剂1500倍液浇灌土壤或每平方米施3%呋喃丹颗粒剂15g，还可用20%二溴氯丙烷处理土壤，每平方米用药5～8g。

### 5.2.9 病毒病

病毒是一类极其细小的非细胞结构的微生物。它寄生于活的花卉植物细胞内，破坏细胞的正常代谢。病毒在很多花卉中存在，发生病毒病也较严重。一种花卉常有几种甚至更多种病毒复合侵染，由于侵染花卉的病毒种类较多，在不同花卉上的表现不尽相同，其症状多种多样，常见的有花叶、花色异常，花茎短，花小而少，植株矮化，生长势减弱退化等。例如，香石竹发生病毒病，主要有香石竹叶脉斑驳病毒、香石竹坏死斑点病毒、香石竹潜藏病毒及香石竹蚀环病毒。病毒病使香石竹植株矮化，叶片变小、卷曲、花瓣碎锦，见图5-9。

（1）*发病规律* 由于花卉自身携带病毒，并逐渐积累，可以通过无性繁殖材料传播，也可通过昆虫向其他个体传播，蚜虫和线虫是主要传播媒介。有些病毒还可以通过汁液传播。另外，通过种子传播病毒在花卉生产中也是存在的。

图5-9 病毒病

（2）*防治方法* 病毒病防治比较困难，主要通过以下几个方面进行综合防治：加强检疫，引进无病毒的苗木及繁殖材料（种子、块茎、鳞茎、插条、接穗等）；及时有效地防治害虫（蚜虫、白粉虱、线虫、叶蝉等），切断传播途径；采用热处理、茎尖分生组织培养等方法脱除病毒。防治传毒害虫，可喷施40%氧化乐果1000～1500倍液，或50%马拉硫磷1000倍液，可毒杀蚜虫、叶蝉和白粉虱。

## 5.3 虫害防治

### 5.3.1 蛾类害虫

（1）*斜纹夜蛾* 斜纹夜蛾（图5-10）主要为害菊花、月季、茶花、美人蕉、天竺葵、百合、仙客来、香石竹、木槿、大丽花、蜀葵等。它的成虫体长约16mm，褐色，前翅外线为灰色波浪形纹，有黑褐色肾形斑。幼虫体长约48mm，体色多变，常见的为黄绿色、褐色。老熟幼虫体背有灰色斑纹，体侧有灰白色的横线。华北地区每年发生4～5代。6～9月份为害严重。成虫昼伏夜出，对黑光灯和糖醋味有较强趋性。幼虫有假死性，老熟后入土造蛹室，在室中化蛹。初孵幼虫群集在卵块附近取食叶肉，大龄幼虫进入暴食期常将叶片吃光，并危害花和花蕾。

图5-10 斜纹夜蛾

防治方法：幼虫期可喷施2.5%敌杀死乳油3000倍液或20%菊马合剂2000倍液、15%草虫净乳油1500倍液。利用成虫的趋化性，用黑光灯或糖醋液（糖：醋：水=3 ：1 ：6）加少量敌百虫胃毒剂诱杀成虫。

（2）甘蓝夜蛾 甘蓝夜蛾（图5-11）为害瓜叶菊、彩叶草、大丽花、木槿等。成虫体长15～25mm，灰褐色。老熟幼虫体长40mm，头黄褐色，体线黑色。华北地区每年发生3代。6～7月份幼虫为害严重。成虫对糖蜜有很强的趋性。幼虫啃食叶片。

图5-11 甘蓝夜蛾

防治方法：低龄幼虫可用40%菊杀乳油3000倍液或2.5%功夫乳油4000倍液、20%灭幼脲3号胶悬剂1000倍液喷雾。

（3）甜菜夜蛾 成虫体长10～14mm，灰褐色。前翅内横线灰白色，亚外缘线色浅。幼虫体色多变，常见为绿色、黑绿色，也有黑色个体，但气门为浅白色。卵圆馒头状。蛹体长约10mm，黄褐色。每年发生5代。7～8月为害最重。成虫有趋光性，昼伏夜出。幼虫取食叶片的上表皮和叶肉，剩余下表皮，呈窗纸状，或啃食成孔洞状和缺刻状。幼虫有假死性。甜菜夜蛾见图5-12。

图5-12 甜菜夜蛾

防治方法：用50%高效氯氰菊酯乳油1000倍液或5%抑太保乳油1000倍液喷雾。另外，可用黑光灯诱杀成虫。

（4）角斑古毒蛾 角斑古毒蛾（图5-13）为害木槿、茶花、茉莉、桂花、碧桃、梅等。雌雄异型。雌成虫体长10～22mm，灰至黄色。密被深灰色短毛和黄白色绒毛。雄成虫体长8～12mm，灰褐色。卵近球形，直径0.8～0.9mm，

图5-13 角斑古毒蛾

卵孔处凹陷。幼虫体长33～40mm，黑灰色，被黄色和黑色毛。

防治方法：冬季清除落叶和树干上的粗皮，消灭越冬幼虫。在幼虫卵孵化期用50%马拉硫磷乳剂1000倍液喷洒。另外，利用成虫的趋光性，在成虫发生期，灯光诱杀。

（5）*蔗扁蛾* 蔗扁蛾（图5-14）为害巴西木、鹅掌紫、棕竹、鹤望兰、柚粉椰子等。成虫褐色，体长7～9mm。前翅披针形，深褐色。卵淡黄色，近圆形。幼虫乳黄色，近透明。老熟幼虫体长约30cm，蛹暗红色。每年发生3～4代。幼虫在盆栽木本花卉根部土壤中越冬。春季幼虫上树蛀干为害。老熟幼虫吐丝结茧化蛹。幼虫将皮层及部分木质部蛀空。

防治方法：检查盆花的茎秆，发现害虫，及时剥掉受害部分老皮，杀死幼虫。也可用50%辛硫磷1000倍液喷茎秆，然后用塑料薄膜包起密封5h。

图5-14 蔗扁蛾

图5-15 花椒凤蝶

图5-16 黄钩蛱蝶

## 5.3.2 蝶类害虫

（1）*花椒凤蝶* 花椒凤蝶（图5-15）为害瓜叶菊、光叶花椒、金橘、山茱萸、枸杞等。成虫翅展90～110mm。体、翅颜色随季节而变化。春型色淡呈黄褐色，夏型色深呈黑褐色。幼虫5龄，老熟幼虫体长约40mm。

每年发生3代。5～8月发生，为害花卉幼苗。以蛹越冬。成虫飞集花间，采蜜交尾。卵产在嫩芽、嫩叶的背面，孵化后幼虫即在芽、叶上取食。被害叶呈锯齿状，有时也取食主脉。白天在主脉上，夜间取食为害。

防治方法：利用天敌寄生蜂，可抑制凤蝶发生。幼龄期用90%敌百虫800倍液，或50%杀螟松1000倍液、50%来福灵乳油3000倍液等喷雾。

（2）*黄钩蛱蝶* 黄钩蛱蝶（图5-16）为害一品红、一串红、米兰、扶桑等。翅展44～48mm，翅缘凹凸分明，外缘有黑色带，翅面上散发黑斑，翅黄褐色，翅基部有黑斑，前翅两脉和后翅四脉突出部分尖锐。雌雄差异不大。雌蝶略偏黄色，雄蝶前足跗节只有1节，雌蝶有5节。卵圆形。幼虫体表布满枝刺，颜色非常漂亮，头上有角状凸起。蛹的体背上有凸起。成虫发生在6～10月，动作敏捷，食性广泛。

防治方法：幼虫发生期喷90%晶体敌百虫800～1000倍液，或5%来福灵乳油3000倍液、20%杀灭菊酯乳油3000倍液、2.5%敌杀死乳油2000倍液、20%灭扫利乳油1500倍液、20%速灭杀丁乳油1500倍液、25%溴氰菊酯乳油2000倍液防治。

（3）*大红蛱蝶* 大红蛱蝶（图5-17）为害

万寿菊、一串红、菊花、牡丹、紫藤等。成虫长20mm，翅展45mm。前翅黑褐色，近翅端有7～8个大小不等的白色斑点，呈半圆形。卵圆柱形，浅黄绿色。幼虫头黑色，具光泽，体黑色至赭色，腹面黄褐色。蛹纺锤形，浅黄绿色。南方每年发生2～3代。以成虫在隐蔽处越冬，3月下旬幼虫孵化，危害嫩叶，破坏生长点，吞食叶片，致使植株生长缓慢，严重时多数叶片被包卷，呈现一片白色。5月中旬化蛹，5月下旬出现第一代成虫。成虫飞翔能力强，喜食花蜜。

图5-17 大红蛱蝶

防治方法：用捕虫网捕捉成虫，摘除虫苞，搜杀其中的幼虫。幼虫3龄后，在早晨幼虫爬出虫苞时，喷洒90%敌百虫800～1000倍液，或20%灭扫利乳油1500倍液，或50%杀螟松1000倍液，或20%速灭杀丁乳油1500倍液，或12.5%溴氰菊酯乳油2000倍液，或50%杀螟硫磷800～1000倍液。

（4）小红蛱蝶　小红蛱蝶（图5-18）为害大丽花、百日菊、黑心菊、非洲菊、八仙花等。成虫体长约16mm，翅展约54mm。前翅黑褐色，顶角附近有几个小白斑，翅中央有红黄色不规则的横带，基部与后缘密生暗黄色鳞片，后翅基部与前缘暗褐色，密生暗黄色鳞片，其余部分红黄色，沿外缘有3列黑斑。幼虫体暗褐色，背线黑色。蛹圆锥形，背面高低不平。幼虫将叶片卷起取食，严重时将叶片吃成网状。成虫于9～10月份大量出现，喜食柳大瘤蚜分泌的蜜汁及花木汁液。

图5-18 小红蛱蝶

防治方法：摘除虫苞，集中消灭。在幼虫群集为害期间，早晨7～8h，幼虫爬出虫苞时，喷布适量的2%杀螟松粉剂，也可喷洒90%敌百虫1000倍液，或25%灭幼脲3号悬浮剂1500倍液、20%灭扫利乳油1500倍液等。

### 5.3.3 蝽类害虫

（1）茶翅蝽　茶翅蝽（图5-19）为害一串红、菊花、矮牵牛、大丽花、彩叶草等。成虫体长约15mm，扁圆形，灰褐色，体背面具有许多黑褐色的刻点。前胸背板前缘有4块排列成行的黄褐色小点，小盾片基部5个小黄点。卵短圆筒形，灰白色，后变黑褐色。每年发生1～2代。以受精的雌成虫越冬。翌年4月下旬至5月上旬出蛰，一直为害至6月份，然后产卵，并发生1代若虫。8月羽化为第一代成虫，

图5-19 茶翅蝽

尔后再产卵，并发生第二代若虫。6月上旬以后产的卵只能发生1代。以成虫、若虫吸食叶片、嫩芽和果实的汁液，对植物造成为害。

防治方法：春季进行重点防治，可用5%高效溴氰菊酯乳油1500倍液，或1.8%阿维菌素乳油4000倍液、10%吡虫啉可湿性粉剂5000倍液、50%杀螟松800倍液、10%多来宝1500倍液、90%敌百虫800～1000倍液喷雾防治。

（2）麻皮蝽 麻皮蝽（图5-20）为害一串红、凤仙花、彩叶草、兰花、仙客来、瓜叶菊、八仙花、大丽花等。成虫体较宽大，棕黑褐色，密布刻点和皱纹。卵略呈鼓形，顶端略瘪。若虫近圆形，变为红褐色和黑褐色。每年发生1代。以成虫越冬。4月开始出蛰，盛期在5月中、下旬，6月开始产卵于叶背，6月中、下旬卵孵化为若虫，8月中旬至9月中旬为成虫为害盛期。以成虫和若虫为害嫩枝和梢。

图5-20 麻皮蝽

防治方法：在成虫产卵期摘除卵块。若虫发生期，喷洒2.5%功夫菊酯1500倍液，或20%速灭杀丁2000倍液、2.5%溴氰菊酯2000倍液等药剂，间隔期为10～15天，连续喷2～3次，防治效果较好。

（3）梨网蝽 梨网蝽（图5-21）为害月季、杜鹃、樱花、西府海棠、垂丝海棠、贴梗海棠等。成虫体3.5mm，扁平，暗褐色。前胸板半透明状，具褐色细网纹，并向两侧和后方延伸，呈翼片状。前翅质地与前胸背板相同。胸部腹面褐色，有白粉。

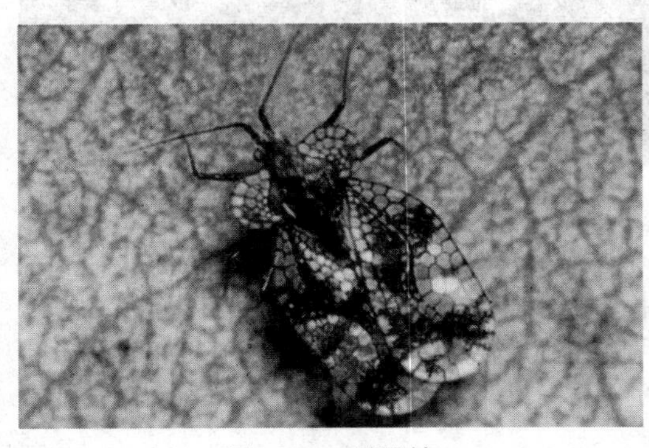
图5-21 梨网蝽

防治方法：6月下旬至7月上旬大发生时，用1.8%阿维菌素乳油4000倍液，或10%吡虫啉可湿性粉剂5000倍液、20%灭扫利乳油1500倍液、2.5%敌杀死2000倍液等药剂喷雾防治。

（4）绿盲蝽 绿盲蝽（图5-22）为害碧桃、寿星桃、石榴等。成虫体长约5mm，绿色，较扁平。复眼红褐色。前翅膜淡褐色。卵黄绿色，产于花卉植物的茎梢内。若虫共5龄，绿色。北方每年发生3～5代。以卵在皮层内、断枝内及土中越冬。翌春3～4月开始孵化。成虫寿命长，发生期不整齐，飞行力强，喜食花蜜，羽化后6～7天开始产卵。非越冬卵多散产在嫩叶、茎、叶柄、叶脉、幼蕾等组织内，外露黄色卵盖。卵期7～9天。春、秋雨季为害严重。

图5-22 绿盲蝽

防治方法：清除花卉附近杂草，减少虫源。在若虫盛发期喷洒10%二氯苯醚菊酯乳油4000倍液，或2.5%溴氰菊酯5000倍液、10%吡虫啉可湿性粉剂2000倍液、10%除尽乳油2000倍液、20%灭多威乳油2000倍液等防治。

## 5.3.4 蚧类害虫

（1）桑白蚧　桑白蚧（图5-23）为害山茶、梅花、芙蓉、木槿、棕榈、榆桩、碧桃、丁香、苏铁等。雌成虫体长0.9～1.2mm，淡黄至橙黄色，介壳灰白至黄褐色，近圆形，略隆起，有螺旋形纹，壳点黄褐色。雄体长0.6～0.7mm，橙黄至橘红色。卵椭圆形，长0.25～0.3mm，初粉红色，后变为黄褐色，孵化前为橘红色。若虫淡黄褐色，扁椭圆形。蛹橙黄色，长椭圆形，仅雄虫有蛹。广东每年发生5代，浙江每年发生3代，北方每年发生2代。2代区第二代受精雌虫于枝条上越冬。寄主萌动时开始吸食，虫体迅速膨大，4月下旬开始产卵，5月上、中旬为盛期。卵期9～15天。5月间孵化，中、下旬为盛期。初孵若虫多分散到2～5年生枝上取食，分杈处和阴面较多，6～7天开始分泌绵状蜡丝，逐渐形成介壳。第一代若虫8月上旬盛发，若虫期30～40天。9月间羽化交配后雄虫死亡，雌虫为害至9月下旬开始越冬。若虫和雌成虫刺吸枝干汁液。

图5-23　桑白蚧

防治方法：北方地区在冬季花木休眠期间，用硬毛刷或钢丝刷，刷掉枝条上的越冬雌虫，剪除受害严重的枝条，然后喷洒5%矿物油乳剂或机油乳剂（蚧螨灵）。在介壳尚未形成的初孵若虫阶段，用10%柴油和肥皂水混合后，喷雾或涂抹。成虫介壳形成以后再防治就困难了。

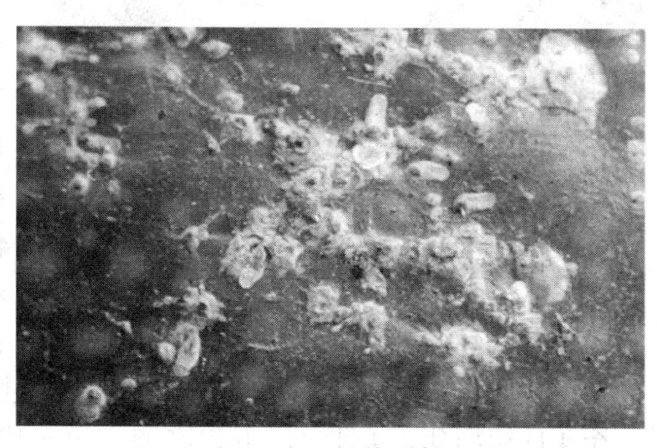
图5-24　糠片盾蚧

（2）糠片盾蚧　糠片盾蚧（图5-24）为害茉莉、桂花、佛手、山茶、梅花、金橘、樱花等。雌介壳长圆形，长1.7mm左右，中部稍隆起，灰白色或褐黄色。雄介壳长形，长1.3mm左右。刚孵出的若虫椭圆形，紫色。若虫分泌蜡质物覆盖在虫体表面，与蜕下的皮共同形成介壳，造成防治困难。茉莉受害后叶片上有白色或褐色介壳，糠片盾蚧躲藏在介壳下刺吸汁液，导致叶片变黄，同时排泄蜜露，污染叶片。

防治方法：刷除枝条上的介壳虫，结合修剪，剪除虫量较多的枝条。加强通风透光和肥水管理，增强抗性。药剂防治用50%杀螟松1000倍液喷雾。

（3）朝鲜球坚蚧　朝鲜球坚蚧（图5-25）为害梅花、樱花、红叶枣、桔梗海棠、多种蔷薇科花木等。雌成虫直径3～4.5mm，黄褐色、

图5-25　朝鲜球坚蚧

红褐色或黑褐色，近圆球形，腹面与枝条接触处具白蜡粉。雄成虫体长约2mm，赤褐色。清明前，小若虫从越冬处爬出来为害，5月份最严重，排泄物易造成花卉煤污病。

防治方法：清明前喷洒100倍液的柴油或机油乳剂，可防治越冬的低龄若虫。若虫固定前可喷洒10%吡虫啉可湿性粉剂3000倍液，或40.3%速扑杀乳油1500倍液、48%乐斯本乳油1500倍液、20%灭扫利乳油1500倍液。

图5-26 考氏白盾蚧

（4）考氏白盾蚧 考氏白盾蚧（图5-26）为害含笑、山茶、君子兰、白兰花、丁香、夹竹桃、金丝桃、八仙花、蒲葵、鹤望兰等。雌成虫近椭圆形，淡黄色，长1.5mm左右。雌介壳略扁平，近圆形，不透明，黄褐色。雄介壳白色，蜡质，长形。卵长椭圆形，淡黄色。每年发生2～3代，各代发生整齐。以若虫或受精雌成虫越冬。以若虫和雌成虫在植株上吸食汁液，形成黄色斑块，并能诱发煤污病。

防治方法：加强通风透光，保护瓢虫、草蛉、寄生蜂等天敌昆虫。若虫孵化期，可喷2.5%溴氰菊酯乳油2000倍液、50%杀螟松800倍液、90%敌百虫晶体800～1000倍液。

图5-27 月季白轮盾蚧

（5）月季白轮盾蚧 月季白轮盾蚧（图5-27）为害月季、蔷薇、玫瑰、黄刺梅、十姊妹、思钩子、兰花、七里香、白玉兰等。雌成虫介壳近圆形，灰白色，直径2.0～2.4mm，壳点2个，深绿色，一般偏离介壳中心。雄成虫介壳长形，白色。雄成虫长约1.2mm，橙黄色至紫红色。卵紫红色，长椭圆形。若虫长椭圆形，初龄若虫橙红色，分泌白色蜡丝。

北方1年发生2代，南方3代。以小若虫和受精雌成虫在枝上越冬。越冬雌成虫3月下旬至4月初羽化，4月中、下旬产卵。第一代若虫4月下旬开始孵化，7月下旬羽化，8月中、下旬若虫大量孵化。第二代成虫9月上旬出现。若虫和雌成虫在枝上刺吸汁液，被害处颜色变褐，植株长势衰弱，严重时枯死。

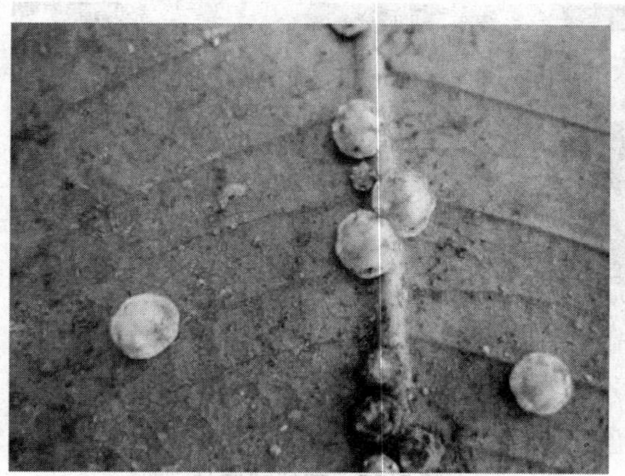

图5-28 日本龟蜡蚧

防治方法：在植株未发芽前，喷5波美度石硫合剂，或松脂合剂8～10倍液。及时剪除受害枝条。若虫孵化盛期，喷10%吡虫啉可湿性粉剂3000倍液、40.3%速扑杀乳油1500倍液、48%乐斯本乳油2500倍液。

（6）日本龟蜡蚧 日本龟蜡蚧（图5-28）为害山茶、白玉兰、栀子、石榴、雪松、樱花、悬铃木、梅花等。雌成虫体扁椭圆形，长约4mm，淡褐色，体背有白色厚蜡层，表面有龟状纹。雄成虫体长约1.1mm，淡紫红色，体背有厚的白蜡层。每年发生1代。以受精成虫在枝条上越冬。翌年3～4月开始取食和发育，5月下旬至6月间产卵。若虫于6～7月孵化。若虫和雌成虫在寄主枝叶上吸食为害，排泄物能诱发煤污病，使植株衰弱，枝条枯死。

防治方法：创造通风透光的环境条件，适当剪除密枝或虫枝。早春用5%～10%机油乳剂或柴油乳剂喷杀越冬雌成虫。6月底7月初在1龄若虫活动期，喷洒2.5%功夫乳油2500倍液或20%灭扫利乳油2500倍液。

（7）康氏粉蚧　康氏粉蚧（图5-29）为害石榴、樱桃、蔷薇、玫瑰、山茶、兰花、栀子、雪松、梅花、樱花、悬铃木等。雌成虫体长3～5mm，扁平，椭圆形，体粉红色，表面被白色蜡质物，体缘有17对白色蜡丝，体后端最末1对蜡丝特长，几乎与体长相等。雄成虫体紫褐色，长约1mm，翅1对，透明，后翅退化成平衡棒。卵椭圆形，长约0.3mm，浅橙黄色，数十来粒集中成块，外覆一层白色蜡粉，形成白絮状卵囊。若虫淡黄色，形似雌成虫。蛹浅紫色，仅雄虫有蛹期。触角、翅和足等均外露。

图5-29　康氏粉蚧

每年发生3代。各虫态均可越冬，以卵在老翘皮和裂缝处越冬为主。5月上、中旬发生第一代若虫，7月上旬到8月中旬以后发生其余2代。雄虫寿命25～27天，雌虫35～50天。9月下旬以后，田间以卵为主。单雌平均产卵200～400粒。成虫和若虫吸食寄主的幼芽、嫩枝、叶片、果实和根部的汁液。

防治方法：冬季细致刮皮，用硬刷刷除越冬卵。早春喷洒5%轻柴油乳剂。若虫盛发期喷10%吡虫啉可湿性粉剂3000倍液，或3%莫比朗乳油1500倍液、25%阿克泰水分散粒剂10000倍液、20%灭多威乳油1000倍液、90%万灵可湿性粉剂6000倍液。此外，刮刷下来的皮和卵需集中烧毁或深埋。

## 5.3.5　蚜、螨类害虫

### 5.3.5.1　简介

（1）桃蚜　桃蚜（图5-30）为害碧桃、红叶枣、樱桃等。有翅成蚜的头、胸部黑色，腹部绿色、黄绿色、褐色、赤褐色或红色。无翅蚜有绿色、黄色、黄绿色、赤褐色或红色等多种颜色，后变为黑色。以卵在枝条的芽旁或轮痕处越冬。第二年植株发芽后，卵开始孵化，若虫先在枝条顶端为害，叶片变黄，向背面扭曲。6月下旬迁移，此后一般不再为害。

图5-30　桃蚜

（2）月季长管蚜　月季长管蚜（图5-31）为害月季和蔷薇属植物。无翅蚜体型较大，体长4.2mm，宽1.4mm左右，长卵形。有翅蚜体长3.5mm，宽1.3mm左右，草绿色，胸部略带黄色，

图5-31 月季长管蚜

图5-32 菊小长管蚜

图5-33 绣线菊蚜

翅膜质透明。若蚜初为白绿色，后渐变淡黄绿色。

北方1年发生10多代。4月份开始为害，4月下旬开始出现有翅蚜，5月份月季现蕾时数量增多，5～6月份为害。7～8月份气温高，数量减少。进入9月份，随着月季第二个生长高峰的到来，蚜虫的数量又开始增多。成蚜和若蚜群居于新梢、花梗、花蕾和嫩叶等处刺吸汁液，影响新梢生长，叶片伸展不良，花朵变小。蚜虫为害时排泄蜜露于植株上，导致煤污霉菌寄生，诱发煤污病，影响观赏。

（3）菊小长管蚜 菊小长管蚜（图5-32）为害万寿菊、波斯菊、非洲菊、矮小菊、瓜叶菊、悬崖菊、早小菊、野菊花等。无翅胎生雌蚜体长约2mm，深红色，有光泽。有翅胎生雌蚜暗赤色。

北方每年发生10代。以无翅蚜在留种菊株的芽上越冬。4月开始胎生小蚜虫，5～7月虫量最多，9～10月最为严重。蚜虫群集在嫩梢、嫩叶与花朵中影响新叶展开、嫩梢生长及开花，并排泄蜜露污染花卉，降低花卉的观赏性，还能传播病毒病。

（4）绣线菊蚜 绣线菊蚜（图5-33）为害月季、桔梗海棠、多种绣线菊、麻叶绣菊、榆叶梅、白兰等。无翅胎生雌蚜体长约1.7mm，黄色至黄绿色。有翅胎生雌蚜长卵形，长约1.7mm，两侧有黑色斑纹。卵椭圆形，漆黑色，腹部黄色。

北京1年发生10多代。以卵在枝条缝隙或芽缝内越冬。次年3～4月植株萌芽后越冬卵开始孵化。初孵若蚜经10天左右发育为干母，干母可胎生无翅蚜（胎生雌蚜）。5月下旬出现有翅胎生雌蚜，并迁飞扩散。6～7月为害严重。成虫、若虫群集于新稍、嫩芽和新叶上刺吸为害，受害叶片向下卷曲或横向卷曲。8～9月发生数量逐渐减少。10月迁飞后产生有性蚜，雌雄交尾产卵。以受精卵越冬。

（5）山楂叶螨 山楂叶螨（图5-34）为害月季、碧桃、红叶枣等。螨体椭圆形，冬型的雌成螨体呈鲜暗红色，夏型的雌成螨体呈鲜红色。雄成虫体末端尖削，绿色或橙黄色。卵初产乳白色，后渐变为橙黄色，位于丝网上。

每年发生10代以上。以受精的雌成虫越冬。春季3月下旬芽萌动时出蛰，6～7月是为害高峰，只在叶片的背面为害。受害的叶片正面叶脉周围出现黄色失绿斑点，当虫口数量较大时，在叶片上吐丝结网。叶片受害后容易脱落。

图5-34 山楂叶螨

（6）二斑叶螨 二斑叶螨（图5-35）为害碧桃、康乃馨、茉莉、凤仙花、木槿、桂花、月季、樱花等。雌螨、雄螨、幼螨或若螨均为淡绿色或黄色。当虫口密度很大，将要迁移时体色变为橙黄色。

每年发生1.5代以上。主要群聚在寄主的叶背面，少数在叶片正面吸取汁液，受害后叶片呈现灰白色或枯黄色细小的失绿斑点，最后叶片呈焦烟状，严重时叶片干枯脱落，植株枯死。当虫口密度很大时，大量虫体聚集在叶片和枝梢顶端，汇集成一个淡红色的虫球，大者如花生粒。此时植株已近干枯死亡。

图5-35 二斑叶螨

#### 5.3.5.2 防治方法

（1）蚜虫 植株萌发前喷5%的矿物油乳剂，可杀越冬卵。室内盆花早期发现零星蚜虫，可用毛笔蘸0.5%中性洗衣粉刷掉。大量养花挂黄色黏胶板，诱黏有翅蚜。大量发生期喷洒50%辟蚜雾3000倍液或20%菊杀乳油2500倍液、25%功夫乳油2000倍液、10%多来宝悬浮剂4000倍液、90%万灵可湿性粉剂6000倍液、10%吡虫啉可湿性粉剂1500倍液、2.5%敌杀死乳油2000倍液、50%灭蚜松乳剂1000倍液。

（2）螨类 结合修剪，消灭枝干上的卵块。若虫为害期用不同类型的杀螨剂或20%灭扫利乳油1500倍液喷雾。

### 5.3.6 金龟子

（1）小青花金龟子 小青花金龟子（图5-36）为害牡丹、芍药、唐菖蒲、菊花、月季、美人蕉、桃花、梅花、木槿、樱花等。成虫长12～17mm，暗绿色。鞘翅为暗绿色或赤铜色，有黄白色斑纹，密生黄色绒毛，无光泽。

成虫于每天10～16时群集，食花蕾和花，使花朵残缺不全。尤以下午活动最盛，其余时间钻在花朵里或土缝中潜伏。雨天栖息在花上不动。有假死性。

防治方法：早晨、傍晚捕杀成虫。花圃及苗床附近不堆放未充分腐熟的粪肥和垃圾，以减少虫源。花卉含苞待放时喷洒50%速灭威可湿性粉剂500倍液，或20%速灭杀丁乳油1500倍液、10%氯氰菊酯1500倍液。

图5-36 小青花金龟子

（2）琉璃丽金龟子 琉璃丽金龟子主要为害月季、蔷薇、红叶杏、木槿等。成虫体长11～14mm，深蓝色，有绿色光泽。鞘翅短，后端略收窄，背面具6列浅点刻沟。臀板具2块白色毛斑。

每年发生1代。以2龄幼虫越冬。成虫于6月下旬开始发生，7～8月上旬是成虫发生期，啃食花木叶片。成虫夜晚静伏在被害植株上，白天活动。7月中旬成虫开始产卵，幼虫孵出后，为害花木根部。11月上、中旬以3龄幼虫下迁到土壤40cm深处越冬。

防治方法：成虫发生期用20%甲氰菊酯乳油1500倍液，或20%速灭杀丁乳油1500倍液、10%氯氰菊酯乳油1500倍液喷雾。

（3）豆蓝丽金龟子　豆蓝丽金龟子（图5-37）主要为害蔷薇、红叶杏等。与琉璃丽金龟子除成虫形态略有差别外，幼虫形态几乎完全相同。成虫体长11～14mm，黑蓝色，有绿色闪光。此外，还有深绿色和暗红色个体。鞘翅短，后端略收窄，背面具6列浅点刻沟。臀板无白色毛斑，幼虫体长24～28mm，肛腹片覆毛区有2列端部相接的刺毛列，每列5～7根。成虫常聚集在植株上为害叶片，导致整株叶片残破不全。

图5-37　豆蓝丽金龟子

每年发生1代。以3龄幼虫越冬。来年春季，由越冬土层上升到耕作层为害。成虫于6月中、下旬开始发生，7～8月上旬是大发生期。成虫夜间静伏在被害植株上，白天活动。7月中旬开始产卵。幼虫孵出后，为害寄主根部。11月中、上旬以3龄幼虫下迁到土壤40cm深的土层处越冬。

防治方法：成虫发生期用20%灭扫利乳油1500倍液，或2.5%敌杀死乳油2000倍液、20%速灭杀丁乳油1500倍液、10%氯氰菊酯乳油1500倍液喷洒。

（4）白星花金龟子　白星花金龟子（图5-38）主要为害月季、海棠、樱花、碧桃、木槿等。成虫体长20～24mm，宽13～15mm，体壁特别硬，古铜色，带有绿紫色金属光泽，翅上有白斑。老熟幼虫体长约50mm，头较小褐色，腹部粗胖，黄白色或乳白色。胸足短小，无爬行能力。

图5-38　白星花金龟子

每年发生1代。以中龄或近老熟幼虫在土中越冬。每年6～9月出现成虫，7月初至8月中旬是为害盛期，昼夜活动，咬食花、花蕾和果实，影响寄主开花，严重降低观赏价值。成虫将卵产在腐草堆下，腐殖质多的土壤中、鸡粪里。

防治方法：利用成虫的假死性，在发生盛期，于清晨温度较低时捕杀，也可喷洒90%敌百虫1000倍液50%马拉硫磷乳油1000倍液防治。

（5）苹毛金龟子　苹毛金龟子（图5-39）主要为害紫荆、碧桃、樱花等。成虫体长18～22mm。蛹初期乳白色，后期淡褐色，羽化前变为深褐色。

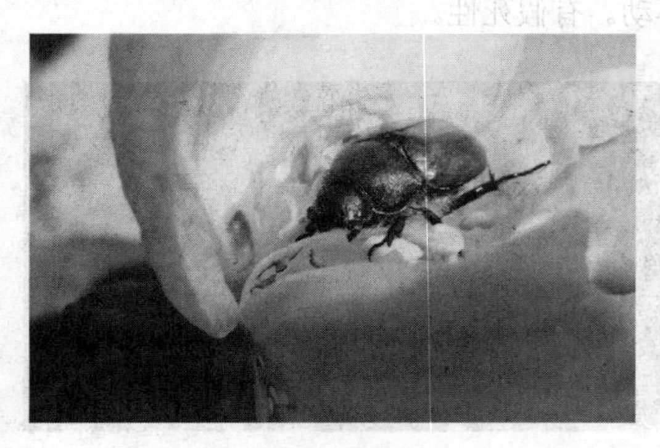

图5-39　苹毛金龟子

每年发生1代。以成虫在30～40cm深的土层内越冬。春天花木萌芽期出土，咬食花蕾形成孔洞，花开后啃食花瓣，同时为害嫩叶，花蕾受害最严重。成虫为害7～8天后即行交尾，白天活动尤以无风晴朗天气活动取食最盛。

防治方法：利用成虫假死性捕杀。成虫发生盛期，可喷洒20%速灭杀丁乳油1500倍液，或20%杀灭菊酯乳油3000倍液防治。

## 5.3.7 金针虫

（1）细胸金针虫　细胸金针虫（图5-40）为害百合、菊花、仙客来、大岩桐、凤仙花等。成虫又叫叩头虫，体较扁平，多为栗色，体表有黄褐色短毛，有光泽，头黑褐色。幼虫体略扁平，金黄色，体长约30mm，圆筒形，有光泽。

图5-40　细胸金针虫

主要以幼虫在土壤中越冬，入土40cm深。立春幼虫上升至表土层为害。6月可见成虫，产卵于土中。幼虫极为活跃，在土中钻动很快，喜欢趋集于刚腐烂的禾本科草粪上。幼虫啃食种子、嫩根、嫩茎及球茎。

防治方法：用灯光诱杀成虫。在灯光下放一盆水，傍晚开灯诱杀成虫落入水中，收集后杀灭。发现幼苗受害，用80%敌百虫可溶性粉剂或25%西维因可湿性粉剂800倍液灌根，可杀死根际附近幼虫。

（2）沟金针虫　沟金针虫（图5-41）为害郁金香、百合、大丽花等。成虫体长14～18mm，栗褐色，密被细毛。老熟幼虫体长20～30mm，金黄色，稍扁平，背面中央有1条细纵沟。

图5-41　沟金针虫

一般3年完成1代。以成虫或幼虫在土中越冬。3月中旬至4月上旬为越冬成虫活动高峰期，昼伏夜出，雄虫善飞，有趋光性。越冬幼虫春季3月初开始活动，3月下旬至5月中旬为害最重。随着越夏，秋季又为害。幼虫咬食花卉种子、根、球茎，并能钻入根部或球茎内部为害。

防治方法：用5%辛硫磷颗粒剂直接施入花盆中，与土拌匀，上覆一层薄土。幼虫为害期，喷敌百虫800倍液，或50%辛硫磷乳油1000倍液灌根。

## 5.3.8 温室白粉虱

### 5.3.8.1 简介

温室白粉虱（图5-42）主要为害月季、蔷薇、瓜叶菊、石榴、倒挂金钟、旱金莲、扶桑、夹竹桃、夜丁香、矮牵牛、一串红、万寿菊、非洲菊等。成虫体长约1mm，翅展2～3mm，翅及虫体密被白色蜡粉。若虫体扁平，椭圆形，黄绿色，半透明，体长约0.5mm。

图5-42 温室白粉虱

世代重叠。在室内花卉上越冬。繁殖适宜温度为25℃，8～9月为害严重。成虫和若虫群集于植株上部幼嫩叶片背面刺吸汁液，使叶片卷曲、褪绿、发黄、萎蔫。分泌的蜜露易诱发煤污病。

#### 5.3.8.2 防治方法

（1）粘贴法 利用白粉虱有较强的趋光性，利用黄色塑料板，涂一层黏机油，支在花圃中，诱杀成虫。黄板上沾满成虫后擦掉，再重新涂一层黏机油。

（2）喷雾法 可用80%敌敌畏乳油1000倍液，或2.5%溴氰菊酯乳油2000倍液、速灭杀丁乳油2000倍液、50%二嗪农1000倍液喷洒。在室外还可喷洒5%西维因粉剂，每隔6天喷1次，共喷3次。由于白粉虱的翅和背部有一层蜡粉，药液很难附着，应在药液内添加0.2%的中性洗衣粉，以增大黏着力。

（3）熏蒸法 棚室生产的花卉，发现白粉虱，用80%的敌敌畏乳油加水100～200倍，均匀喷洒在地面上，密闭门窗，可将大部分白粉虱熏死。

### 5.3.9 蝉类害虫

图5-43 蚱蝉

（1）蚱蝉 蚱蝉（图5-43）为害白玉兰、桂花、腊梅、碧桃、梅花、榆桩等。成虫体长38～48mm，体黑褐色至黑色，有光泽。头部中央有红黄色斑纹。雄虫腹部第一、第二节有鸣器。

数年1代。越冬若虫于初夏雨后的夜晚出土爬上树干，随即羽化。4月底至9月为成虫为害期。除刺吸枝干汁液外，雌虫还将产卵器插入枝条组织内，造成机械损伤，影响水分和养分的输送。

防治方法：若虫出土羽化期可在傍晚和清晨捕杀。成虫盛发期可喷洒2%灭扫利乳油1500倍液，或2.5%敌杀死乳油2000倍液、2.5%功夫乳油2000倍液。

图5-44 大青叶蝉

（2）大青叶蝉 大青叶蝉（图5-44）为害海棠、碧桃、丁香、金橘、梅花、樱桃、竹子等。成虫长7～10mm，黄绿色，被少许白色蜡粉。前翅蓝绿色，末端灰白色。

每年发生3代。4月卵孵化，5～9月为成虫为害期。越冬成虫在枝干上产卵，造成枝干伤口，阻碍营养输导。在低温、干旱年份容易使花木受冻，或使枝条失水，干枯死亡。

防治方法：在枝干上抹石灰水，阻止产卵。

成虫产卵期喷药，可选用10%溴氰菊酯乳油2000倍液、20%灭多威乳油1500倍液喷洒。

## 5.3.10 烟青虫、棉铃虫

（1）烟青虫 烟青虫（图5-45）主要为害月季、牡丹、芍药等。成虫色较黄，前翅上各线纹清晰，后翅棕黑色，宽带中段内侧有一棕色黑线，外侧稍内凹。卵稍扁，纵棱一长一短。幼虫体表的小刺较短。

图5-45 烟青虫

每年发生2代或多代。以蛹在土中越冬。成虫卵散产，前期多产在寄主上、中部叶片背面的叶脉处。幼虫白天潜伏，夜间活动为害。

（2）棉铃虫 棉铃虫（图5-46）主要为害桂花、万寿菊、白日菊、大丽花等。成虫体长15～17mm，体色多变。初孵化的幼虫青灰色。老熟幼虫体长40～45mm，体色变化大，有淡红色、黄白色、淡绿色、绿色等。

北方每年发生2～3代。成虫傍晚最活跃，对黑光灯有趋性。初孵幼虫吃掉卵壳后，大部分转移到心叶处取食，或钻蛀花蕾，咬食花朵。7～9月为害最严重。

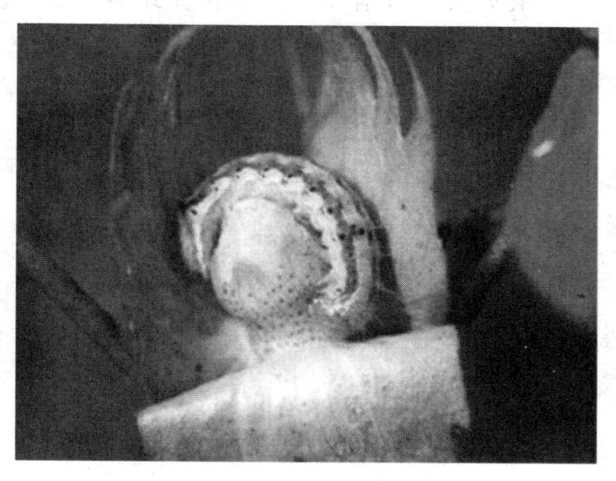

图5-46 棉铃虫

（3）防治方法 烟青虫和棉铃虫的防治方法为：低龄幼虫期喷洒1.8%农家乐4000倍液，或30%灭铃威乳油1500倍液、10%吡虫啉可湿粉剂1500倍液、40%灭抗铃乳油1000倍液、20%农绿宝乳油1500倍液、35%顺丰2号乳油1000倍液、20%灭多威乳油1500倍液。

## 5.3.11 地老虎

（1）简介 地老虎（图5-47）主要为害菊花、百合、大丽花和多种草本花卉。特别是对草本花卉1～2年生幼苗为害最严重。地老虎有小地老虎、黄地老虎和大地老虎。黄地老虎、大地老虎和小地老虎幼虫形态近似，成虫区别较大。以小地老虎为例，成虫体长16～23mm，深褐色。卵半球形，乳白色至灰褐色。老熟幼虫体长37～47mm，体黑褐色至黄褐色，体表布满颗粒。蛹赤褐色，腹末具臀刺1对。各种地老虎成虫易识别，幼虫不易识别。最显著的特征是黄地老虎幼虫腹末臀板除端部有2根刚毛外，几乎为一整块深褐色斑纹。

图5-47 地老虎

北方每年发生4代。越冬代成虫盛发期在3月上旬，存在显著的1代多发现象。成虫对黑光灯和酸甜味趋性较强。4月中、下旬为2～3龄幼虫盛发期，5月上、中旬为5～6龄幼虫盛发期。以3龄以后的幼虫为害最重。幼虫食性杂。3龄以前幼虫仅取食叶片，受害叶片形成半透明白斑或小孔，3龄后则咬断嫩茎。

（2）**防治方法**　利用成虫的趋性，可采用糖醋溶液诱杀和黑光灯诱杀。糖醋液的配制：红糖、醋、水、90%敌百虫原粉按60 ：10 ：100 ：1的比例混合，制成后盛于金属盘中，放在距地面50cm高处，诱杀成虫，也可设置黑光灯诱杀成虫。利用毒饵诱杀幼虫，将10kg麦麸炒香，与0.1kg 90%敌百虫晶体加少许水搅匀，撒于地表诱杀地老虎的幼虫。

化学防治，利用20%杀灭菊酯乳油2000倍液喷雾，防治3龄前的幼虫，也可用25%辛硫磷乳油1000倍液喷洒或灌穴毒杀幼虫。

## 思考题

1. 防治病害、虫害的原则有哪些？
2. 什么是白粉病？发病规律和防治方法是什么？
3. 什么是叶斑病？发病规律和防治方法是什么？
4. 蚧类虫害有哪些？举例介绍其中三种。
5. 简述温室白粉虱的防治方法。

# 6 花卉生产经营管理与应用

## 6.1 花卉经营与销售

### 6.1.1 花卉的产业结构与经营方式

#### 6.1.1.1 花卉的产业结构

（1）盆花与盆景　盆花包括家庭用花，室内观叶植物、多浆植物、兰科花卉等，是我国目前生产量最大、应用范围最广的花卉，也是目前花卉产品的主要形式。

盆景也广泛受到人们的喜爱，加上我国盆景出口量逐渐增加，可在出口方便的地区布置生产。

（2）切花　切花要求生产栽培技术较高。我国切花的生产相对集中在经济较发达的地区，在生产成本较低的地区也有生产。

（3）草花　草花包括一、二年生和多年生花卉。应根据市场的具体需求组织生产，一般来说，经济越发达，城市绿化水平越高，对此类花卉的需求量也就越大。

（4）种球　种球生产是以培养高质量的球根花卉的地下营养器官为目的的生产方式，它是培育优良切花和球根花卉的前提条件。

（5）种苗　种苗生产是专门为花卉生产公司提供优质种苗的生产方式。所生产的种苗要求质量优良，规格齐备，品种纯正，是形成花卉产业的重要组成部分。

（6）种子生产　专门的花卉种子公司从事花卉种子的制种、销售和推广，并且肩负着良种繁育、防止品种退化的重任。

#### 6.1.1.2 花卉的经营方式

（1）专业经营　在一定的范围内，形成规模化，以一、二种花卉为主集中生产，并按照市场的需要进入专业流通的领域。此方式的特点是便于形成高技术产品，形成规模效益，提高市场竞争力，是经营的主题。

（2）分散经营　以农户或小集体为单位的花卉生产，并按自身的特点进入相应的流通渠道。这种方式比较灵活，是地区性生产的一种补充。

### 6.1.2 花卉经营策略

经营策略是指花卉生产企业在经营方针的指导下，为实现企业的经营目标而采取的各种对策，如市场营销策略、产品开发策略等。而经营方针是企业经营思想与经营环境相结合的产物，它规定企业一定时期的经营方向，是企业用于指导生产经营活动的方针，也是解决各种经营管理问题的依据。

花卉同其他商品一样，经营也是以盈利为主，但其在追求经济利益的同时，必须兼顾社会效益。花卉产品的消费最重视优质优价，成本相差不大而质量优良者，可占有良好的市场份额，否则只能在花卉市场中被淘汰。因此，花卉质量是经营管理的重点。优质花卉的生产，需要选择适宜的生长环境，给予花卉植物最适宜的商品。目前一些国际知名花卉公司投巨资进行技术研究，充分发挥技术优势，生产优质产品来夺取市场上的最大份额，这就是花卉生产企业最基本的经营方针。

经营方针是由经营计划来具体体现的。经营计划的制订，取决于具体的条件，如资金、技术、市场预测、花卉种类与品种选择等，此外，还要根据选择的花卉种类与品种，确定栽培的地区，包括栽培区的气候、土质、交通运输以及市场、设备物资的供应、劳动力的报酬等。

在花卉生产经营方针的指导下，最有效地利用企业经营计划，确定的地理条件、自然资源和花卉生产的各种要素，合理地组织生产，如进行各项技术研究、开发市场适销产品等，尽一切可能地充分利用自然条件和各种栽培设施，降低成本，生产最优质价廉的花卉产品，并运用各种营销渠道和策略，扩大市场份额，以获得尽可能好的企业经济效益。

### 6.1.3 市场的预测

市场预测是花卉生产企业了解消费者的需求、变化和市场发展趋势作出的预计和推测，用以指导花卉生产经营活动。

（1）**市场需求的预测** 影响市场需求的因素很多，花卉企业在进行预测时，首先要搞好人口数量、年龄结构及其发展趋势的预测。因为人口数量通常决定某地区的平均消费水平，而人口年龄结构则影响着花卉产品的结构，如青年人居多的城市，对表达爱情寓意的鲜切花产品需求量大。其次是家庭的收入水平，家庭收入水平的高低决定着花卉消费支出占家庭消费支出的比例。此外，在市场预测中也要适当考虑当地的风俗习惯。

（2）**市场占有率的预测** 市场占有率是指企业的某种产品的销售量或销售额与市场上同类产品的全部销售量或销售额之间的比率。影响市场占有率的因素主要有花卉的品种、质量、价格、花期、销售渠道、包装、保鲜程度、运输方式和广告宣传等。某个企业生产的花卉能否被消费者接受，主要取决于与其他企业生产的同类花卉相比，在质量、价格、花期应时与否、包装等方面处于什么地位，若处于优势，则销售量大，市场占有率高，反之则低。

（3）**科技发展的预测** 科技发展预测是指预测科学技术的发展对花卉生产的影响，随着现代科技的发展，特别是无土栽培、化学控制、生物技术、无毒种苗繁育工程的发展运用，智能化、自动化温室的建立，花卉生产的工厂化、规模化运作等，对花卉的质量、价格具有决定性的影响。由于新产品质优价廉，进而会挤掉老产品的市场份额。因此，要保证企业长期稳定发展，必须对科学技术发展作出预测，以便及早掌握运用高新技术，开发生产优质产品。

（4）资源预测　资源预测是指花卉企业在生产活动中对所使用的或将要使用的资料的保证程度和发展趋势的预测。资源供应直接关系到花卉的生产，是花卉生产发育所必需的，如栽培基质、栽培容器、电力、煤、油、水等。资源预测包括资源的需要量、潜在量、可供应量、可利用量和可代用量等。资源供应不仅影响花卉的生产发育，而且花卉生产成本也会受到一定的影响。

## 6.1.4　产品的营销渠道

花卉产品的营销是指花卉生产者和消费者转移所经过的途径，是花卉生产发展的关键。产品的主要营销渠道是花卉市场和花店，进行花卉的批发和零售。

### 6.1.4.1　花卉市场

花卉市场是花卉生产者、经营者和消费者从事商品交换活动的场所。花卉市场的建立，可以促进花卉生产和经营活动的发展，促使花卉生产逐步形成产、供、销一条龙的生产经营网络。目前，国内的花卉市场建设，已有较好的基础。遍布城镇的花店、前店后场式区域性市场、具有一定规模和档次的批发市场，承担了80%的交易量。我国在北京建立了国内的第一家大型花卉拍卖市场——北京莱太花卉市场交易中心后，又在云南建成了云南国际花卉拍卖中心，该市场以荷兰阿斯米尔鲜切花拍卖市场为蓝本进行运作，并通过这种先进的花卉营销模式推动整个花卉产业的发展，促进云南花卉尽快与国际接轨，力争发展成为中国乃至亚洲最大的花卉交易中心。

花卉拍卖市场是花卉交易市场的发展方向，它可实现生产与贸易的分工，可减少中间环节，有利于公平竞争，使生产者和经营者的利益得到保障。

### 6.1.4.2　花店经营

花店是花卉的零售市场，是直接将花卉卖给消费者。花店经营者应根据市场动态因地制宜地运用营销策略，紧跟时代潮流选择花色品种，想顾客所想，将生产做好、做活。

（1）花店经营的可行性　开设花店前，应对花店经营与发展情况做好市场调查分析，作出可行性报告。报告的数据主要包括所在地区的人口数量、年龄结构，同类相关的花店，交通情况，本地花卉的产量与消费者，外地花卉进入本地的渠道及费用等。可行性报告应解决的问题有花卉如何促销，如何花卉市场开拓，如何向主要用花单位取得供应权，训练花店人员和扩展连锁店等，同时，还应根据市场调查确定花店的经营形式、花店的规模、花店的外观设计等。

（2）花店经营形式　花店经营形式可分为一般水平或高档水平，一般零售或批零兼营，零售兼花艺服务等。经营者应根据市场情况、服务对象及自身技术水平确定适当的经营形式。

（3）花店的经营规模　花店的经营规模应根据市场消费量和本地自产花卉量确定，如花木公司可在城市郊区建立大型花圃，作为花卉的生产基地，主要生产各种盆花、各式盆景和鲜切花，在市中心设立中心花店，进行花卉的批发和零售业务。个人开设花店可根据花店所处的位置和环境，确定适当的规模，切不可盲目经营。

（4）花店门面装饰　花店的门面装饰要符合花卉生长发育规律，最好将花店建造得如同现代化温室，上有透明的天棚和能启闭自如的遮阳系统，四旁为落地明窗，中央及四周为梯级花架。出售的花卉明码标价，任凭顾客开架选购，出口为花卉结算付款处。为保持鲜花新鲜度，盆花除要定期浇喷水外，还应设立喷雾系统，以保持一定的空气湿度，并通风良好，冬季有保温设施，夏季有降温设备，四季如春，终年鲜花盛开，花香扑鼻。

（5）花店的经营项目　花店的经营项目常见的有鲜花（盆花）的零售与批发，花卉材料的零售与批发，如培养土、花肥、花药、缎带、包装纸、礼品盒等的零售服务，花艺设施与外送各种礼品花的服务，室内花卉装饰及养护管理，花卉租摆业务，婚丧喜事的会场，环境布置，花艺培训，花艺期刊、书籍的发售，花卉咨询及其他业务等。

经营花店有许多实务工作要做，鲜花的采购是确保品质的第一步，鲜花的保鲜不仅影响鲜花的质量，而且关系到花店的形象。

此外，还有多种营销花卉的渠道，如超级市场设立鲜花柜台、饭店内设柜台、集贸市场摆摊设点、电话送花上门服务、鲜花礼仪电报等。

### 6.1.5　产品的促销

产品的促销是指运用各种方式和方法，向消费者传递产品信息，激发出购买欲望，促进其购买的活动过程。

① 要正确分析市场环境，确定适当的促销形式。花卉市场比较集中，应以人员推销为主，它既能发挥人员推销的作用，又能节省广告宣传费用。若市场比较分散，则宜用广告宣传，以快速全方位地把信息传递给消费者。

② 应根据企业实力确定促销形式。企业规模小，产量小，资金不足，应以人员推销为主；反之，则以广告为主，人员推销为辅。

③ 还应根据花卉产品的性质来确定。鲜切花、应时盆花，生命周期短，销售时效性强，多选用人员推销的策略。对盆景、大型高档盆栽等商品，应通过广告宣传、媒体介绍来吸引客户。

④ 根据产品的寿命周期确定产品的促销形式。竞争激烈，多用公共关系手段，以突出产品和企业的特点；产品成熟饱和期，质量、价格等趋于稳定，宣传重点应针对消费者，保护和争取客户。此外，产品的促销还可举办各种花卉展览，花卉知识讲座和咨询活动，引导人们消费。

总之，花卉经营者应根据企业内外环境，采取合理的促销形式，以扩大花卉经营领域，维持和提高产品的市场占有率。

## 6.2　花卉生产管理

### 6.2.1　花卉生产计划的制定

花卉生产计划是花卉生产企业经营计划中的重要组成部分，通常是对花卉企业在计划期内的生产任务作出统筹安排，规定计划期内生产的花卉品种、质量及数量等指标，是花卉日常管理工作的依据。生产计划是根据花卉生产的性质，花卉生产企业的发展规划、生产需求和市场供求状况来制订的。

制订花卉生产计划的任务就是充分利用花卉生产企业的生产能力和生产资源，保证各类花卉在适宜的环境条件下生产发育，进行花卉的周年供应，保质、保量、按时提供花卉产品，并按期限完成订货合同，满足市场需求，尽可能地提高生产企业的经济效益，增加利润。

花卉生产计划通常有年度计划、季度计划和月份计划，对花卉年度、季度、月份的花事做好安排，并做好跨年度花卉连续生产。

生产计划的内容包括花卉的种植计划、技术措施计划、用工计划、生产用物资供应计划及产品销售计划等。其具体内容为种植花卉的种类与品种、数量、规格、供应时间、工人工资、生产所需材料、种苗、肥料农药、维修及产品收入和利润等。季度和月份计划是保证年度计划实施的基础。在生产计划实施过程中，要经常督促和检查计划的执行情况，以保证生产计划的落实完成。

花卉生产是以盈利为目的的，生产者要根据每年的销售情况、市场变化、生产设施等，及时对生产计划作出相应的调整，以适应市场经济的发展变化。

## 6.2.2 花卉生产技术管理

### 6.2.2.1 花卉生产技术管理概述

花卉生产技术管理是指花卉生产中对各项技术活动过程和技术工作的各种要素进行科学管理的总称。

技术工作的各种要求包括技术人才、技术装备、技术信息、技术文件、技术资料、技术档案、技术标准规程、技术责任制等技术管理的基础工作。

技术管理是管理工作中重要的组成部分。加强技术管理，有利于建立良好生产秩序，提高技术水平，提高产品质量，降低产品成本等，尤其是现代大规模的工厂化花卉生产，对技术的组织、运用工作要求更为严格，技术管理就越显重要。但技术管理主要是对技术工作的管理，而不是技术本身。企业生产效果的好坏取决于技术水平，但在相同的技术水平条件下，如何发挥技术，则取决于对技术工作的科学组织及管理。

### 6.2.2.2 花卉生产技术管理的特点

（1）多样性　花卉种类繁多，各类花卉有其不同的生产技术要求，业务涉及面广，如花卉的繁殖、生长、开花、花后的贮藏、销售、花卉应用及养护管理等。形式多样的业务管理，必然带来不同的技术和要求，以适应花卉生产的需要。

（2）综合性　花卉的生产与应用，涉及众多学科领域，如植物与植物生理、植物遗传育种、土壤肥料、农业气象、植物保护、规划设计等。因此，花卉技术管理具有综合性。

（3）季节性　花卉的繁殖、栽培、养护等均有较强的季节性，季节不同，采用的各项技术措施也相应不同，同时还受自然因素和环境条件等多方面的制约。为此，各项技术措施要相互结合，才能发挥花卉生产的效益。

（4）阶段性与连续性　花卉有其不同的生产发育阶段，不同的生长发育阶段要求不同的技术措施，如育苗期要求苗全、苗壮及成苗率高，栽植期要求成活率高，养护管理则要求保存率高和发挥花卉功能。各阶段均具有各自的质量标准和技术要求，但在整个生长发育过程中，各阶段不同的技术措施又不能截然分开，每一个阶段的技术直接影响下一阶段的生长，而下一阶段的生长又是上一阶段技术的延续，每个阶段都密切相关，具有时间上的连续性，缺一不可。

### 6.2.2.3 花卉生产技术管理的任务

（1）要符合科学技术规律　花卉技术管理要符合花卉生长发育的规律，遵循科学技术的原理，用科学的态度和科学的工作方法进行技术管理。

（2）要切实贯彻国家技术政策　认真执行国家对花卉生产及涉及花卉生产所规定的技术发展方向和技术标准。

（3）要讲求技术工作的综合效益　花卉技术管理工作一定要最大限度地发挥社会效益、经济效益和环境效益，同时要求在管理工作中力求节俭，以降低管理费用。

#### 6.2.2.4　花卉生产技术管理的内容

（1）建立健全技术管理体系　其目的在于加强技术管理，提高技术管理水平，充分发挥科学技术优势。大型花卉生产企业（公司）可设以总工程师为首的三级技术管理体系，即公司设总工程师和技术部（处），部（处）设主任工程师和技术科，技术科内设各类技术人员。小型花卉企业可不设专门机构，但要设专人负责，负责企业内部的技术管理工作。

（2）建立健全技术管理制度

① 技术责任制。为充分发挥各级技术人员的积极性和创造性，应赋予他们一定的职权和责任，以便很好地完成各自分管范围内的技术任务。其一般分为技术领导责任制、技术管理机构责任制、技术管理人员责任制和技术员技术责任制。

② 制定技术规范及技术规程。技术规范是对生产质量、规格及检验方法作出的技术规定，是人们在生产中从事活动的统一技术准则。技术规程是为了贯彻技术规范对生产技术各方面所作的技术规定。技术规范是技术要求，技术规程是要达到的手段。技术规范及规程是进行技术管理的依据和基础，是保证生产秩序、产品质量、提高生产效益的重要前提。

技术规范可分为国家标准、行业标准及企业标准，而技术规程是在保证达到国家技术标准的前提下，可以由各地区、部门、企业根据自身的实际情况和具体条件，自行制定执行。

### 6.2.3　生产成本核算管理

花卉种类繁多，生产形式多样，其生产成本核算也不尽相同，通常在花卉成本核算中分为单株、单盆的成本核算和大面积种植花卉的成本核算。

#### 6.2.3.1　单株、单盆的成本核算

单株、单盆的成本核算，采用的方法是单件成本法，核算过程是根据单件产品设成本计算单，即将单盆、单株的花卉生产所消耗的一切费用，全都归集到该项产品成本计算单上。单株、单盆花卉成本费用一般包括种子购买价值，培育管理中耗用的设备及肥料、农药、栽培容器的价值，栽培管理中支付的工人工资，以及其他管理费用等。

#### 6.2.3.2　大面积种植花卉的成本核算

进行大面积种植花卉的成本核算，首先要明确成本核算的对象。成本核算对象就是承担成本费用的产品，其次是对产品生产过程耗费的各种费用进行认真的分类。其费用按生产费用要素可分为以下几项。

① 原材料费用：包括购人种苗的费用，在生长期间所施用的肥料和农药等。

② 燃料动力费用：包括花卉生产中进行的机械作业、排灌作业、遮阳、降温、加温供热所耗用的燃料费、燃油费和电费等。

③ 生产及管理人员的工资及附加费用。

④ 折旧费：在生产过程中使用的各种机具及生产设备按一定折旧率提取的折旧费用。

⑤ 废品损失费用：在生产过程中，未达到产量质量要求的，应由成品花卉负担的费用。

⑥ 其他费用：指管理中耗费的其他支出，如差旅费、技术资料费、邮电通信费、利息支出等。

⑦ 花卉生产成本：花卉生产成本项目见表6-1。

表6-1 花卉生产成本项目

| 项目<br>名称 | 种子 | 花盆 | 基质 | 肥料 | 农药 | 机械作业费 | 排灌作业费 | 工人工资 | 设备折旧费 | 废品损失 | 其他支出 | 成品合计 | 成品数量 | 单位成本 |
|---|---|---|---|---|---|---|---|---|---|---|---|---|---|---|
| | | | | | | | | | | | | | | |

花卉生产管理中，可制成花卉成本项目表，科学地组织好费用汇集和费用分摊，以及总成本与单位成本的计算，还可通过成本项目表分析产品成本的构成，寻求降低花卉成本的途径等。

## 6.2.4 花卉的分级包装

花卉的分级包装是花卉产业贮运销的重要环节之一。花卉分级包装的好坏直接影响花卉的品质和交易价格。分级包装工作做得好，很容易激发消费者购买的欲望，提高消费者的购买信心，促进产品市场销售。

### 6.2.4.1 盆花

（1）分级和定价　出售的盆花应根据运输路途的远近，运输工具的速度以及气候条件等情况，选择花朵适度开放的盆花准备出售，然后按照品种、株龄和生长情况，结合市场行情定价。

观花类盆花的主要分级依据是株龄的大小、花蕾的大小和着花的多少。观叶类盆花大多按照主干或株丛的直径、高度冠幅的大小、株形以及植株的丰满程度来分级，而苏铁及棕榈状乔木树种，则常按老桩的重量及叶片的数目来分级。观果类花卉主要根据每盆植株上挂果的数量确定出售价格。出售或推广优良品种时，价格可高些。

（2）包装　盆花在出售时大多数不需要严格的包装。大型木本或草本盆花在外运时需将枝叶拢起绑扎，以免在运输途中折断或损伤叶片。幼嫩的草本盆花在运输中容易将花朵碰损或振落，有的需要用软纸把它们包裹起来，有的则需设立支柱绑扎，以减少运输途中的晃动。

用汽车运输时，在车厢内应铺垫碎草或沙土，否则容易把花盆颠碎。用火车长途运输时，都必须装入竹筐或木框，盆间的空隙用毛纸或草填衬好，对于一些怕相互挤压的盆花，还要用钢丝把花盆和筐、框加以连接固定。

瓜叶菊、蒲包花、四季海棠、紫罗兰（图6-1）、樱草（图6-2）等小型盆花，在大量外运时为了减轻体积和重量，大多脱盆外运，并且用厚纸逐棵包裹，然后依次横放在大木框或网篮内，共可摆放3～5层。各类桩景或盆花则应装入牢固的透孔木箱内，每箱1～3盆，周围用毛纸垫好并用钢丝固定，盆土表面还应覆盖青苔保温。

图6-1 紫罗兰

图6-2 樱草

包装外的标签必须易于识别，要写清楚必要的信息，如生产者、包装场、生产企业的名称，种类、品种或花色等。若为混装，标记必须写清楚。

#### 6.2.4.2 切花

（1）分级　切花的分级通常是以肉眼评估，主要基于总的外观，如切花形态、色泽、新鲜度和健康状况，其他品质测定包括物理测定和化学测定，如花茎长度、花朵直径、每朵花序中小花数量和重量等。在田间剪取花枝时，应同时按照大小和优劣把它们分开，区分花色品种，并按一定的记数单位把它们放好，以减少费用和损失。

（2）包装　出场的切花要按品种、等级和一定的数量捆扎成束，捆扎时既不要使花束松动，也不宜太紧将花朵挤伤。每捆的记数单位因切花的种类和各地的习惯而不同，通常根据切花大小或购买者的要求以10、12、15或更多捆扎成束。总之，凡是花形大、比较名贵和容易碰损的切花，每束的支数要少，反之每束的支数可多。

大多数切花包装在用聚乙烯或抗湿纸衬里的双层纤维板箱或纸箱中，以保持箱内的湿度。包装时应小心地将用耐湿纸或塑料套包裹的花束分层交替、水平放置于箱内，各层间要放置衬垫，以防压伤切花，直至放满。对向性弯曲敏感的切花，如水仙、唐菖蒲、小菖兰、余鱼草等，应以垂直状态贮运。

## 6.3 花卉的应用

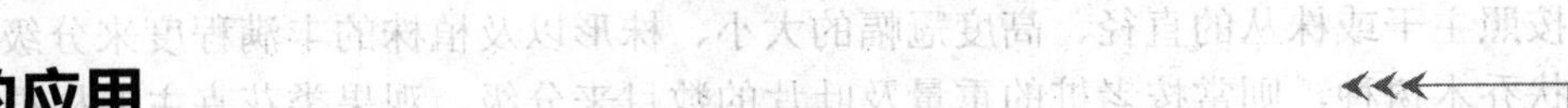

### 6.3.1 花卉的地栽应用

花卉的应用是将花卉展示人工美和自然美的艺术方式。花卉不仅可以改善环境、净化空气和防治污染，更重要的是可以以其千姿百态、姹紫嫣红的自然美和人类匠心独运的艺术美，装点园林绿地和室内空间，为人们营造优美的休闲娱乐场所和怡人的工作与生活环境。根据花卉园林用途的不同，花卉应用形式包括花坛、花境、花丛与花群、篱缘与棚架、花钵与花台等多种应用形式。

#### 6.3.1.1 花坛

花坛是在具有一定几何轮廓的植床内种植颜色、形态、质地不同的花卉，运用花卉的群体效果来体现图案纹样或观赏盛花时的绚丽景观，以体现其色彩美或图案美的一种园林应用形式。

花坛是植物造景的重要组成部分，具有极强的装饰性和观赏性，经常更换花卉及图案，能创造四季不同的景色效果。常布置在公园风景区和街道、广场、工厂、学校、医院和道路的中央、两侧或周围等规则式的园林空间中。它与整个绿地有机结合，可以提高园景和街景的艺术水平，使葱茂翠郁的园地瑰丽多姿，赏心悦目。

（1）花坛的类型　根据花坛的表现主题、布置形式和空间位置等因素，将花坛大体分成几种类型，而这些类型往往在实际工作中是综合应用的。

① 按表现主题分类。花坛根据表现主题的不同，可分为盛花花坛和模纹花坛。

a. 盛花花坛。又称花丛式花坛、集栽花坛，它是集合一种或几种花期一致、色彩调和的不同种类的花卉配置而成。其外形可根据地形及位置呈规则几何形体，而内部的花卉配置，图案纹样需力求简洁。主要由观花草本植物组成，表现盛花时群体色彩美或绚丽的景观，可由同种花卉的不同花卉品种或不同花色群体组成，也可由不同种的多种花色花卉群体组成。

盛花花坛图案简单，以色彩美为其表现主题。这种花坛不宜采用复杂的图案，但要求图案轮廓鲜明、对比度强。因此必须选用花期一致、花期较长、高矮一致、开花整齐、色彩艳丽的花卉，如三色堇、金鱼草、美女樱、万寿菊、翠菊、百日草、福禄考（图6-3）、紫罗兰、石竹、一串红、矮牵牛、鸡冠花等。一些色彩鲜明的一、二年生观叶花卉也较常用，如羽衣甘蓝（图6-4）、银叶菊、地肤、彩叶草等。也可以用一些宿根花卉或球根花卉，如鸢尾、菊花、郁金香、风信子、水仙等，它们的花形和花色都很理想，但株丛较稀，因此在栽植时一定要加大密度。同一花坛内的几种花卉之间的界限必须明显，相邻的花卉色彩对比一定要强烈，高矮则不能相差悬殊。

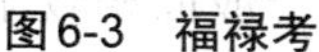
图6-3 福禄考

图6-4 羽衣甘蓝

盛花花坛的观赏价值高，但观赏期较短，必须经常更换花材以延长其观赏期。由于经营费工，盛花花坛一般只用于园林中重点地段的布置。

b.模纹花坛。又称图案式花坛。主要由低矮的观叶植物或花、叶兼美的植物组成，表现群体组成的精美图案或装饰纹样。根据种植形式及内容又可以分为毛毡花坛、浮雕花坛和标题式花坛。

毛毡花坛是以色彩鲜艳的各种矮生性、多花性的草花或观叶草本及木本植物为主，配植成各种精美、华丽的装饰图案纹样，宛若绚丽的地毡；浮雕花坛是依植物高度不同和花坛纹样变化，由常绿小灌木和低矮草本组成高度不一而呈现凹凸不平，整体上具有浮雕效果；标题式花坛是指由文字或具有一定含义的图徽组成的模纹花坛，它是通过一定的艺术形象，表达一定的思想主题，宜设置在坡地的倾斜面上。

由于要清晰准确地表现纹样，模纹花坛中应用的花卉要求植株低矮、株丛紧密、生长缓慢、耐修剪，如三色堇、半支莲、矮牵牛、彩叶草、四季海棠、银叶菊、孔雀草、万寿菊、一串红等。此外，一些低矮紧密的灌木也常用于模纹花坛，如雀舌黄杨等。这种花坛要经常修剪以保持其原有的纹样，其观赏期长，采用木本的可长期观赏。模纹花坛表现的图案除平面的文字、钟面、花纹等外，也可以是立体的造型，称为立体花坛。

c.现代花坛。常见两种类型的组合形式。如在规则式几何形植床中，中间为盛花布置形式，边缘用模纹式；或在立体花坛中，立面为模纹式，基部为不平的盛花式。

② 按布置形式分类。花坛根据布置形式的不同，分为独立式花坛、组合式花坛和带状花坛。

a.独立式花坛。独立式花坛为单个花坛或多个花坛紧密结合而成。大多作为局部构图的主体，一般设置在轴线的焦点、道路交叉口或大型建筑前的广场上。一般应有坡度，以便视觉效果完整。

b.组合式花坛。又称花坛群。指在面积较大的地方，由多个花坛组成的不可分割的整体。花坛群底色要统一，一般用铺装场地或草地连接，花坛群间有小路可允许游人活动。独立花坛可以作为花坛群的构图中心，如有水池、喷泉、纪念碑、雕塑等，也常作为花坛群的构图中心。大规模的花坛群内部铺装场地上，还可设置花架、坐椅以供游人休息。组合式花坛用花量大，造价高，管理费工，因而只在重要地段、重点场合使用。

c.带状花坛。带状花坛长为宽的3倍以上，在道路、广场、草坪的中央或两侧，划分成若干段落，有节奏地简单重复布置。

许多独立花坛或带状花坛成直线排列成一行，组成一个有节奏、规律的、不可分割的构图整体时，称为连续花坛群。可以采用反复演进或由2～3种不同个体的花坛来交替演进，形成一个连续的构图，具有强烈的艺术感染力。整个连续构图可以用水池、喷泉、雕塑来强调起点、高潮、结束的安排。

③ 按空间位置分类

a.平面花坛。花坛表面与地面平行，主要观赏花坛平面效果。若遇到四周为高地，中央为下沉的平地时，可把花坛群布置在低洼的平地上，但应该有地下的排水设施，以免积水，这种下沉的花坛组群，称为沉床花坛。当游人在高地游览活动时，可以鉴赏其整体构图。

b.斜面花坛。花坛设在斜坡或阶地上，也可以布置在建筑的台阶两旁或台阶上，花坛表面为斜面，是主要的观赏面。

c.高台花坛（花台）。花坛设置在高出地面的台座上。花台一般面积较小，多设于广场、庭院、阶旁、出入口两边等处。

d.立体花坛。花坛向空间伸展，具有坚向景观，是一种走出花坛原有含义的布置形式，它以四面观为多。常包括造型花坛和标牌花坛等形式。造型花坛是用模纹花坛的手法，运用五色草或小菊等草本观叶植物做成各种造型，如动物、花篮、花瓶、亭、塔等，前面或四周用平面式装饰；标牌花坛是用植物材料组成的竖向牌式花坛，多为一面观赏，可以是落地的，也可以借建筑材料（砖、木板、钢管、铁架等）搭成骨架，植物材料种植在栽植箱中，绑扎或摆放在骨架上，使图案成为距地面一定高度的垂直或斜面的广告宣传牌样式。

花坛还有很多的分类方法，如依功能不同，可分为观赏花坛、标记花坛、主题花坛、基础花坛等。根据花坛所用植物观赏期的长短，还可将花坛分为永久性花坛、半永久性花坛及季节性花坛。

（2）**花坛的设计**　花坛讲究群体效果，符合功能要求，并与环境协调。模纹花坛要求图案清晰、色彩鲜明、对比度强；盛花花坛要求花繁色亮，美观大方；立体花坛要求形象大气，富有生命力。

① 花坛的选择。花坛的形式、大小、高低和花卉品种色彩应与周围环境相协调。

在选择花坛的种类时，对环境的考虑应把握以下几个方面：一是花坛的立地环境，考虑其立地环境的空间大小，是开阔还是狭小，周边环境是明亮还是灰暗，以及其原有的地被植物情况等。一般来说，狭小的空间选用花丛式，而开阔明亮的立地环境则在花坛形式和花卉色彩上有较大的选择。在雕塑、纪念碑等建筑下的花坛，其庄严肃穆的背景，通常以毛毡花坛或模纹花坛为主。一般的场合，则可选用立体花坛、盛花花坛等多种形式。二是考虑花坛的表现主题。为增加节日的喜庆气氛可选用大型的色彩艳丽的花坛，如是一般的绿化点缀，则选用自然式花坛或独立花坛。三是要因地制宜。如广场花坛占地面积在广场总面积的1/5～1/3，不论独立式花坛还是组合式花坛，尽可能与雕塑、纪念碑、水池等统一协调。作为单体花坛的图案直径或短轴一般不超过8～10m。道路两侧的带状花坛宽度应根据道路和绿化带的宽度而定，但不能等于或大于道路的宽度。

② 设计要点。花坛的设计要点包括花坛的外形轮廓、花坛的高度、边缘处理、花坛的内部纹样、色彩的设计以及花材的选配等。

a.花坛的外形轮廓设计。应服从园林规划布局的要求，主要是几何图形或几何图形的组合，要与周围环境相协调。作为主景设计的花坛一般采用辐射对称、四面观赏的外形，而作为建筑物的陪衬则可采用左右对称、单面观赏的轮廓。花坛的大小，应根据建筑面积和建筑群中的广场大小同时考虑，与所处的园林空间相协调，一般以不超过广场面积的1/3，不小于广场面积的1/10为宜。为便于观赏和管理，独立花坛的直径或宽度应在10m以下，必要时采用组合式布置。带状花坛的宽度以2～4m为宜，其长度及段落的划分则依环境而定。

b.花坛的高度设计。应主要从方便观赏的角度出发，一般情况下，供四面观赏的单体花坛主体高度不宜超过人的视平线，要求中间高，四周低。花坛为了排水，可保持4°～10°的坡度，并且种植床稍高于地面。要达到这一要求有两种方法：一是堆土法，即在种植池中堆出中间高、四周低的土基，再将高度一致的花材按设计的要求进行种植；另一种方法是直接选择不同高度的花卉进行布置，将高的种在中间，矮的种在四周即可。若为两侧观赏的带状花坛则要求中间高、两侧低或平面布置，而单面观赏的花坛要求前排低、后排高。

c.花坛的边缘处理。主要考虑对花坛进行装饰、轮廓清晰和避免游人踩踏，且使种植床内的泥土不致因水土流失而污染路面或广场，花坛种植床周围一般设有边缘石和矮栏杆进行保护。常见的边缘石有混凝土石、砖、条石、假山石等，其高度一般设为10～15cm，大型花坛以不超过30cm为宜，宽10～15cm，兼作坐凳的可增至50cm。有些花坛不用边缘石，而是在花坛边缘铺设一圈草皮作装饰，或者种植一圈边缘植物，如葱兰、韭兰、麦冬、吉祥草、地肤、美女樱、雏菊等，更显自然美观。花坛边缘的矮栏杆一般是可有可无的，但矮栏杆有装饰和保护的双重作用，因而仍然广泛应用。矮栏杆主要有竹制、木制、铁铸和钢筋混凝土制的四种，前两种制作简单，后两种经久耐用，可根据具体情况选用。矮栏杆设计的高度不宜超过40cm，纹样宜简洁，色彩以白色和墨绿色为佳。这两种颜色都能起到装饰和衬托的效果，而以白色更为醒目，墨绿色更耐脏。在以木本花卉作花材的花坛设计中，矮栏杆可用红檵木、金叶女贞（图6-5）、紫叶小檗（图6-6）等绿篱代替。此外，边缘石和矮栏杆的设计应注意与周围的道路和广场铺装材料相协调。

图6-5 金叶女贞

图6-6 紫叶小檗

d.花坛的内部纹样设计。应与园林风格相适应。一般色彩鲜艳的花坛，图案要力求简单，盛花花坛的内部纹样应主次分明，简洁美观。忌在花坛中布置复杂的图案和等面积分布过多的色彩，要求有大色块的效果。模纹花坛以突出内部纹样精美华丽为主，因而植床的外部轮廓以线条简洁为宜，而内部纹样应较盛花花坛精细复杂些。其点缀及纹样不可过于窄细，如由五色草组成的花坛纹样不可窄于5cm，其他花卉组成的花坛纹样不可窄于10cm，以保证纹样清晰。其内部图案可选择的内容很广泛，如花纹、卷云、文字、肖像、动物、时钟等。

e.花坛的色彩设计。花坛色彩配合协调，更能吸引观赏者的视线，成为园林中美的焦点。一般来说，热烈的气氛中要选用鲜艳的色彩，图案复杂的花坛，色彩不能杂乱。同一花坛中的花卉颜色应对比鲜明，互相映衬，在对比中展示各自的色彩，同时避免同一色调中不同颜色的花卉，若一定要用，应间隔配置，选好过渡花色。

从比例上看，花坛内各种色彩所占用的面积不宜过于平均，应有主次之分，所以一般选用1～3种为主要花卉，其他种花卉则为衬托，可使花坛色彩主次分明。忌在一个花坛或一个花坛群中花色繁多，没有主次。

一般采用色彩对比的手法配置，常常以浅色花卉作图纹的底色，用深色花卉作图纹的边缘或文字花坛的文字，则图案清晰。如红与黄两色对比效果较佳。

从季节安排上看，可根据季节变化考虑色彩运用，如蓝、绿等冷色调花卉，给人一种平淡、凉爽、深远的感觉，而红、黄、橙等暖色调给人热烈、活泼的感觉。所以夏季应多用冷色调花卉，如藿香蓟、彩叶草等；春、秋、冬季和节日喜庆宜用暖色调花卉，如一串红、孔雀草等。

从周围环境看，以绿色植物为背景的花坛应考虑色调鲜艳的花卉，同时要兼顾绿色植物的花期与色彩，注意不与花坛色彩重复为好，所有这些，都需要进行周密地计划、巧妙地布局、认真地布置，使花坛真正达到在形式上与环境相一致，在内容上与表现形式相统一。

f.花材的选配。花坛中花材的选配应满足前面提到的不同主题的花坛的要求，考虑高度和色彩的搭配，并注意花期的一致性。花坛植物材料应选用花期一致、花朵显露、株高整齐、叶色和叶形协调、容易配置的品种，由一、二年生或多年生草本、球宿根花卉及低矮色叶花灌木组成。配置上应具有季相变化，并突出重点景观。花坛花卉还必须选择其生物学特性符合当地立地条件的品种。

#### 6.3.1.2 花境

花境是模拟自然界中林地边缘地带多种野生花卉交错生长的状态，运用艺术手法设计的一种花卉应用形式，是一种半自然式的带状种植形式，以表现植物个体自然美和它们之间自然组合的群落美为主题。花境在设计形式上是沿着长轴方向演进的带状连续构图，带状两边是平行或近于平行的直线或曲线。花境从平面上看是各种花卉的块状混植，从立面上看则高低错落，犹如林缘野生花卉交错生长的自然景观。严格来说，花境并没有十分规范的形式，通常是根据种植者的喜好和花境类型，进行植物材料的选择和配置。常以管理简便的宿根花卉为主要材料，一次种植后可保持多年，通过不同的植物材料展示不同的季相特点，做到四季有景。

（1）花境的特点　花境与花坛有着本质的区别，其特点如下。

① 花境边缘依环境不同，可以是自然曲线，也可以是直线。

② 所选用的植物以花期长、色彩鲜艳、栽培管理粗放的宿根花卉为主，适当配以一、

二年生草花和球根花卉，或全部用球根花卉配置，或仅用同一种花卉的不同品种、不同色彩的花卉配置。

③ 各种花卉的配植呈自然斑块状混交，错落分布，花开成丛。不要求植物高矮一致，只注意开花时不相互遮挡即可，但也不是杂乱无章，整体构图必须严整。

④ 不要求花期一致，但要有季相变化，四季有花或至少三季有花。

⑤ 管理粗放，不需年年更换，一经栽植可观赏多年。

（2）花境的类型 花境的类型丰富，可以根据植物材料、观赏角度、生长环境以及功能等方面分成不同的类型，每种类型都有其鲜明的特点。

① 根据植物材料分类

a.宿根花卉花境。花境中所有植物均为可露地越冬的宿根花卉，是一种较为传统的花境形式。

宿根花卉具有种类多、适应性强、栽培简单、管理粗放、易于繁殖、群体效果好等优点，此外大多数宿根花卉都未经充分的遗传改良，在花期上具有明显的季节性，其花朵和株形都尽显自然野趣。宿根花卉可供选择的种类很多，从低矮的岩生肥皂草（图6-7）至高达2m的赛菊芋（图6-8），从花型奇特的耧斗菜至叶色丰富的玉簪，无不令人赏心悦目，因而宿根花卉花境可以创造出多种别具特色的组合。在宿根花卉花境中，有些宿根花卉品种虽然花期不是很长，但从整个花境整体来讲，会令花境的景观富于变化，每段时期都会有不同的观赏效果。

图6-7 肥皂草

图6-8 赛菊芋

b.一、二年生草花花境。一、二年生草花花境是指植物材料全部为一、二年生草本花卉组成的花境。

一、二年生草本花卉的特点是色彩艳丽、品种丰富，从初春到秋末都可以有灿烂的景色，但冬季则显得空空落落。很多一、二年生草本花卉具有简洁的花朵和株形，具有自然野趣，非常适合营造自然式的花境。可供选择的一、二年生草本花卉品种繁多，其中大多数种类对栽培的要求不高，而且大多数都在夏季开花。制作一、二年生草花花境时，可以直接播种在规划好的种植床上，也可以在春季育苗移栽，在夏季即可呈现绚烂的美景。一、二年生草花花境要保持完美的状态，一般中间需要更换部分花卉，而且每年需要重新栽植，要耗费一定的人力和财力。

c.球根花卉花境。是由各种球根花卉组合而成的花境，如百合、水仙、大丽花、郁金香、唐菖蒲等。

球根花卉具有丰富的色彩和多样的株形，有些还能散发出香气，因而深受人们喜爱。此外，球根花卉由于本身储存有养分，所以栽植后只需注意浇水即可，栽植后养护管理都比较简便。但是很多球根花卉在开花后会进入休眠期，此时应该将球根挖起，贮藏到下一次栽植的时期，因而需要花费一些时间和精力。

多数球根花卉的花期都在春季或初夏，常用于春季花境中。但其缺点是花期较短、相对集中，进入休眠后则显得落寞。营造花境时，可以通过选择多个品种以及同一品种不同花期的类型来延长观赏期。此外还可将球根花卉与延展性强或匍匐状的植物组合在一起搭配，因为当球根花卉开花过后，其花朵和叶片很快就会枯萎，植株进入休眠期，为了不影响整个花境的观赏效果，可以将植株从地面处剪去，这时它们留下的空地很快就会被延展性强或匍匐状的植物所填补，以保证观赏效果的连续性。

d. 观赏草花境。观赏草花境是指由不同类型的观赏草组成的花境。

观赏草茎秆姿态优美，叶色丰富多彩，花序五彩缤纷，植株随风飘逸，能够展示植物的动感和韵律，而且观赏草对生长环境适应性强，管理粗放，因而近几年来越来越受到人们的青睐。观赏草种类繁多，从叶色丰富到花序多样，从粗犷野趣到优雅整齐，从株形高大到低矮小巧，应用起来形式多样。中小类型的观赏草适合成片种植，而高大的观赏草如芒类和蒲苇等适合孤植。观赏草花境自然而优雅，朴实而刚强，富有自然野趣，别具特色且管理粗放，其不足之处在于春季时各种观赏草都处在发育阶段，对景观效果有一定影响。可以在以观赏草为主的花境中，少量配置些春季效果好的植物，如八宝景天、鸢尾等。此外，一些大中型观赏草生长较快，因而在种植时应事先预留出生长空间，以免植物成熟后移植会影响观赏效果。

e. 灌木花境。花境中所用植物全部为灌木，以观花、观叶或观果且体量较小的灌木为主。

灌木栽植后可保持数年，但由于体量较大，不像草本花卉那样容易移植，因而在种植之前要考虑好位置和环境因素。多数灌木对环境要求不严，但是个别灌木对土壤黏性、酸碱度以及水分等有特殊要求，如杜鹃、石楠等喜欢酸性土壤，染料木、醉鱼草等能耐极其贫瘠的土壤。一些金叶和花叶的灌木对光线有一定要求，过于曝晒会灼伤叶片，过于阴蔽会令色彩和花纹减淡。

灌木花境具有稳定性强、养护管理简便、费用低的特点。灌木还具有很多独特的观赏特性：常绿灌木可以一年四季保持景观效果；落叶灌木春夏开花，秋季结果，可以展示不同的季相美；变色灌木更能体现季节的变化，红端木等观干植物和火棘等观果灌木，其红色的枝干和果实在冬季也能给人们带来鲜亮的色彩，大大延长了观赏时间。同时很多灌木因其芳香的花朵和美丽的果实，能够吸引蜜蜂、蝴蝶和鸟类等昆虫和动物，为它们提供食物和栖息地，从而能够营造出更加和谐的生态环境。

f. 混合花境。是指由多种不同种类的植物材料组成的花境。

混合花境通常以常绿乔木和花灌木为基本结构，配植适当的一、二年生草本花卉，耐寒宿根花卉，观赏草，球根花卉等，形成美丽的景观。根据观赏要求的不同，每种植物材料所占的比例有所不同，但总体来说，一个标准的混合花境中，宿根花卉通常是主体，应占据1/2以上的空间；乔、灌木用来形成一个长久的结构，占1/4 ～ 1/3的比例；少量而精致的观赏草会成为花境中的视觉焦点；球根花卉和一、二年生草花则用来丰富色彩并弥补宿根花卉花期上的空当。需要注意的是一些一、二年生草花的色彩过于鲜艳，与淡雅的宿根花卉搭配时会显得俗气，在选择时应谨慎。

混合花境所用的植物材料丰富，能够充分利用空间、光照和养分等资源，组成一个小型的植物群落。各种植物的姿态、叶色、花色等在不同时期都会呈现出不同的景观效果，会产生分明的季相变化，因而观赏期长，同时也符合了植物自身的生态要求。混合花境的应用比较广泛，特别是在较为寒冷的地区是一种极好的应用形式。应用时没有太多的局限性，可以仅仅是两类植物材料的组合，如宿根花卉和一、二年生草本花卉；也可以是三种或是更多品种的配置，要根据环境条件和个人喜好来设计，但要避免由于使用过多植物品种而导致杂乱的感觉。

g.专类植物花境。专类植物花境是由同属的不同种类或同种但不同品种的植物为主要种植材料的花境。专类植物花境所用的花卉要求花期、株形、花色等方面有较丰富的变化，从而突出花境特点。常见的有月季花境、菊花花境、鸢尾类花境、玉簪属花境等。

专类植物花境的特点是花期比较集中，养护管理简便；但在花期以外的时间就不再引人注目，而且由于植物种类单调，一旦染上病虫害，如采取措施不及时，将会迅速蔓延至整个花境。

② 根据观赏角度分类

a.单面观赏花境。单面观赏花境是指供观赏者从一面欣赏的花境，是传统的花境形式。通常位于道路附近，以树丛、绿篱、矮墙、建筑物等为背景。单面观赏花境一般为长条状或带状，边缘可以为规则式，也可以为自然式；从整体上看种植植物前低后高，边缘用低矮植物镶边，应用范围非常广泛。在花境中若能够等距离种植一些有特色的植物，如高大的观赏草或常绿树等，则能够产生一种节奏感和韵律感。

b.双面（多面）观赏花境。双面（多面）观赏花境是指可供两面或多面观赏的花境。这种花境多设置在草坪中央或树丛之间，边缘以规则式居多，通常没有背景，中间的植物较高，四周或两侧的植物低矮，常常应用于公共场所或空间开阔的地方，如隔离带花境、岛式花境等。

c.对应式花境。对应式花境通常以道路的中心线为轴心，形成左右对称形式的花境，常见于道路的两侧或建筑物周围。其边缘多为直线形，左右两侧的植物配置可以完全一样，也可以略有差别，但不宜差别太大，否则就失去了对应的意义。对应式花境通常为一组连续的景观，采用拟对称的手法，力求富有韵律变化之美。

（3）花境设计　花境设计时应从平面效果、立面效果、季相变化、色彩搭配、植物配置、背景和饰边选择等多方面进行考虑，种植后才能达到理想的效果。

① 平面设计。花境从平面上看是沿着长轴方向演进的、带状的自然式种植，两边是平行或近于平行的直线或曲线。花境在平面上是一个连续的构图，每个植物品种以花丛的形式种植在一起，整个花境由多个花丛构成。各花丛大小并非一致，一般花后叶丛景观较差的植物面积宜小些，其植物前面可配置其他花卉予以弥补。为使开花植物分布均匀，又不因种类过多造成杂乱，可把主花材植物分成数丛种在花境不同位置，再把配景花卉自然布置。如果花境的长轴较长，在进行平面设计时可以分段进行，再组合成一个连贯、完整的花境。

② 立面设计。花境要有较好的立面观赏效果，以充分体现群落美。立面设计应充分利用植物的株形、株高、花序等特性，形成植株高低错落有致、花色层次分明的立面景观。

立面是花境的主要观赏面，在进行立面设计时要考虑观赏角度问题，对于单面观赏的花境，种植的植物应该前低后高，以避免相互遮挡而影响观赏效果。在岛式花镜中，植物要中间高，四周低，起伏有序，一般以不超过人的视线为宜。当然，这种原则也不是恒定的，偶尔也可以将松散状的较高植物种植在中前部，这样可以令花境看起来更加错落有致，层次更加丰富。同时要注意整个花境看上去的平衡感，即植物的色彩、质感及花丛大小等配置在一起的协调性与均衡性，避免局部过于夸张或突出，破坏整体的观赏效果。

整个花境中植物应高矮有序，相互陪衬，尽量展示植物自然组合的群落美。在种植一些高大的植物时要经过认真考虑，因为它们的位置通常会影响到整个花境的立面效果。如果空间较小，不便于观赏，可以通过台式花境、岩石花境或容器栽植等提高立面高度，令花境有一个更好的观赏角度。

③ 季相设计。季相变化是花境的主要特征之一，理想的花境应是四季有景，寒冷地区做到三季有景，组成多样变化的园林空间。植物是花境中的主角，各种植物的外观会随着季节的更迭而发生变化，在一个完美的四季观赏花境中，可以欣赏到春叶、夏花、秋果、冬干等不同的季节景观，从而感受植物生长和季节变化所产生的独特美感。在季相设计时要根据植物生长的物候期和生态要求，以及株形、色彩、风韵等方面进行全面考虑。宿根花卉、观赏草、落叶灌木和落叶乔木都具有明显的季相变化，是花境的主要植物材料。设计时应该了解所用的每种植物的季相特点，巧妙地合理配置植物，使之成为一个和谐的画面。

宿根花卉和球根花卉虽然在花期上没有一、二年生草本花卉长，但是它们可以数年开花而无须更换。在设计时，可以将常绿的地被植物与宿根花卉和球根花卉种在一起，这样一来，在宿根花卉和球根花卉的花期过后，地被植物能够弥补其空缺，以保持花境的观赏效果。

需要注意的是，要考虑到景观的连续性，即开花的植物应分散在整个花境中，避免局部花期过于集中，使整个花境看起来不协调，影响观赏效果。花期的连续性取决于种植地的气候以及土壤类型等条件，同一品种的植物在不同环境条件下，花期会有所改变。因此，应该详细了解植物在种植地环境下的准确花期，这样在进行设计时才会更加完美，达到理想效果。

④ 色彩设计。花境的色彩主要由植物的花色来体现，植物的叶色，尤其是少量观叶植物叶色的运用也很重要，因而色彩设计是花境设计中最为关键的部分之一。

色彩可以决定一个花境的基调。各种颜色有各自的色相特点，颜色对视觉在空间属性的大小、轻重和远近的作用，以及对人们情感和心态的感受作用，在花境设计和应用中都是十分重要的。因此，设计者必须充分了解色彩的原理和视觉的特点，才能在花境设计和应用上运用自如。

**6.3.1.3 花台**

花台也称为高设花坛，是将花卉栽培在高出地面的台座上所形成的花卉景观。多设于广场、庭院、街旁、出入口两边、墙基、树基、窗口等处，花台四周用砖、石、混凝土等堆积作台座，台座的高度多在40～60cm，一般面积较小，其内填入土壤，花台选用的花卉，因形式不同及环境风格而异。由于通常面积狭小，一个花台内常布置一种花卉；因台面高出地面，故应选用株形较矮、繁密匍匐或茎叶下垂于台壁的花卉。宿根花卉中常用的种类有玉簪、芍药、萱草、鸢尾、兰花、麦冬（图6-9）、沿阶草（图6-10）等；也可以应用一、二年草本花卉，如鸡冠花、翠菊、百日草、福禄考、美女樱、矮牵牛、四季秋海棠等。另外，如迎春、月季、杜鹃等木本花卉，也常用作花台布置。

图6-9　麦冬

图6-10　沿阶草

#### 6.3.1.4　花钵

随着现代城市的发展和施工手段的逐步完善，近年来出现了许多用木材、水泥、金属、陶瓷、玻璃钢、天然石材、塑料等制作的花钵、花箱，来代替传统花坛。由于其易于移动，故被称作“活动花坛”或“可移动的花园”。这些花钵或花箱设计样式多，应用灵活，施工便捷，可迅速形成景观，符合现代化城市发展的需求。尤其对于城乡建筑比较密集和其他一些难以绿化地区的美化，有着特殊的意义。在较宽敞的厂前区、广场、大型建筑门前、道路交叉口、停车场等处都可点缀。

用于花钵、花箱的花卉，要视花钵、花箱的样式来定，一般常用的花卉有翠菊、一串红、草茉莉、美人蕉、大丽花、小丽花、半支莲、吊兰、矮牵牛、万寿菊、三色堇、百日草、旱金莲、鸡冠花、小菊等，有时也可种植一些小型乔灌木。种植土要肥沃，最好用培养土。较大的花钵、花箱必须有卵石排水层，一年换土一次。

#### 6.3.1.5　花柱

花柱作为一种新型绿化方式，越来越受到大众的青睐，它最大的特点是充分利用空间，立体感强，造型美观，而且管理方便。立体花柱四面都可以观赏，从而弥补了花卉平面应用的缺陷。

（1）花柱的骨架材料　花柱一般选用钢板冲压成10cm间隔的孔洞，然后焊接成圆筒形。孔洞的大小要视花盆而定，通常以花盆中间直径计算。然后刷漆、安装，将栽有花草的苗盆（卡盆）插入孔洞内，同时花盆内部都要安装滴水管，便于灌水。

（2）常用的花卉材料　应选用色彩丰富、花朵密集且花期长的花卉，例如长寿花（图6-11）、三色堇、矮牵牛、四季海棠、天竺葵、五色草等。

（3）花柱的制作

① 安装支撑骨架。用螺栓等把花柱骨架各部分连接安装好。

② 连接安装分水器。花柱等立体装饰都配备相应的滴灌设备，并可实行自动化管理。

③ 卡盆栽花。把花卉栽植到卡盆中。用作

图6-11　长寿花

花柱装饰的花卉要在室外保留较长时间，栽到花柱后施肥困难，因此应在上卡盆前施肥。施肥的方法是：准备一块海绵，在海绵上放上适量缓释性颗粒肥料，再用海绵把基质包上，然后栽入卡盆。

④ 卡盆定植。把卡盆定植到花柱骨架的孔洞内，把分水器插入卡盆中。

⑤ 养护管理。定期检查基质干湿状况，及时补充水分；检查分水器微管是否出水正常，保证水分供应；定期摘除残花，保证最佳的观赏效果；对一些观赏性差的植株要定期更换。

## 6.3.2 花卉的盆栽应用

### 6.3.2.1 室外应用

（1）阳台与屋顶花园　阳台与屋顶花园绿化作为一种不占用地面土地的绿化形式，其应用越来越广泛。它的价值不仅在于能为城市增添绿色，而且能减少建筑材料屋顶的辐射热，减弱城市的热岛效应。如果能很好地加以利用和推广，形成城市的空中绿化系统，对城市环境的改善作用是不可估量的。

考虑到二者具有温、湿度条件及承受能力的限制，在植物的选择上，一般应避免采用深根性或生长迅速的高大乔木。通常可布置一些盆花、大型盆栽，或砌筑栽植槽栽种花卉。常用盆栽藤木蔓生的植物，尤其是用一年生蔓性花卉来布置屋顶花园；也有在大型建筑物的岸边筑池、堆山，铺设草地花坛及栽植花木，建立棚架、篱垣等。

（2）门前和楼梯　门前一般均应有园林绿化布置。可呈规则式摆放，也可自然摆放，但要保证交通无阻，布置要从整体及远观效果着眼。一般门前两侧常对称摆放常绿的大型木本盆栽植物，如蒲葵（图6-12）、棕榈、苏铁（图6-13）、棕竹、鹅掌紫、大叶黄杨、非洲茉莉等；而楼梯的台阶或休息台常规则放置一些一、二年生的小型盆花，但应保证安全，不易碰落，盆花的色彩要层次鲜明，且有对比，常用的一年生花卉如一串红、鸡冠花、翠菊、万寿菊、孔雀草、百日草、彩叶草、地肤、矮牵牛等。

图6-12　蒲葵

图6-13　苏铁

（3）广场和街道　常用高大的盆栽木本植物整齐地分列于广场四周或建筑物前沿，种类不宜多，以体形端正的常绿植物为佳，如配合一些观花的盆花，也以小而整齐、成群成片或带状布置为宜。可环放于大树或灯柱周围，或做道路镶边，或群集组成一个临时“花坛”，要密集、整齐和色彩分明，有整体的效果。

#### 6.3.2.2 室内应用

（1）门厅两侧 门厅两侧盆栽花卉多用对称式布置，置于大厅两侧，因地制宜，可布置两株大型盆花，或成两组小型花卉布置。常用的花卉有苏铁、散尾葵、南洋杉、鱼尾葵、山茶花等。

（2）室内角隅 角隅部分是室内花卉装饰的重要部位，因光线通常较弱，直射光较少，所以，应选用些较耐阴蔽的花卉。大盆花可直接置于地面，中小型盆花可放在花架上。如巴西铁、鹅掌紫、棕竹、龟背竹、喜林芋、富贵竹等。

（3）书房案头 书房要突出宁静、清新、幽雅的气氛，可在案头放置中小型盆花，如兰花、文竹、多浆植物、杜鹃花、案头菊等。书架顶端可放常春藤或绿萝。

（4）卧室窗台 卧室要突出温馨和谐，所以，宜选择色彩柔和、形态优美的观叶植物作为装饰材料，利于睡眠和消除疲劳。微香有催眠入睡的功能，因此，植物配置要协调和谐，少而静，多以1～2盆色彩素雅、株形矮小的植物为主，忌色彩艳丽、香味过浓、气氛热烈。

窗台布置是美化室内环境的重要手段。南向窗台大多向阳干燥，宜选用抗性较强的虎尾兰、仙人掌类和多浆植物，或茉莉、米兰、君子兰及观花花卉等；北向窗台可选择耐阴的观叶植物，如常春藤、绿萝、吊兰和一叶兰等。窗台布置要注意以采光适量及不遮挡视线为宜。

（5）会场与会议室

① 会场的盆花装饰

a.严肃性的会场。要采用对称均衡的形式布置，显示出庄严和稳定的气氛，常用常绿植物为主调，适当点缀少量色泽鲜艳的盆花，使整个会场布局协调，气氛庄重。

b.节日庆典等喜庆会场。选择色、香、形俱全的各种类型植物，以组合式手法布置成花带、花丛及雄伟的植物造型等景观，并配以插花等，使整个会场气氛轻松、愉快、亲切、团结及祥和。

② 会议室的盆花装饰。布置时要因室内空间大小而异。中型会议室多以中央的条桌为主进行布置，桌上可摆放插花和小型观叶、观花类花卉，数量不能过多，品种不宜过杂。大型会议室常在会议桌上摆上几盆插花或小型盆花，在会议桌前整齐地摆放1～2排盆花，可将观叶与观花植物间隔布置，也可以是一排观叶植物、一排观花植物，后排要比前排高，其高矮以不超过主席会议桌为宜。

## 思考题

1. 花卉的产业结构包括哪些内容？
2. 简述花卉的经营策略。
3. 花店经营有哪些要求？
4. 花卉生产技术管理有哪些特点？
5. 盆花和切花如何进行分级包装？
6. 花卉盆栽在室外可应用在哪些方面？

# 参考文献


[1] 杨云燕，陈予新 . 花卉生产技术 [M]. 北京：中国农业大学出版社，2014.

[2] 潘伟 . 花卉生产技术 [M]. 北京：中航出版传媒有限责任公司，2013.

[3] 韩春叶，王淑珍 . 花卉生产技术 [M]. 北京：中国农业大学出版社，2013.

[4] 李竹英，董绍辉 . 草本花卉生产 [M]. 昆明：云南大学出版社，2010.

[5] 彭世逞，刘方农，刘联仁 . 木本花卉生产技术 [M]. 北京：金盾出版社，2012.

[6] 张秀丽，张淑梅 . 花卉生产与应用 [M]. 北京：化学工业出版社，2013.

[7] 韩久同 . 花卉生产技术十八讲 [M]. 北京：国防工业出版社，2012.

[8] 赵寅，焦春梅，郑代平 . 花卉栽培实用技术 [M]. 北京：中国农业科学技术出版社，2011.

[9] 余超波，吴春红等 . 花卉栽培与鉴赏 [M]. 北京：经济科学出版社，2010.